MÜNSTERISCHE BEITRÄGE ZUR RECHTS- UND STAATSWISSENSCHAFT

HERAUSGEGEBEN VON DER
RECHTS- UND STAATSWISSENSCHAFTLICHEN FAKULTÄT
DER WESTFÄLISCHEN WILHELMS-UNIVERSITÄT
IN MÜNSTER

7

Berlin 1962

WALTER DE GRUYTER & CO.

vormals G. J. Göschen'sche Verlagshandlung / J. Guttentag, Verlagsbuchhandlung / Georg Reimer / Karl J. Trübner / Veit & Comp.

RECHTSPFLEGEDELIKTE IN DER FRÄNKISCHEN ZEIT

von

ADOLF SCHMITT-WEIGAND

Somborn/Hessen

Berlin 1962

WALTER DE GRUYTER & CO.

vormals G. J. Göschen'sche Verlagshandlung / J. Guttentag, Verlagsbuchhandlung / Georg Reimer / Karl J. Trübner / Veit & Comp.

D 6

Archiv-Nr. 27 00 62 1
Satz und Druck: Saladruck, Berlin N 65

MEINEN ELTERN
IN DANKBARKEIT GEWIDMET

VORWORT

Trotz aller bisherigen Forschungen ist das Problem der frühmittelalterlichen Rechtfindung, mit dem die Fragen nach der ihr zugrunde liegenden Vorstellung von Recht und Gerechtigkeit und der mit ihr zusammenhängenden Art der Rechtsdurchsetzung eng verknüpft sind, noch nicht befriedigend gelöst. Möglicherweise kann es mangels ausreichenden Quellenmaterials auch nicht endgültig gelöst werden. Um so notwendiger ist es, wenigstens die Randfragen zu klären, die das Kernproblem umgeben. Die vorliegende Abhandlung will hierzu einen Beitrag leisten, indem sie die alte Rechtspflege unter dem Gesichtspunkt ihres strafrechtlichen Schutzes untersucht.

Der Rechts- und Staatswissenschaftlichen Fakultät der Westfälischen Wilhelms-Universität zu Münster/Westf., der diese Arbeit im Februar 1961 als Dissertation vorgelegen hat, danke ich für ihre Aufnahme in diese Schriftenreihe, dem Herrn Kurator für die Gewährung eines Druckkostenbeitrages aus Mitteln des Landes Nordrhein-Westfalen. Mein besonderer Dank gilt meinem hochverehrten akademischen Lehrer, Herrn Prof. Dr. Rudolf Gmür, Münster/Westf., der die Entstehung der Arbeit in dem von ihm geleiteten Institut für Deutsche Rechtsgeschichte von Anfang an durch seinen Rat gefördert hat und der mir auch späterhin bis zur Drucklegung vielfache Hilfe zuteil werden ließ.

Das Manuskript wurde im September 1961 abgeschlossen.

Somborn/Hessen, im Juni 1962

Adolf Schmitt-Weigand

INHALTSVERZEICHNIS

Zweiter Teil
Zusammenfassende Untersuchung der Tatbestände der Rechtspflegedelikte in den Stammesrechten des frühen Mittelalters

Seite

Dritter Teil

Richter, Rechtspflege und Rechtspflegedelikte in literarischen Quellen der fränkischen Zeit

ABKÜRZUNGSVERZEICHNIS

afrz.	altfranzösisch
ahd.	althochdeutsch
Codd.	Codices
Epp.	Epistolae
Fol.	Folio-Ausgabe
Form.	Formulae
HZ	Historische Zeitschrift
LL	Leges
MGH	Monumenta Germaniae Historica
NA	Neues Archiv der Gesellschaft für ältere deutsche Geschichtsforschung
PL	Patrologiae (cursus completus)
sol.	solidus, solidi
Sp.	Spalte
SS	Scriptores
Stw.	Stichwort
Vol.	Volume
ZRG	Zeitschrift für Rechtsgeschichte
ZSRG.GA.	Zeitschrift der Savigny-Stiftung für Rechtsgeschichte, Germanistische Abteilung

Zitierzeichen der wichtigsten Rechtsaufzeichnungen:

Cap.	Capitularia Regum Francorum (Band und Seite)
C. Theod.	Codex Theodosianus
Pact. Leg. Sal.	Pactus Legis Salicae
L. Alam.	Lex Alamannorum
L. Bai.	Lex Baiuwariorum
L. Burg.	Lex Burgundionum
L. Ribv.	Lex Ribvaria
L. Rom. Vis.	Lex Romana Visigothorum
Lib. Pap.	Liber Papiensis
Expos.	Expositio zum Liber Papiensis
Roth.	Edictus Rothari
Liutpr.	Gesetze des Königs Liutprand
Ratchis	Gesetze des Königs Ratchis
Ahist.	Gesetze des Königs Ahistulf
Af	(Gesetze des Königs) Aelfred[1])
Af El	Einleitung zu Aelfred
Atr	Aethelred
As	Aethelstan
Cn	Cnut
Eg	Eadgar
Em	Eadmund
Ew	Eadward
Ine	Ine

[1]) Zitierzeichen der Gesetze der englischen Könige nach Liebermann, Gesetze der Angelsachsen, Band 1.

QUELLEN- UND LITERATURVERZEICHNIS

I. Quellen

Die Bibel oder die ganze Heilige Schrift des Alten und Neuen Testaments nach der deutschen Übersetzung D. Martin Luthers, Stuttgart o. J. (1956)

Corpus Iuris Civilis, herausgegeben von P. Krüger, Th. Mommsen, R. Schoell, G. Kroll; Band 1: Institutiones, Digesta, 16. Aufl.; Band 2: Codex Iustinianus, 11. Aufl.; Band 3: Novellae, 6. Aufl.; alle Berlin 1954

Pauli Libri Quinque Sententiarum: ed. Paul Krüger, Collectio librorum iuris anteiustiniani, Band 2, Berlin 1878

Cassiodori Senatoris Variae: rec. Theodor Mommsen, MGH, Auctores antiquissimi, Band 12, Berlin 1894

Theodosiani libri XVI cum constitutionibus Sirmondianis et leges novellae ad Theodosianum pertinentes: ed. Th. Mommsen und P. M. Meyer, Band I, 2 und II, Berlin 1905

Edictum Theodorici regis: ed. F. Bluhme, MGH, Leges (Fol.), Band 5, Hannover 1868, S. 145 ff.

Lex Romana Visigothorum, herausgegeben von Gustav Haenel, Leipzig 1849

Leges Visigothorum: ed. K. Zeumer, MGH, Leges Sectio I, Band 1, Hannover und Leipzig 1902

Gesetze der Westgoten, herausgegeben von Eugen Wohlhaupter, Germanenrechte, Band 11, Weimar 1936

Altspanisch-gotische Rechte, herausgegeben von Eugen Wohlhaupter, Germanenrechte, Band 12, Weimar 1936

Lex Romana Raetica Curiensis: ed. Karl Zeumer, MGH, Leges (Fol.), Band 5, Hannover 1868, S. 289 ff.

Remedii Curiensis Episcopi Capitula: ed. Gustav Haenel, MGH, Leges (Fol.), Band 5, Hannover 1868, S. 180 ff.

Leges Burgundionum: ed. L. v. Salis, MGH, Leges Sectio I, Band 2, Teil 1, Hannover 1892

Gesetze der Burgunden, herausgegeben von Franz Beyerle, Germanenrechte, Band 10, Weimar 1936

Lex Salica. The ten texts with the glosses and the Lex emendata synoptically edited by Jan Hendrik Hessels with notes on the Frankish words in the Lex Salica by Hendrik Kern, London 1880

Pactus Legis Salicae, herausgegeben von Karl August Eckhardt, Germanenrechte, Neue Folge, Westgermanisches Recht, Band I: Einführung und 80 Titel-Text, Göttingen 1954; Band II, 1: 65 Titel-Text, Göttingen 1955; Band II, 2: Kapitularien und 70 Titel-Text, Göttingen 1956; Band III: Lex Salica, 100 Titel-Text, Weimar 1953

Lex Ribvaria: ed. F. Beyerle und R. Buchner, MGH, Leges Sectio I, Band 3, Teil 2, Hannover 1954

Lex Ribvaria, herausgegeben von Karl August Eckhardt, Germanenrechte, Neue Folge, Westgermanisches Recht, Göttingen-Berlin-Frankfurt 1959

Leges Alamannorum: ed. Karl Lehmann, MGH, Leges Sectio I, Band 5, Teil 1, Hannover 1888

Leges Baiuwariorum: ed. E. v. Schwind, MGH, Leges Sectio I, Band 5, Teil 2, Hannover 1926

Additiones legis Baiuwariorum: ed. J. Merkel, MGH, Leges (Fol.), Band 3, Hannover 1863, S. 450 ff.

Leges Saxonum und Lex Thuringorum, herausgegeben von Claudius Freiherrn von Schwerin, Hannover und Leipzig 1918

Patetta, Frederico, La „Lex Frisionum", Torino 1892

Die Gesetze der Angelsachsen, herausgegeben von Felix Liebermann, 3 Bände, Halle 1903—1916

Edictus Langobardorum: ed. F. Bluhme, MGH, Leges (Fol.), Band 4, Hannover 1868

Liber legis regum Langobardorum, Concordia dictus, ed. F. Bluhme, MGH, Leges (Fol.), Band 4, Hannover 1868, S. 235 ff.

Liber legis Langobardorum Papiensis, ed. A. Boretius, MGH, Leges (Fol.), Band 4, Hannover 1868, S. 289 ff.

Die Lombarda-Commentare des Ariprand und Albertus, herausgegeben von August Anschütz, Heidelberg 1855

Summa legis Langobardorum, Langobardisches Rechtsbuch aus dem 12. Jahrhundert, herausgegeben von August Anschütz, Halle 1870

Die Gesetze der Langobarden. Übertragen und bearbeitet von Franz Beyerle, mit einem Glossar von Ingeborg Schröbler, Weimar 1947

Capitularia Regum Francorum: ed. A. Boretius und V. Krause, 2 Bände, MGH, Leges Sectio II, Hannover 1883—1897

Formulae Merowingici et Karolini Aevi: ed. K. Zeumer, MGH, Leges Sectio V, Hannover 1886

Concilia Aevi Merovingici: rec. Friedrich Maassen, MGH, Leges Sectio III, Band 1, Hannover 1893

Gerichtsurkunden der fränkischen Zeit, verzeichnet von Rudolf Hübner, 1. und 2. Abteilung, Weimar 1891—1893

Die Urkunden der Karolinger, bearbeitet von E. Mühlbacher, MGH, Diplomata Karolingorum, Band 1, Hannover 1896

Urkundenbuch der Abtei St. Gallen, Band 1, herausgegeben von H. Wartmann, Zürich 1863

Gregor von Tours, Zehn Bücher Geschichten, lat.-deutsch, neubearbeitet von Rudolf Buchner, 2 Bände, Ausgewählte Quellen zur deutschen Geschichte des Mittelalters, Band 2 und 3, Berlin o. J. (1958)

Fredegarii Chronica: ed. B. Krusch, MGH, Scriptores Rerum Merovingicarum, Band 2, Hannover 1888

Fredegars Chronik, 4. Buch, übersetzt von Otto Abel, Geschichtsschreiber der deutschen Vorzeit, 2. Gesamtausgabe, Band 11, 3. Aufl., Leipzig 1888

Annales Laureshamenses: ed. Pertz, MGH, Scriptores, Band 1, Hannover 1826

Ex vita Walae: ed. Pertz, MGH, Scriptores, Band 2, Hannover 1829

Poetae Latini Aevi Carolini: rec. E. Dümmler, MGH, Poetae Latini Medii Aevi, Band 1 und 2, Berlin 1881—1884

Epistolae Karolini Aevi, Band 2: rec. E. Dümmler, MGH, Epistolae, Band 4, Berlin 1895

Sancti Isidori Hispalensis Episcopi opera omni, Band 5: ed. J.-P. Migne, Patrologiae cursus completus, series latina, Band 83, Paris 1862 (Neudruck)

Alcuini opera omnia, Band 2: ed. J.-P. Migne, Patrologiae cursus completus, series latina, Band 101, Paris 1863 (Neudruck)

Agobardi Lugdunensis Episcopi opera omnia; ed. J.-P. Migne, Patrologiae cursus completus, series latina, Band 104, Paris 1864 (Neudruck)

Asserius de rebus gestis Alfredi: ed. W. H. Stevenson, Oxford 1904

Isländisches Recht. Die Graugans, übersetzt von Andreas Heusler, Germanenrechte, Band 9, Weimar 1937

Landrecht des Königs Magnus Hakonarson, bearbeitet von Rudolf Meißner, Germanenrechte, Neue Folge, Abteilung Nordgermanisches Recht, Weimar 1941

Stadtrecht des Königs Magnus Hakonarson für Bergen, bearbeitet von Rudolf Meißner, Germanenrechte, Neue Folge, Abteilung Nordgermanisches Recht, Band 3, Weimar 1950

Des Schwabenspiegels Landrechtsbuch, herausgegeben von H. G. Gengler, 2. Aufl., Erlangen 1875

Sachsenspiegel Landrecht, herausgegeben von Karl August Eckhardt, 2. Bearbeitung, Germanenrechte, Neue Folge, Göttingen-Berlin-Frankfurt 1955

Die Peinliche Gerichtsordnung Kaiser Karls V., Constitutio Criminalis Carolina, kritisch herausgegeben von Josef Kohler und Willy Scheel, Halle 1900

Neue und vollständigere Sammlung der Reichs-Abschiede von Konrad II. bis 1654, 3 Teile, Frankfurt am Main 1747

Les cinq Codes. Die fünf französischen Gesetzbücher, herausgegeben von Johann Cramer, Koblenz o. J.

Deutsche Rechtssprichwörter, gesammelt und erklärt von Eduard Graf und Mathias Dietherr, Nördlingen 1864

Deutsches Recht in Sprichwörtern, von Friedrich Eisenhart. Nach seinem Werk „Grundsätze der deutschen Rechte in Sprüchwörtern" (Helmstädt 1759) neu bearbeitet . . . von Dr. Waldmann, o. O. und o. J.

Zitate der Stammesrechte nach den Monumenta-Ausgaben, sofern solche erschienen sind.

II. Literatur

Achter, Viktor: *Geburt der Strafe*, Frankfurt am Main 1951

—: *Rezension: Kaufmann, Die Erfolgshaftung*, in ZSRG. GA. 77. Band (1960), S. 387—393

Adams, Henry: The Anglo-Saxon *Courts of Law*, in: Essays in Anglo-Saxon Law, Boston 1876

v. Amira, Karl: *Grundriß* des germanischen Rechts, 3. Aufl., Straßburg 1913

v. Amira, Karl, und *v. Schwerin*, Claudius Freiherr: *Rechtsarchäologie*. Gegenstände, Formen und Symbole germanischen Rechts, Teil 1: Einführung in die Rechtsarchäologie, Berlin 1943

Arcario, Paola Maria: *Un goto critico* delle legislazioni barbariche, in: Archivio storico Italiano, Bd. 110 (1952), S. 3—37

Bader, Karl Siegfried: *Aufgaben* und Methoden des Rechtshistorikers, Recht und Staat, Bd. 162, Tübingen 1951

—: *Volk*, Stamm, Territorium, in: Herrschaft und Staat im Mittelalter, Wege der Forschung, Band II, Darmstadt 1956, S. 243—283
—: *Rezension: Achter, Geburt der Strafe*, in: ZSRG. GA., 65. Band (1952), S. 438—442
Baetke, Walter: Vom *Geist* und Erbe Thules, Göttingen 1944
v. Bar, Ludwig: *Geschichte* des deutschen Strafrechts und der Strafrechtstheorien, Berlin 1882
Barchewitz, Victor: Das *Königsgericht* zur Zeit der Merowinger und Karolinger, Historische Studien, Heft 5, Leipzig 1882
Barraclough, Geoffrey: Die mittelalterlichen *Grundlagen* des modernen Deutschland. Deutsche Übertragung von Friedrich Baethgen, Weimar 1953
Beauchet, Ludovic: *Histoire* de l'organisation judiciaire en France. Epoque Franque, Paris 1886
Bechert, Rudolf: Die *Einleitung* des Rechtsgangs nach angelsächsischem Recht, in: ZSRG. GA., 47. Band (1927), S. 1—114
Beck, Marcel: Finsteres oder romantisches *Mittelalter?*, Zürich 1950
Behrend, Richard: *Lex Salica*, herausgegeben von J. Fr. Behrend, 2. Aufl. von Richard Behrend, Weimar 1897
Beseler, Georg: Der *Iudex* im bairischen Volksrechte, in: ZRG, Bd. 9 (1870), S. 244 bis 261
Besta, Enrico: *Fonti* del diritto italiano, 2. Aufl., Milano 1950
—: *Storia* del diritto italiano. Diritto pubblico I, Milano 1950
v. Bethmann-Hollweg: Moritz August: Der Ursprung der lombardischen *Städtefreiheit*, Bonn 1846
—: Der germanisch-romanische *Civilprozeß* im Mittelalter, 3 Bände (= Der Civilprozeß des gemeinen Rechts in geschichtlicher Entwicklung, Band 4—6), Bonn 1868—1874
Beyerle, Franz: Das *Entwicklungsproblem* im germanischen Rechtsgang I, Deutschrechtliche Beiträge, Band X, Heft 2, Heidelberg 1915
—: *Wortsinn* und ursprüngliche Aufgabe der Rachimburgen, in: Angebinde John Meier zum 85. Geburtstag, Lahr 1949, S. 43—51
Beyerle, Konrad: Von der *Gnade* im deutschen Recht, Göttingen 1910
—: Zur *Einführung* in die Geschichte des Klosters Reichenau, in: Kultur der Abtei Reichenau, Bd. 1 (1925), S. 55—94
v. Bezold, Friedrich: Kaiserin Judith und ihr Dichter *Walahfrid Strabo*, in: HZ, 130. Band (1924), S. 377—439
Binding, Karl: *Geschichte* des burgundisch-romanischen Königreiches, Leipzig 1868
—: Die *Entstehung* der öffentlichen Strafe im germanisch-deutschen Recht, Leipzig 1909
—: Die *Normen* und ihre Übertretung, 4. Band, 1. Teil, Leipzig 1919
Blum, Elisabeth: Das staatliche und kirchliche *Recht* des Frankenreiches in seiner Stellung zum Dämonen-, Zauber- und Hexenwesen, Paderborn 1936
Bluntschli, J. C.: *Staats- und Rechtsgeschichte* der Stadt und Landschaft Zürich, 1. Teil, Zürich 1838
Bögl, Otto: Die *Auffassung* von Königtum und Staat im Zeitalter der sächsischen Könige und Kaiser, Erlanger Abhandlungen zur mittleren und neueren Geschichte, 14. Band, Erlangen 1932
Boretius, Alfred: Die *Capitularien* im Langobardenreich, Halle 1864
Brie, Siegfried: Die Lehre vom *Gewohnheitsrecht*, 1. Teil, Breslau 1899

Brunner, Heinrich: Die Entstehung der Schwurgerichte, Berlin 1872
—: Geschichte der englischen *Rechtsquellen* im Grundriß, Leipzig 1909
—: Deutsche Rechtsgeschichte, 1. Band, 2. Aufl., Leipzig 1906 (zit.: *Brunner);* 2. Band, 2. Aufl., neu bearbeitet von Claudius Freiherrn von Schwerin, München und Leipzig 1928 (zit.: *Brunner-v. Schwerin)*
—: Grundzüge der deutschen Rechtsgeschichte, 7. Aufl., besorgt von Ernst Heimann, München und Leipzig 1921 (zit.: *Brunner-Heimann)*
—: Der *Zeugen- und Inquisitionsbeweis* der karolingischen Zeit, in: Forschungen zur Geschichte des deutschen und französischen Rechts. Gesammelte Aufsätze von Heinrich Brunner, Stuttgart 1894, S. 88—247
—: Die *Herkunft* der Schöffen, in: Forschungen, S. 248—259
—: *Wort und Form* im altfranzösischen Prozeß, in: Forschungen, S. 260—389
—: Über *absichtslose Missetat* im altdeutschen Strafrechte, in: Forschungen, S. 487—523
—: Über das *Alter* der Lex Alamannorum, in: Abhandlungen zur Rechtsgeschichte, Gesammelte Aufsätze, herausgegeben von Karl Rauch, Band I, Weimar 1931, S. 569—598
—: Über ein verschollenes merowingisches *Königsgesetz,* in: Abhandlungen, S. 598 bis 628
—: *Abspaltungen* der Friedlosigkeit, in: ZSRG. GA., 11. Band (1890), S. 62—100
—: *Antwort* auf strafrechtliche Anfragen des Romanisten Theodor Mommsen, in: Zum ältesten Strafrecht der Kulturvölker, Leipzig 1905, S. 53—62
Brunner, Otto: *Land und Herrschaft,* 4. Aufl., Wien und Wiesbaden 1959
Buchner, Rudolf: Die *Rechtsquellen.* Beiheft zu Wattenbach-Levison, Deutschlands Geschichtsquellen im Mittelalter, Vorzeit und Karolinger, Weimar 1953
—: *Plan* einer „Geschichte der Quellen und Literatur des weltlichen Rechts von 450—900", in: Aus Verfassungs- und Landesgeschichte, Festschrift zum 70. Geburtstag von Theodor Mayer, Band II, Lindau und Konstanz 1955, S. 391—401
—: Das merowingische *Königtum,* in: Das Königtum, seine geistigen und rechtlichen Grundlagen, Lindau und Konstanz 1956, S. 143—154
Burchard, Kurt: Die *Hegung* der deutschen Gerichte im Mittelalter, Leipzig 1893
Cabaniss, J. Allen: *Agobard of Lyons,* in: Speculum, Vol. 26 (1951), S. 50—76
Calisse, Carlo: *Diritto ecclesiastico* e diritto longobardo, Roma 1888
Du Cange: Glossarium mediae et infimae latinitatis, 10 Bände, Niost 1883—1887
Cohn, Georg: Die *Justizverweigerung* im altdeutschen Recht, Die Verbrechen im öffentlichen Dienst nach altdeutschem Recht, 1. (und einzige) Abt., Karlsruhe 1876
Cohn, Georg: Die *Strafe des Huldverlustes* im deutschen Recht, Diss. jur. Göttingen 1907
Conrad, Hermann: Deutsche *Rechtsgeschichte,* Band I, Karlsruhe 1954
Conrat (Cohn), Max: *Breviarium Alaricianum,* Leipzig 1903
—: *Römisches Recht* im frühesten Mittelalter, in: ZSRG. GA., 34. Band (1913), S. 13—46
Crabb, George: *Geschichte* des englischen Rechts, bearbeitet von Wilhelm Schäffner, Darmstadt 1839
Dahm, Georg: Das *Strafrecht* Italiens im ausgehenden Mittelalter, Beiträge zur Geschichte der deutschen Strafrechtspflege, Heft 3, Berlin und Leipzig 1931
—: *Deutsches Recht.* Die geschichtlichen und dogmatischen Grundlagen des geltenden Rechts, Stuttgart und Köln 1951

Dahn, Felix: Westgothische *Studien,* Würzburg 1874
—: *Urgeschichte* der germanischen und romanischen Völker, 4. Band, Berlin 1889
—: Die *Könige* der Germanen, 6. bis 11. Band, Leipzig 1885—1908
Daniel-Rops, Henry: Die *Kirche* im Frühmittelalter, Innsbruck 1953
Dannenbauer, Heinrich: *Hundertschaft,* Centena und Huntari, in: Grundlagen der mittelalterlichen Welt, Stuttgart 1958, S. 179—239
Davoud-Oghlou, Garabed Artin: Histoire de la *législation* des anciens Germains, Wisigoths, Baiovariens, Alamanns, Burgundions, Francs-Saliens, Francs-Ripuaires, Langobards, Thuringiens, Frisions, Saxons, Anglo-Saxons, 2 Bände, Berlin 1845
Declareuil, Joseph: *Histoire générale* du droit français des origines à 1789, Paris 1925
Döhring, Erich: Geschichte der deutschen *Rechtspflege* seit 1500, Berlin 1953
Dopsch, Alfons: Wirtschaftliche und soziale *Grundlagen* der europäischen Kulturentwicklung, 1. Teil, Wien 1918
—: Die *Wirtschaftsentwicklung* der Karolingerzeit, vornehmlich in Deutschland, 2 Teile, 2. Aufl., Weimar 1921—1922
Ebel, Wilhelm: *Geschichte* der Gesetzgebung in Deutschland, 2. Aufl., Göttingen 1958
Ebert, Adolf: Allgemeine Geschichte der *Literatur des Mittelalters* im Abendlande, 2. und 3. Band, Leipzig 1880—1887
Eichhorn, Karl Friedrich: Deutsche *Staats- und Rechtsgeschichte,* 4 Teile, 5. Ausgabe, Göttingen 1834—1844
Esmein, Adhémar: *Cours élémentaire* d'histoire du droit français, 13. Aufl., Paris 1920
Estey, Francis N.: The *Scabini* and the Local Courts, in: Speculum, Vol. 26 (1951), S. 119—129
Ewig, Eugen: *Zum christlichen Königsgedanken* im Frühmittelalter, in: Das Königtum, seine geistigen und rechtlichen Grundlagen, Lindau und Konstanz 1956, S. 7—73
Fehr, Hans: Deutsche *Rechtsgeschichte,* 5. Aufl., Berlin 1952
—: Die gerechte *Vergeltung* im Diesseits und Jenseits, in: Wirtschaft und Kultur, Festschrift für Alfons Dopsch, Baden bei Wien 1938, S. 591—603
—: Der Geist der alemannischen *Volksrechte,* in: Schweizer Beiträge zur Allgemeinen Geschichte, Band 1 (1943), S. 34—54
—: Der Geist der alt-burgundischen *Gesetze,* in: Schweizer Beiträge zur Allgemeinen Geschichte, Band 3 (1945), S. 5—21
—: Der *Geist* der langobardischen Gesetze, in: Schweizer Beiträge zur Allgemeinen Geschichte, Band 6 (1948), S. 37—49
Feine, Hans Erich: *Kirchliche Rechtsgeschichte,* 1. Band, 3. Aufl., Weimar 1955
v. Feuerbach, Anselm: Die hohe *Würde* des Richteramts (1817), Deutsche Rechtsdenker, Heft 7, herausgegeben von Erik Wolf, Frankfurt 1948
—: *Lehrbuch* des gemeinen in Deutschland gültigen peinlichen Rechts, herausgegeben von C. J. A. *Mittermaier,* 14. Aufl., Gießen 1847
Fichtenau, Heinrich: Das karolingische *Imperium.* Soziale und geistige Problematik eines Großreiches, Zürich 1949
Ficker, Julius: *Forschungen* zur Reichs- und Rechtsgeschichte Italiens, 4 Bände, Innsbruck 1868—1874
Fournier, Marcel: *Essai* sur l'histoire du droit d'appel, suivi d'une étude sur la réforme de l'appel, Paris 1881

Freund, Leonhard: *Lug und Trug* unter den Germanen, Berlin 1863

Friese, Victor: Das *Strafrecht* des Sachsenspiegels, Untersuchungen zur deutschen Staats- und Rechtsgeschichte, herausgegeben von Otto v. Gierke (=Untersuchungen), 53. Heft, Breslau 1898

Fustel de Coulanges, Numa Denis: *L'organisation judiciaire* dans le royaume des Francs, in: Recherches sur quelques problèmes d'histoire, Paris 1885, S. 357 bis 528

—: *Histoire* des institutions politiques de l'ancienne France, revue et complétée sur le manuscrit et d'après les notes de l'auteur par Camille Jullian, 6 Bände, Paris 1891—1892

Gál, Alexander: Die *Prozeßbeilegung* nach den fränkischen Urkunden des VII. bis X. Jahrhunderts, Untersuchungen, 102. Heft, Breslau 1910

—: Der *Zweikampf* im fränkischen Prozeß, in: ZSRG. GA., 28. Band (1907), S. 236—289

Ganshof, François L.: Les *institutions* de la monarchie carolingienne, in: Histoire du moyen âge, Band 1, Paris 1928, S. 545—564

—: *La fin du règne* de Charlemagne. Une décomposition, in: Zeitschrift für Schweizerische Geschichte, 28. Jg. (1948), S. 433—452

—: *Recherches* sur les Capitulaires, in: Revue Historique de Droit Français et Étranger, 4. Serie, Band 35 (1957), S. 33—87 und S. 196—246

García Gallo, Alfonso: *Curso* de historia del derecho Español, Tomo 1, 5. Aufl., Madrid 1950

Gaudemet, J.: *Survivances Romaines* dans le droit de la monarchie Franque du V. ème au X. ème siècle, in: Tijdschrift voor Rechtsgeschiedenis, 23. Band (1955), S. 149—206

Gebauer, Curt: *Studien* zur Geschichte der Urteilsschelte auf Grund der altfranzösischen Quellen, in: ZSRG. GA., 17. Band (1896), S. 33—62

Gebhardt, Bruno: *Handbuch* der deutschen Geschichte, herausgegeben von H. Grundmann, 1. Band, 8. Aufl., Stuttgart 1954

Geffcken, Heinrich: *Lex Salica* zum akademischen Gebrauche herausgegeben und erläutert, Leipzig 1898

Gengler, Heinrich: Germanische *Rechtsdenkmäler*, Erlangen 1875

Gerber, Hans: Vom Begriff und *Wesen* des Beamtentums, in: Archiv des öffentlichen Rechts, Neue Folge, 18. Band (1930), S. 1—85

Gförer, August F.: Zur Geschichte deutscher *Volksrechte* im Mittelalter, 2 Bände, Schaffhausen 1865—1866

Gierke, Otto: *Schuld und Haftung* im älteren deutschen Recht, insbesondere die Form der Schuld- und Haftungsgeschäfte, Untersuchungen, 100. Heft, Breslau 1910

del Giudice, Pasquale: Le tracce di *diritto romano* nelle leggi longobarde, Roma 1886

Glasson, Ernest: *Histoire du droit* et des institutions de la France, 3 Bände, Paris 1887—1889

Glitsch, Heinrich: der alamannische *Zentenar* und sein Gericht, Leipzig 1917

Gmür, Rudolf: Der *Zehnt* im alten Bern, Abhandlungen zum Schweizerischen Recht, Neue Folge, 310. Heft, Bern 1954

Gneist, Rudolf: Das englische Verwaltungsrecht mit Einschluß des Heeres, der Gerichte und der Kirche, 1. Band: *Geschichte* des englischen Verwaltungsrechts, Berlin 1867

—: Englische *Verfassungsgeschichte*, Berlin 1882

—: Das englische *Verwaltungsrecht* der Gegenwart in Vergleichung mit den deutschen Verwaltungssystemen, 1. Band: Allgemeiner Teil, 3. Aufl., Berlin 1883

Goldmann, Emil: *Beiträge* zur Geschichte des englischen Rechts, 1. Teil, Wien und Leipzig 1924

Grimm, Jacob, Deutsche *Rechtsaltherthümer*, 4. vermehrte Ausgabe, besorgt durch A. Heusler und R. Hübner, 2 Bände, Leipzig 1899

v. Guttenberg, Erich Freiherr: *Iudex* h. e. comes aut grafio, in: Festschrift Edmund E. Stengel, Münster und Köln 1952, S. 93—129

Haff, Karl: Der germanische *Rechtssprecher* als Träger der Kontinuität, in: ZSRG. GA., 66. Band (1948), S. 364—368

v. Halban, Alfred: *Das römische Recht* in den germanischen Volksstaaten, 3 Teile, Untersuchungen, 56., 64. und 89. Heft, Breslau 1899—1907

Hartmann, Ludo Moritz: *Geschichte Italiens* im Mittelalter, Band 2 und 3, Gotha 1900—1908

Hatschek, Julius: Englische *Verfassungsgeschichte* bis zum Regierungsantritt der Königin Viktoria, München und Berlin 1913

Hauck, Albert: *Kirchengeschichte* Deutschlands, 2. Teil, 6. Aufl., Berlin und Leipzig 1952

Hegel, Carl: Geschichte der *Städteverfassung* von Italien, 2 Bände, Leipzig 1846

Heinemann, Franz: Der Richter und die *Rechtspflege* in der deutschen Vergangenheit, Monographien zur deutschen Kulturgeschichte, Band 4, Leipzig 1900

van Helten, W.: *Zu den Malbergischen Glossen* und den salfränkischen Formeln und Lehnwörtern in der Lex Salica, Beiträge zur Geschichte der deutschen Sprache, Band 25, Halle 1900

Hermann, Eduard: Über die *Entwicklung* des altdeutschen Schöffengerichts, Untersuchungen, 10. Heft, Breslau 1881

Heusler, Andreas: Schweizerische *Verfassungsgeschichte*, Basel 1920

Hillmann, Helmut: Das Gericht als Ausdruck deutscher *Kulturentwicklung* im Mittelalter, Stuttgart 1930

de Hinojosa, Eduardo: *Historia general* del derecho español, Band I, Madrid 1887

—: *Das germanische Element* im spanischen Rechte, in: ZSRG. GA., 31. Band (1910), S. 282—359

Hirsch, Hans: Die *hohe Gerichtsbarkeit* im deutschen Mittelalter, 2. Aufl. mit einem Nachwort von Theodor Mayer, Graz und Köln 1958

His, Rudolf: Das *Strafrecht* des deutschen Mittelalters, 2 Teile, Leipzig und Weimar 1920—1935

—: *Geschichte* des deutschen Strafrechts bis zur Karolina, München und Berlin 1928

Hitzig: *Antwort* auf strafrechtliche Anfragen des Romanisten Theodor Mommsen, in: Zum ältesten Strafrecht der Kulturvölker, Leipzig 1905, S. 31—51

Hoetink, H. R.: Les *notions anachroniques* dans l'historiographie du droit, in: Tijdschrift voor Rechtsgeschiedenis, Band 23 (1955), S. 1—20

Holdsworth, W. S.: A *History* of English Law, Vol. I, 3. Aufl., London 1922

Hübner, Rudolf: Artikel „*Richter*" in Hoops' Reallexikon der germanischen Altertumskunde, Band 3, Straßburg 1915—1916, S. 499—500

v. Inama-Sternegg, Karl Theodor: Deutsche *Wirtschaftsgeschichte*, 1. Band, 2. Aufl., Leipzig 1909

Kaser, Max: *Römische Rechtsgeschichte*, Göttingen 1950

Kaufmann, Ekkehard: Die *Erfolgshaftung.* Untersuchungen über die strafrechtliche Zurechnung im Rechtsdenken des frühen Mittelalters, Frankfurter Wissenschaftliche Beiträge, Rechts- und Wirtschaftswissenschaftliche Reihe, Band 16, Frankfurt am Main 1958

—: *Aequitatis iudicium.* Königsgericht und Billigkeit in der Rechtsordnung des frühen Mittelalters, Frankfurter Wissenschaftliche Beiträge, Rechts- und Wirtschaftswissenschaftliche Reihe, Band 18, Frankfurt am Main 1959

Kern, Fritz: *Recht und Verfassung* im Mittelalter, Basel o. J. (1953)

—: *Gottesgnadentum* und Widerstandsrecht im früheren Mittelalter, 2. Aufl. herausgegeben von Rudolf Buchner, Darmstadt 1954

Kießling, Edith: *Zauberei* in den germanischen Volksrechten, Jena 1941

Kirn, Paul: Über die angebliche *Billigkeitsjustiz* des fränkischen Königs, in: ZSRG. GA., 47. Band (1927), S. 115—129

—: *Reklamationsbriefe* und Reklamationsrecht, in: Festschrift Edmund E. Stengel, Münster und Köln 1952, S. 195—202

Koehne, Carl: Das *Recht der Mühlen* bis zum Ende der Karolingerzeit, Untersuchungen, 71. Heft, Breslau 1904

Kohler, Josef: *Shakespeare* vor dem Forum der Jurisprudenz, Würzburg 1883

Koschaker, Paul: *Europa* und das römische Recht, München und Berlin 1953

Köstler, Rudolf: *Huldentzug* als Strafe, Stuttgart 1910

Kötzschke, Rudolf: *Grundzüge* der deutschen Wirtschaftsgeschichte bis zum 17. Jahrhundert, 2. Aufl., Berlin 1921

Krause, B.: *Missi dominici*, in: Mitteilungen des Instituts für Österreichische Geschichtsforschung, 11. Band (1890), S. 193—300

Krause, Hermann: *Kaiserrecht* und Rezeption, Abhandlungen der Heidelberger Akademie der Wissenschaften, Philosophisch-historische Klasse, Jahrgang 1952, 1. Abhandlung, Heidelberg 1952

Kulischer, Josef: Allgemeine *Wirtschaftsgeschichte* des Mittelalters und der Neuzeit, 1. Band, 2. Aufl., Darmstadt 1958

Lear, Floyd Seyward: The *Public Law* in the Visigothic Code, in: Speculum, Band 26 (1951), S. 1—23

Lehmann, Heinrich Otto: Der *Rechtsschutz* gegenüber Eingriffen von Staatsbeamten nach altfränkischem Recht, Kiel 1883

Lehmann, Walter: Über die *Vermögensstrafen* des römischen Rechts, Berlin 1904

Leonardi, Josef: *Agobard von Lyon* und seine politische Publizistik, Diss. phil. Münster 1927

Levison, Wilhelm: Die Politik in den *Jenseitsvisionen* des frühen Mittelalters, in: Festgabe Friedrich von Bezold, Bonn und Leipzig 1921, S. 81—120

Levy, Ernst: Weströmisches *Vulgarrecht.* Das Obligationenrecht, Forschungen zum römischen Recht, 7. Abhandlung, Weimar 1956

Liebeschütz, Hans: Wesen und Grenzen des karolingischen *Rationalismus*, in: Archiv für Kulturgeschichte, 33. Band (1951), S. 17—44

v. Liszt, Franz: *Lehrbuch* des deutschen Strafrechts, 25. Auflage besorgt von Eberhard *Schmidt*, Berlin und Leipzig 1927

Löffler, Alexander: Die *Schuldformen* des Strafrechts in vergleichend-historischer und dogmatischer Darstellung, Leipzig 1895

Loening, Edgar: *Geschichte* des deutschen Kirchenrechts, 2. Band, Straßburg 1878

Löning, Richard: Der *Vertragsbruch* im deutschen Recht, Straßburg 1876

Lot, Ferdinand: *La civilisation mérovingienne*, in Histoire du moyen âge, Band 1, Paris 1928, S. 347—393

Ludwig, Otto: *Richter und Gericht* im deutschen Märchen, Bühl-Baden 1935

Manitius, Max: *Geschichte* der lateinischen Literatur des Mittelalters, 1. und 2. Teil, München 1911—1923

Maurach, Reinhart: Deutsches *Strafrecht*. Besonderer Teil, 2. Aufl., Karlsruhe 1956

Maurer, Georg Ludwig: *Geschichte* des altgermanischen und namentlich altbairischen öffentlich-mündlichen Gerichtsverfahrens, Heidelberg 1824

Mayer, Ernst: Deutsche und französische *Verfassungsgeschichte* vom 9. bis zum 14. Jahrhundert, 1. Band, Leipzig und Paris 1899

—: *Italienische Verfassungsgeschichte* von der Gothenzeit bis zur Zunftherrschaft, 2. Band, Leipzig 1912

—: *Bemerkungen* zur frühmittelalterlichen, insbesondere italienischen Verfassungsgeschichte, Leipzig 1912

—: *Historia* de las instituciones sociales y políticas de España y Portugal durante los siglos V a XIV, 2 Bände, Madrid 1925—1926

—: Die oberdeutschen *Volksrechte*, Leipzig 1929

—: *Asto animo*, in: ZSRG. GA., 38. Band (1917), S. 300—301

Mayer, Theodor: *Staat und Hundertschaft* in fränkischer Zeit, in: Rheinische Vierteljahresblätter, Jg. 17 (1952), S. 344—384

—: *Staatsauffassung* in der Karolingerzeit, in: Das Königtum, seine geistigen und rechtlichen Grundlagen, Lindau und Konstanz 1956, S. 169—183

Mayer-Homberg, Edwin: Die fränkischen *Volksrechte* im Mittelalter, 1. Band, Weimar 1912

—: *Beweis* und Wahrscheinlichkeit nach älterem deutschen Recht, Marburg 1921

v. Meibom, Viktor: Das deutsche *Pfandrecht*, Marburg 1867

Melicher, Theophil: Der Kampf zwischen *Gesetzes- und Gewohnheitsrecht* im Westgotenreiche, Weimar 1930

Mensching, Minna: Das *Strafrecht* der Lex Burgundionum, Diss. jur. Zürich 1926, Turbenthal 1928

Merea, Paulo: *Estudos* de direito visigótico, Coimbra 1948

Merk, Walther: *Wachstum und Schöpfung* im germanischen Recht, in: Beiträge zur Neugestaltung des deutschen Rechts, Festgabe für Erich Jung, Marburg 1937, S. 127—175

Merkel, Johannes: Der *Iudex* im bairischen Volksrechte, in: ZRG., Bd. 1 (1861), S. 131—167

Minguijón, Adrián Salvador: *Historia* del derecho Español, 4. Aufl., Barcelona 1953

Mitteis, Heinrich: Vom *Lebenswert* der Rechtsgeschichte, Weimar 1947

—: Der *Staat* des hohen Mittelalters, 4. Aufl., Weimar 1953

—: Deutsche Rechtsgeschichte, neubearbeitet von Heinz Lieberich, 6. Aufl., München und Berlin 1960 (zit.: *Mitteis-Lieberich)*

—: *Rechtspflege und Staatsentwicklung* in Deutschland und Frankreich, in: Die Rechtsidee in der Geschichte. Gesammelte Abhandlungen und Vorträge, Weimar 1957, S. 71—85

—: *Rechtsgeschichte und Gegenwart*, in: Die Rechtsidee in der Geschichte, S. 501 bis 513

—: Die *Geschichte der Rechtswissenschaft* im Rahmen der allgemeinen Kulturgeschichte, in: Die Rechtsidee in der Geschichte, S. 668—680

—: *Historismus* und Rechtsgeschichte, in: Um Recht und Gerechtigkeit, Festgabe für Erich Kaufmann, Stuttgart und Köln 1950, S. 265—280

—: Zur Lage der rechtsgeschichtlichen *Forschung* in Italien, in: ZSRG. GA., 69. Band (1952), S. 203—238

—: *Rezension:* E. *Schmidt, Einführung* in die Geschichte der deutschen Strafrechtspflege, 2. Aufl., in: ZSRG. GA., 69. Band (1952), S. 482—484

Mommsen, Theodor: Römisches *Strafrecht,* Leipzig 1899

—: Römisches *Staatsrecht,* 1. Band, 4. Aufl., Tübingen o. J. (Sonderausgabe)

Monod, Gabriel: Les *moeurs judiciaires* au 8e siècle d'après la „Paraenesis ad judices" de Theodulf, in: Revue Historique, Band 35 (1887), S. 1—20

Morris, William Alfred: The Early English *County Court,* University of California Publications in History, Volume 14, No. 2, Berkeley (Calif.) 1926

Mühlbacher, Engelbert: *Deutsche Geschichte* unter den Karolingern, 2. Aufl., Darmstadt 1959

Müllenhoff, Karl: Die deutschen wörter der *lex salica,* in: Georg Waitz, Das alte Recht der salischen Franken, Kiel 1846, S. 271—295

Oertel, C.: Zur Geschichte der richterlichen *Unabhängigkeit,* in: Deutsche Richterzeitung, 13. Jg. (1921), Sp. 75—79

Olivier-Martin, François: *Précis* d'histoire du droit français, Paris 1932

—: *Histoire du droit* français des origines à la Révolution, 2. Aufl., Paris 1951

Opet, Otto: Geschichte der *Prozeßeinleitungsformen* im ordentlichen deutschen Rechtsgang, 1. Abt., Breslau 1891

Osenbrüggen, Eduard: Das alamannische *Strafrecht* im deutschen Mittelalter, Schaffhausen 1860

—: Das *Strafrecht der Langobarden,* Schaffhausen 1863

Pabst, H.: *Geschichte* des langobardischen Herzogtums, in: Forschungen zur Deutschen Geschichte, 2. Band (1862), S. 405—518

Perels, Kurt: Die *Justizverweigerung* im alten Reiche, in: ZSRG. GA., 25. Band (1904), S. 1—51

Pertile, Antonio: *Storia* del diritto italiano dalla caduta dell' impero romano alla codificazione, 6 Bände (Vol. VI per cura di Pasquale *del Giudice),* 2. Aufl., Torino 1896—1902

Peters, Karl: *Strafprozeß.* Ein Lehrbuch, Karlsruhe 1952

Phillips, George: *Versuch* einer Darstellung des angelsächsischen Rechts, Göttingen 1825

Planck, J. W.: Das deutsche *Gerichtsverfahren* im Mittelalter, 1. Band, Braunschweig 1879

Planitz, Hans: Die *Vermögensvollstreckung* im deutschen mittelalterlichen Recht, Leipzig 1912

—: *Grundlagen* des deutschen Arrestprozesses, Leipzig 1922

—: Deutsche *Rechtsgeschichte,* Graz 1950

—: *Handelsverkehr* und Kaufmannsrecht im fränkischen Reich, in: Festschrift Ernst Heymann, Teil I, Weimar 1940, S. 175—190

Plöchl, Willibald M.: *Geschichte des Kirchenrechts,* Band I, Wien 1953

Pollock, Sir Frederic, and *Maitland,* Frederic William: The History of English Law before the Time of Edward I., Volume I, 2. Aufl., Cambridge 1952 (Neudruck) (zit.: *Pollock-Maitland)*

Radbruch, Gustav und *Gwinner,* Heinrich: *Geschichte* des Verbrechens. Versuch einer historischen Kriminologie, Stuttgart 1951

v. Rauchhaupt, Fr. W.: Geschichte der spanischen *Gesetzesquellen* von den Anfängen bis zur Gegenwart, Heidelberg 1923

Regnault, Henri: *Manuel* d'histoire du droit français, 5. Aufl., Paris 1947

Rehfeldt, Bernhard: *Grenzen* der vergleichenden Methode in der rechtsgeschichtlichen Forschung, Bonn 1942

Rennefahrt, Hermann: *Grundzüge* der bernischen Rechtsgeschichte, 1. Teil, Abhandlungen zum schweizerischen Recht, Neue Folge, 34. Heft, Bern 1928
—: *Twing und Bann,* in: Schweizer Beiträge zur Allgemeinen Geschichte, Bd. 10 (1952), S. 22—87
v. Richthofen, Karl Freiherr: *Untersuchungen* über friesische Rechtsgeschichte, Bd. I, Berlin 1880
Rietschel, Siegfried: *Untersuchungen* zur Geschichte der germanischen Hundertschaft I, in: ZSRG. GA., 28. Band (1907), S. 342—434
Ringel, Walter: Das *Strafrecht* des Gregor von Tours, dargestellt nach seinem Werke: „Zehn Bücher fränkischer Geschichte", Diss. jur. Leipzig 1912
Rintelen, Max: *Schuldhaft* und Einlager im Vollstreckungsverfahren des altniederländischen und sächsischen Rechts, Leipzig 1908
—: Die *Urteilfindung* im angelsächsischen Recht, in: Historische Aufsätze für Karl Zeumer, Weimar 1910, S. 557—577
Ritter, Johannes Martin: *Verrat und Untreue* an Volk, Reich und Staat, Schriften der Akademie für Deutsches Recht, Gruppe Strafrecht und Strafverfahren 12, Berlin 1942
Rogge, Karl August: Über das *Gerichtswesen* der Germanen, Halle 1920
Roth, Paul: *Geschichte des Beneficialwesens* von den ältesten Zeiten bis ins 10. Jahrhundert, Erlangen 1850
Rüegger, Hans: *Einflüsse* des römischen Rechts in der Lex Burgundionum, Diss. jur. Bern 1947, Lungern 1949
Salvioli, Giuseppe: *Storia* del diritto italiano, 8. Aufl., Turin 1921
v. Savigny, Friedrich Carl: *Geschichte* des römischen Rechts im Mittelalter, Band 1 und 2, 3. Ausgabe, Darmstadt 1956 (= Nachdruck der 2. Ausgabe von 1834)
Scheyhing, Robert: *Eide,* Amtsgewalt und Bannleihe. Eine Untersuchung zur Bannleihe im hohen und späten Mittelalter, Forschungen zur Deutschen Rechtsgeschichte, 2. Band, Köln-Graz 1960
Schmidt, Arthur Benno: *Echte Not,* Leipzig 1888
Schmidt, Eberhard: *Einführung* in die Geschichte der deutschen Strafrechtspflege, 2. Aufl., Göttingen 1951
Schneider, Fedor: Die *Entstehung* von Burg und Landgemeinde in Italien, Abhandlungen zur mittleren und neueren Geschichte, Heft 68, Berlin-Grunewald 1924
Schönfeld, Walther: Das *Rechtsbewußtsein der Langobarden* auf Grund ihres Edikts, Weimar 1934
—: *Grundlegung* der Rechtswissenschaft, Stuttgart und Köln 1951
Schönke, Adolf: *Kommentar* zum Strafgesetzbuch, 7. Aufl. neu bearbeitet von Horst *Schröder,* München und Berlin 1954
Schreuer, Hans: Die Behandlung der *Verbrechenskonkurrenz* in den Volksrechten, Untersuchungen, 50. Heft, Breslau 1896
Schröder, Richard, und *v. Künßberg,* Eberhard Freiherr: Lehrbuch der deutschen Rechtsgeschichte, 7. Aufl., Berlin und Leipzig 1932 (zit.: *Schröder-v. Künßberg)*
Schröder, Richard: *Gesetzessprecheramt* und Priestertum bei den Germanen, in: ZSRG. GA., 4. Band (1883), S. 215—231
Schubert, Georg: Der *Einfluß* des kirchlichen Rechts auf das weltliche Strafrecht der Frankenzeit, Diss. jur. Münster 1937
v. Schulte, Johann Friedrich: Lehrbuch der deutschen *Reichs- und Rechtsgeschichte,* 6. Aufl., Stuttgart 1892

Schultze, August S.: *Privatrecht und Prozeß* in ihrer Wechselbeziehung. Grundlinien einer geschichtlichen Auffassung des heutigen Zivilprozeßrechts, 1. Teil, Freiburg i. Br. und Tübingen 1883
Schupfer, Francesco: Delle *istituzioni* politiche longobardiche, Florenz 1863
—: *Manuale* di storia del diritto italiano, 4. Aufl., Rom und Turin 1908
v. Schwerin, Claudius Freiherr: Die altgermanische *Hundertschaft,* Untersuchungen, 90. Heft, Breslau 1907
—: *Freiheit* und Gebundenheit im germanischen Staat, Tübingen 1933
—: *Germanische Rechtsgeschichte,* 2. Aufl., Berlin 1943
—: *Grundzüge* der deutschen Rechtsgeschichte, 4. Aufl. besorgt von Hans *Thieme,* Berlin und München 1950
—: Artikel *„Recht"* in Hoops' Reallexikon der germanischen Altertumskunde, Band 3, Straßburg 1915—1916, S. 467—468
v. Schwind, E.: Kritische *Studien* zur Lex Baiuwariorum II, in: NA., Band XXXIII (1908), S. 607—694
Seelmann, Walther: Der *Rechtszug* im älteren deutschen Recht, Untersuchungen, 107. Heft, Breslau 1911
Sickel, Wilhelm: Das *Wesen* des Volksherzogtums, in: HZ, 52. Band (1884), S. 407 bis 490
—: Die *Entstehung* des Schöffengerichts, in: ZSRG. GA., 6. Band (1885), S. 1—86
—: *Beiträge* zur deutschen Verfassungsgeschichte des Mittelalters, in: Mitteilungen des Instituts für Österreichische Geschichtsforschung, 3. Ergänzungsband (1890 bis 1894), S. 451—585
Siegel Heinrich: *Geschichte* des deutschen Gerichtsverfahrens, 1. Band, Gießen 1857
—: Die *Erholung* und Wandelung im gerichtlichen Verfahren, Wien 1863
—: Die *Gefahr* vor Gericht und im Rechtsgang, Wien 1866
Skedl, Arthur: Die *Nichtigkeitsbeschwerde* in ihrer geschichtlichen Entwicklung, Leipzig 1886
Sohm, Rudolph: Der *Prozeß* der Lex Salica, Weimar 1867
—: Die fränkische *Reichs- und Gerichtsverfassung,* Weimar 1871
—: *Fränkisches Recht* und römisches Recht, Weimar 1880
Solmi, Arrigo: *Storia* del diritto italiano, 3. Aufl., Milano 1930
Steinbach, Franz: *Hundertschar,* Centena und Zentgericht, in: Rheinische Vierteljahresblätter, Jg. 15/16 (1950/51), S. 121—138
Stenton, F. M.: *Anglo-Saxon England,* 2. Aufl., Oxford 1950
Stintzing, R.: Geschichte der deutschen *Rechtswissenschaft,* 1. Abt., München und Leipzig 1880
Stobbe, Otto: Geschichte der deutschen *Rechtsquellen,* 1. Abt., Braunschweig 1860
—: *Beiträge* zur Geschichte des deutschen Rechts, Braunschweig 1865
Stock, Ulrich: Entwicklung und Wesen der *Amtsverbrechen,* Leipziger rechtswissenschaftliche Studien, Heft 67, Leipzig 1932
v. Sybel, Heinrich: Die *Entstehung* des deutschen Königtums, 2. Aufl., Frankfurt am Main 1881
Tamassia, Nino: Römisches und *westgotisches Recht* in Grimowalds und Liutprands Gesetzgebung, in: ZSRG. GA., 18. Band (1897), S. 148—169
Tellenbach, Gerd: *Königtum* und Stämme in der Werdezeit des Deutschen Reiches, Quellen und Studien zur Verfassungsgeschichte des Deutschen Reiches in Mittelalter und Neuzeit, Band VII, Heft 4, Weimar 1939
Thonissen, J. J.: *L'organisation judiciaire,* le droit pénal et la procédure pénale de la loi Salique, 2. Aufl., Brüssel und Paris 1882

Torres, Manuel: *Lecciones* de Historia del Derecho Español, Vol. II, 2. Aufl., Salamanca 1936
Unger, Friedrich Wilhelm: Die altdeutsche *Gerichts-Verfassung*, Göttingen 1842
Viollet, Paul: *Histoire des institutions* politiques et administratives de la France, Band I, Paris 1890
Vordemfelde, Hans: Die germanische *Religion* in den deutschen Volksrechten, Gießen 1923
Wach, Adolf: Der italienische *Arrestprozeß*, Leipzig 1868
Wackernagel, Jakob: Die geistigen *Grundlagen* des mittelalterlichen Rechts, Recht und Staat, Heft 62, Tübingen 1929
Wagner, Albrecht: Der *Richter*, Karlsruhe 1959
Wagner, Gotthold: *Comitate* im karolingischen Reich, Duderstadt 1952
Waitz, Georg: Deutsche *Verfassungsgeschichte*, 2. Band (3. Aufl.), 3. und 4. Band (2. Aufl.), Kiel und Berlin 1882—1885
Wattenbach-Levison: Deutschlands *Geschichtsquellen* im Mittelalter. Vorzeit und Karolinger, 3 Hefte, bearbeitet von Wilhelm Levison und Heinz Löwe, Weimar 1952—1957
Weber, Max: *Wirtschaft und Gesellschaft*, 4. neu herausgegebene Auflage, besorgt von Johannes Winckelmann, 2. Halbband, Tübingen 1956
Wegner, Arthur: *Einführung* in die Rechtswissenschaft, 2. Aufl., Berlin 1948
—: *Strafrecht*. Allgemeiner Teil, Göttingen 1951
Wetzell, Georg Wilhelm: *System* des ordentlichen Civilprozesses, 3. Aufl., Leipzig 1878
Wieacker, Franz: *Das römische Recht* und das deutsche Rechtsbewußtsein, Leipziger Universitätsreden, Heft 13, Leipzig 1944
—: *Privatrechtsgeschichte* der Neuzeit unter besonderer Berücksichtigung der deutschen Entwicklung, Göttingen 1952
Wilda, Wilhelm Eduard: Das *Strafrecht* der Germanen, Halle 1842
Winkelmann, Eduard: Geschichte der *Angelsachsen* bis zum Tode König Aelfreds, Berlin 1883
Wohlhaupter, Eugen: *Hoch- und Niedergericht* in der mittelalterlichen Gerichtsverfassung Bayerns, Deutschrechtliche Beiträge, Band XII, Heft 2, Heidelberg 1929
v. Woringen, F. A. M.: *Beiträge* zur Geschichte des deutschen Strafrechts, Berlin 1836
v. Wyss, Friedrich: Die freien Bauern, *Freiämter*, Freigerichte und die Vogteien der Schweiz im spätern Mittelalter, in: Abhandlungen zur Geschichte des schweizerischen öffentlichen Rechts, Zürich 1892, S. 163—335
v. Zallinger, Otto: Wesen und Ursprung des altdeutschen *Formalismus* im altdeutschen Privatrecht, Wien 1898
Zeller, Friedrich: Das Verhältnis der *Lex Bajuwariorum* zum späteren bayerischen Recht, ein Beitrag zur Kritik des bayerischen Volksrechts, Diss. jur. München 1941
Zeumer, Karl: Über zwei neuentdeckte westgotische *Gesetze*, in: NA., Band XXIII (1898), S. 77—112
—: *Geschichte* der westgotischen Gesetzgebung I—IV, in: NA., Band XXIII (1898), S. 419—516; XXIV (1899), S. 39—122 und S. 571—630; XXVI (1901), S. 91—149
—: Zur *Textkritik* und Geschichte der Lex Burgundionum, in NA., Band XXV (1900), S. 259—290
Zoepfl, Heinrich: Deutsche *Rechtsgeschichte*, 3. Aufl., Stuttgart 1858

Zöllner, Erich: Die politische *Stellung* der Völker im Frankenreich, Wien 1950
Zorn, Philipp: Das *Beweisverfahren* nach langobardischem Rechte, München 1872

Zitierweise: Familienname des Verfassers mit einem oder mehreren Stichworten, die im Literaturverzeichnis kursiv sind.

EINLEITUNG

„Im Gerichtswesen liegt eine gewaltige staatsbildende und staatserhaltende Kraft. Im Gericht sein Recht zu suchen und zu finden gibt Ruhe und Sicherheit jedem Einzelnen wie der ganzen Gemeinschaft[1]).“ Die Rechtsgeschichte aller Völker und aller Epochen bestätigt die Richtigkeit dieser Sätze des Rechtshistorikers Hans *Fehr*. Die große Bedeutung der Rechtspflege für ein geordnetes menschliches Zusammenleben zeigt sich einmal in der besonderen Feierlichkeit, die die Tätigkeit des Richters bis auf den heutigen Tag aus dem üblichen Rahmen der staatlich-hoheitlichen Handlungen heraushebt; zum anderen findet sie bis heute in zahlreichen besonderen Rechtsnormen Ausdruck, die die ungestörte und korrekte Ausübung der Rechtspflege unter den erhöhten strafrechtlichen Schutz des Gemeinwesens stellen.

Im Mittelpunkt aller Bemühungen um den Schutz der Rechtspflege stand und steht das zeitlose Problem der Gewährleistung *prompter* und *gerechter* richterlicher Entscheidungen. Jede Zeit hat zu seiner Bewältigung ihr gemäße Rechtsnormen entwickelt, die dem Zustand und der Entwicklungsstufe des Rechts und Gerichtswesens dieser Epoche entsprechen. Die Untersuchung solcher Rechtsnormen vermag daher einen guten Einblick in die Rechtsstruktur, das Rechtsempfinden sowie in den jeweiligen Zustand und die Eigenarten der Rechtspflege einer Zeit zu geben. Dennoch fehlen solche Untersuchungen für nahezu den gesamten Zeitraum der deutschen Rechtsgeschichte[2]).

Die vorliegende Arbeit soll diese Lücke für die früheste quellenmäßig ausreichend erfaßbare Epoche der deutschen Rechtsgeschichte schließen und eine zusammenfassende Darstellung der Bestimmungen bieten, die in der fränkischen Zeit[3]) eine prompte und gerechte Rechtspflege sicherstellen sollten. Die Notwendigkeit, mit diesem Zeitraum zu beginnen, ergab sich daraus, daß uns aus ihm in den Stammesrechten[4]) die ersten umfangreichen

---

[1]) *Fehr*, Rechtsgeschichte, S. 41.

[2]) Rudolf *His* und Eberhardt *Schmidt* mußten sich in ihren strafrechtsgeschichtlichen Gesamtdarstellungen notwendigerweise mit einigen Andeutungen begnügen.

[3]) In neueren Arbeiten wird die Zeit vom ausgehenden 5. bis zum ausgehenden 9. Jahrhundert auch als „frühes Mittelalter“ bezeichnet, vgl. *Kaufmann*, Erfolgshaftung, S. 8; E. *Schmidt*, Einführung, S. 17 f., spricht von der „Epoche germanischen Rechtsdenkens“.

[4]) Da die Leges Barbarorum auf einer Verbindung volksrechtlicher und königsrechtlicher Bestandteile beruhen, ist die Bezeichnung „Stammesrechte“ treffender als das früher übliche „Volksrechte“, vgl. *Buchner*, Rechtsquellen, S. 4; *Mitteis*, Historismus, S. 271.

schriftlichen Aufzeichnungen des frühen deutschen Rechts erhalten sind und daß diese Zeit gewissermaßen „die Rechtsinstitute in statu nascendi zeigt"[5]).

Umfassend untersucht worden ist unser Problem gerade auch für diese Epoche noch nicht, obwohl sich die rechtshistorische Forschung des vorigen Jahrhunderts mit dieser Zeit sehr intensiv beschäftigt hat[6]). Die Arbeiten von Georg *Cohn*[7]) und Heinrich Otto *Lehmann*[8]) sind im Hinblick auf den Untersuchungsgegenstand zu begrenzt und allzusehr auf die — damals noch besonders wichtige — Quellenkritik abgestellt, als daß sich aus ihnen grundlegende Erkenntnisse über die Behandlung der Rechtspflegedelikte im frühen Mittelalter gewinnen lassen[9]). Ein anderer Mangel dieser Arbeiten besteht darin, daß ihre Verfasser bei der Erklärung des Aufbaus des frühmittelalterlichen Gerichtswesens und bei der Deutung der einzelnen Rechtsinstitute sehr stark von den zeitgebundenen Vorstellungen ihres Jahrhunderts ausgingen; sie haben wie die meisten Forscher des 19. Jahrhunderts „im fränkischen Gemeinwesen einen straff geleiteten Staat gesehen, dessen Herrschaftsintensität wesentlich auf einem dem König verantwortlichen Beamtentum beruht habe"[10]).

Um ähnlichen Gefahren zeitgebundenen Denkens von vornherein aus dem Wege zu gehen, wird davon abgesehen, dieser Arbeit das Gliederungsschema der Tatbestände der Rechtspflegedelikte etwa des deutschen Strafgesetzbuches zugrunde zu legen; auch sonst enthält sie — vielleicht zum Bedauern des Nichthistorikers — nur wenige Verweisungen auf das geltende Recht, zumal die große Bedeutung der subjektiven Seite in den modernen Tatbeständen die Vergleichbarkeit mit „Tatbeständen" der frühen Zeit teilweise ausschließt oder doch wenigstens unergiebig macht. Es werden auf diese Weise nicht schon von vornherein bestimmte Vorstellungen und Begriffe an die Quellen herangetragen, sondern im Sinne der neueren historischen und rechtshistorischen Forschungsmethode die geschichtlichen Quellen allein zum Ausgangspunkt der Untersuchungen genommen; so wird es eher gelingen, bei der Darstellung „an die Denkformen der damaligen Zeit an-

---

[5]) *Mitteis*, Rechtsgeschichte und Gegenwart, S. 509.

[6]) Heute wird diese Epoche vernachlässigt, obwohl noch zahlreiche Probleme zu lösen sind, wie *Kaufmann*, a. a. O., S. 8, mit Recht bemerkt.

[7]) Die Justizverweigerung im altdeutschen Recht, Karlsruhe 1876.

[8]) Der Rechtsschutz gegenüber Eingriffen von Staatsbeamten nach altfränkischem Recht, Kiel 1883.

[9]) Bei dem heutigen hohen Stand der Quellenforschung und der modernen Quellenausgaben kann hier auf eingehende quellenkritische Untersuchungen verzichtet und die Aufmerksamkeit ganz den gesicherten Aussagen der Quellen und ihrer Problematik gewidmet werden; es wird freilich nicht verkannt, daß die noch unentbehrlichen klassischen Quellenausgaben in vielfacher Hinsicht reformbedürftig sind, vgl. *Buchner*, Plan, S. 391 ff.

[10]) *Scheyhing*, Eide, S. 3. Prototyp dieser Arbeiten ist: Georg Ludwig *Maurer*, Geschichte des altgermanischen und namentlich altbairischen öffentlich-mündlichen Gerichtsverfahrens, Heidelberg 1824.

zuknüpfen"[11]) und aus den Quellen zu ergründen, ob und wieweit das Problem der prompten und gerechten Justiz als Grundproblem jeglichen Gerichtswesens behandelt ist und ob den Rechtspflegedelikten im Rahmen des gesamten Deliktssystems Selbständigkeit zugebilligt wurde[12]).

Zurückhaltung gegenüber dem modernen Begriffsapparat veranlaßt uns auch, im Einklang mit neueren rechtshistorischen Arbeiten[13]) die mit der Rechtspflege befaßten Personen mit dem neutralen Ausdruck „Amtswalter" und nicht als „Beamte" zu bezeichnen; denn die heutige begriffliche Bedeutung des Wortes Beamter hat sich erst im Laufe der letzten zwei Jahrhunderte herausgebildet[14]) und ist mit der Idee des modernen Staates untrennbar verbunden[15]).

Im übrigen teilen wir freilich in dem noch andauernden wissenschaftlichen Streit über die richtige Methode historischen Forschens, der vornehmlich durch Otto *Brunners* epochemachendes Werk „Land und Herrschaft"[16]) entfacht wurde, den Standpunkt von Heinrich *Mitteis* und François L. *Ganshof*. Diese hervorragenden Rechtshistoriker haben mit Recht darauf hingewiesen[17]), daß nur mit Benutzung der juristischen Denkkategorien („catégories de la pensée juridique d'aujourd'hui"[18])) und der Ausdrucksmittel *unserer* Zeit eine „Vergegenwärtigung, ohne die echtes geschichtliches Verstehen schlechterdings nicht möglich ist"[19]), erreicht werden kann. Ferner ist bei der Anwendung moderner Begriffe zu beachten, „daß der Begriff kein Selbstzweck, sondern ein Ordnungsfaktor ist, daß Begriffe, wie *Husserl* sagt, einen „Hof" haben, d. h. eine gewisse Variationsbreite ihrer Anwendbarkeit, daß sie elastisch sind"[20]).

Den zeitlichen Rahmen der Arbeit bilden das 5. und das 10. Jahrhundert. In sachlicher Hinsicht beschränkt sie sich auf das weltliche Recht, berücksichtigt jedoch die kirchlichen Einflüsse. Neben der Spruchtätigkeit des Richters wird auch der Bereich der Ermittlungs- und Vollstreckungstätigkeit einbezogen; denn er war von jener im mittelalterlichen Recht noch nicht streng geschieden. Dieses kannte in allen Lebensbereichen anstelle des heutigen

---

[11]) *Scheyhing*, a. a. O., S. 1.

[12]) So *v. Liszt-Schmidt*, Lehrbuch, S. 816.

[13]) Vgl. z. B. F. *Beyerle*, Gesetze der Burgunden, S. 151; ders., Lex Ribvaria, MGH, Leges Sectio I, Bd. 3, T. 1, S. 156, 180.

[14]) Vgl. *Gerber*, Wesen des Beamtentums, S. 6 f.

[15]) Daher ist es bedenklich, wenn *Scheyhing*, a. a. O., S. 3, vor das gleiche Problem gestellt, den Ausdruck „Beamter" allein zu dem Zweck verwenden zu können glaubt, „eine einprägsame Bezeichnung für alle mit Gemeinschaftsaufgaben befaßten Personen zu haben", ohne damit eine rechtliche Wertung zu verbinden.

[16]) 1. Aufl. 1939; 4. Aufl. 1959.

[17]) *Mitteis*, Historismus, S. 272; *Ganshof*, Recherches, S. 217, Anm. 314. Ebenso *Hoetink*, Notions anachroniques, S. 10 f., der sich Mitteis anschließt. Grundsätzliches zum Problem auch bei *Mitteis*, Rechtsgeschichte und Gegenwart, S. 508 f.

[18]) *Ganshof*, ebenda.

[19]) *Mitteis*, Historismus, S. 272.

[20]) *Mitteis*, Rechtsgeschichte und Gegenwart, S. 509.

hohen Abstraktionsgrades fast aller rechtlichen Normen einen vielfältigen Reichtum sehr konkreter rechtlicher Bestimmungen, die weniger mit dogmatischem als mit einfühlend-historischem Denken, das jeweils auf das rechtlich Typische abstellt, erschlossen werden können.

Im ersten Teil enthält die Arbeit Untersuchungen über die Behandlung der Rechtspflegedelikte in jedem einzelnen Stammesrecht, ohne daß Vergleiche zwischen den verschiedenen Rechten angestellt sind; dann behandelt sie die Gemeinsamkeiten, Unterschiede und Eigentümlichkeiten der verschiedenen stammesrechtlichen Regelungen (2. Teil). Dadurch vermag der Leser einen Einblick sowohl in das einschlägige Recht der einzelnen Stämme als auch in die Ausgestaltung der Rechtspflegedelikte im frühen Mittelalter überhaupt zu gewinnen.

Die Untersuchung bestimmter Strafrechtsnormen allein vermag indessen nur sehr wenig über die tatsächlichen Erscheinungsformen eines Delikts oder einer Gruppe von verwandten Delikten und deren Zusammenhang mit den übrigen Lebenserscheinungen einer Zeit auszusagen. Zur Aufhellung dieser Seiten stehen Bearbeitern von derartigen Problemen für die Gegenwart oder die jüngere Vergangenheit Gerichtsakten, Prozeßberichte, Entscheidungssammlungen und Statistiken als Quellenmaterial zur Verfügung, die jedoch für die quellenarme fränkische Zeit völlig fehlen. Um nicht ganz auf kriminologische und kriminalsoziologische Aspekte der Rechtspflegedelikte dieser frühen Zeit verzichten zu müssen, versuchen wir im 3. Teil der Arbeit, aus den verschiedensten literarischen Quellen unseres Untersuchungszeitraums für die Erscheinungsformen bestimmter Rechtspflegedelikte einige Anhaltspunkte zu gewinnen, die die bloßen Rechtsnormen mit Leben erfüllen werden. Auf diese Weise wird auch jene „Eigenbewegung der Rechtsbegriffe", die nicht deren Einbettung in die gesamte kulturelle Umwelt berücksichtigt und vor der Heinrich *Mitteis* nachdrücklich gewarnt hat[21]), vermieden. Es setzt sich heute immer mehr die Erkenntnis durch, daß versucht werden muß, „die Dynamik der allgemeinen Kulturentwicklung" für den Bereich geschichtlichen Forschens fruchtbar zu machen[22]). Es wird sich aber auch zeigen, daß „losgelöst von den Rechtsformen die menschlichen Probleme" der Rechtspflege bis auf den heutigen Tag großenteils dieselben geblieben sind[23]).

---

[21]) *Mitteis*, Lebenswert, S. 44.
[22]) *Mitteis*, Geschichte der Rechtswissenschaft, S. 668.
[23]) *Peters*, Strafprozeß, S. 48.

Erster Teil

DIE BEHANDLUNG DER RECHTSPFLEGEDELIKTE IN DEN EINZELNEN STAMMESRECHTEN

1. Kapitel

Die Stammesrechte der salischen und ribvarischen Franken und die Kapitularien

A. DIE MEROWINGISCHE ZEIT

I. Die fränkische Gerichtsverfassung unter den Merowingern

Das Gerichtswesen der salischen und ribvarischen Franken, die zunächst an den Grundzügen der germanischen Gerichtsverfassung festhielten[1]), beruhte auf dem Volksgericht und dem Königsgericht[2]). Im einzelnen ergibt die herrschende Lehre folgendes Bild der fränkischen Gerichtsverfassung: Das Volksgericht tagte — vermutlich alle sechs Wochen[3]) — unter der Leitung eines vom Volke gewählten Richters, den die frühen Quellen „thunginus" nennen[4]). Dieser war allerdings nur Gerichtsvorstand, während der Urteilsvorschlag von einem Ausschuß von Urteilfindern, den sog. Rachimburgen, eingebracht und durch die Zustimmung (Vollbort) des versammelten Dingvolkes zum Urteil erhoben wurde[5]). Unsicher ist, wer das Rachimburgen-Kollegium ernannte oder wählte und ob es für alle Entscheidungen eines Dings einheitlich oder für jeden Rechtsfall besonders zusammengesetzt war[6]). Vermutlich bestand es aus adligen Grundbesitzern und anderen persönlich hervorragenden Dinggenossen[7]).

---

[1]) Vgl. *Schröder-v. Künßberg*, S. 176; *Conrad*, Rechtsgeschichte, S. 190.

[2]) Vgl. *Beauchet*, Histoire, S. 26 ff. und als letzte Darstellung: *Wagner*, Richter, S. 44 ff.

[3]) *Brunner-v. Schwerin*, S. 291.

[4]) Über ihn vgl. Th. *Mayer*, Staat und Hundertschaft, S. 358 ff.

[5]) Vgl. *Sohm*, Reichs- und Gerichtsverfassung, S. 123 ff.; *Brunner-v. Schwerin*, S. 300; *Conrad*, a. a. O., S. 190.

[6]) Von der älteren Literatur vgl. *Rogge*, Gerichtswesen, S. 74; *Eichhorn*, Staats- und Rechtsgeschichte, Bd. 1, S. 403; *Siegel*, Geschichte, S. 106. Vom neueren Schrift-

Der Zentenar, der als Vorsteher der fränkischen Zentena zunächst militärisch-polizeiliche Aufgaben hatte, ist nach Heinrich *Dannenbauer*[8]) erst im 8. Jahrhundert über die Verwaltung des Königsgutes in das Gerichtswesen eingedrungen[9]) und hatte dann eine ähnliche Funktion wie der Thunginus[10]).

Bereits im 6. Jahrhundert, spätestens unter den Söhnen Chlodwigs, vollzog sich bei den Volksgerichten eine bedeutsame Wandlung. Der Graf (grafio, comes), der vom König ernannte und für die fiskalische, administrative und militärische Leitung eines Gaues verantwortliche Amtswalter[11]), weitete seinen Aufgabenbereich aus. Während er zunächst nur Vollstreckungsaufgaben wahrnahm und deswegen den Gerichtsverhandlungen beiwohnen konnte, gelang es ihm allmählich, den Thunginus vom Vorsitz im Volksgericht zu verdrängen und dessen Stelle einzunehmen[12]); „iudex" bedeutete daher in merowingischer Zeit regelmäßig den Grafen[13]). Diese Entwicklung führte zwar nicht zur Bildung eines besonderen Grafengerichts; aber alle Volksgerichte der Grafschaft, die der Graf nunmehr reihum bereiste[14]), wurden durch seinen Vorsitz zu einer „ideellen Einheit"[15]) zusammengefaßt, so daß z. B. die an einer Dingstätte eingebrachte Klage an einer anderen erledigt werden konnte.

Die Vollsteckungsaufgaben des Grafen übernahm nach der einstweilen unbestrittenen Lehre der Rechtshistoriker im Laufe der merowingischen Periode in den altfränkischen Landesteilen der Zentenar und in den romanischen Gebieten der Vikar (vicarius)[16]), den der Graf in der Regel selbständig als „Unterbeamten" ernennen konnte[17]). Der Vikar konnte außerdem als Vertreter des Grafen Richter im gebotenen Ding mit voller Zuständigkeit sein, während in den altfränkischen Gebieten der Zentenar das gebotene

---

tum vgl. *Planitz*, Rechtsgeschichte, S. 49; *Fehr*, Rechtsgeschichte, S. 43; Olivier-*Martin*, Histoire du droit, S. 55.

[7]) Vgl. *Geffcken*, Lex Salica, S. 213; *Estey*, Scabini, S. 121 f.

[8]) Die Forschungsergebnisse *Dannenbauers* haben der klassischen Lehre von der germanischen Hundertschaft ihre Grundlagen entzogen, vgl. seinen Aufsatz „Hundertschaft, Centena und Huntari", S. 179 ff.; grundlegend ferner: *Steinbach*, Hundertschar, S. 121 ff.; Th. *Mayer*, a. a. O., S. 344 ff.

[9]) Vgl. *Dannenbauer*, a. a. O., S. 224 f., 227; Th. *Mayer*, a. a. O., S. 346; *Mitteis-Lieberich*, S. 48.

[10]) Vgl. *Brunner-v. Schwerin*, S. 205; *v. Schwerin-Thieme*, Grundzüge, S. 77; *Esmein*, Cours élémentaire, S. 82, Anm. 6; Th. *Mayer*, a. a. O., S. 361.

[11]) Vgl. *Schröder-v.Künßberg*, S. 137; *Conrad*, a. a. O., S. 144.

[12]) Vgl. *Brunner-v. Schwerin*, S. 221 f., auch bezüglich der Verschiedenheit von altfränkischem und neufränkischem Grafen; *Mitteis-Lieberich*, S. 50 f.

[13]) Vgl. *Brunner-v. Schwerin*, S. 222; Th. *Mayer*, a. a. O., S. 361. Letzte Erörterung bei *v. Guttenberg*, Iudex, S. 94 ff.

[14]) Vgl. *Esmein*, a. a. O., S. 84; *Regnault*, Manuel, S. 48.

[15]) *Mitteis-Lieberich*, S. 51; *Schröder-v. Künßberg*, S. 177.

[16]) Vgl. *Schröder-v. Künßberg*, S. 139.

[17]) Vgl. *Brunner-v. Schwerin*, S. 229, 237.

Gericht mit beschränkter Zuständigkeit — ohne Liegenschafts- und Freiheitssachen — hielt[18]). Diese Scheidung war der Ausgangspunkt für die spätere Aufspaltung in hohe und niedere Gerichtsbarkeit[19]). Die Zentenare festigten ihre Stellung als Gerichtsvorsitzende unter den Grafen immer mehr; schließlich wurden sie den Vikaren gleichgestellt und die Zuständigkeiten zwischen beiden Amtswaltergruppen und den Grafen in der karolingischen Zeit genau abgegrenzt[20]).

Das Königsgericht war im Gegensatz zum Volksgericht nicht an die strengen materiellen und formalen Grundsätze des frühen Rechts gebunden, da der König als höchster Richter mit besonderer Gerichtsgewalt ausgestattet war[21]). Es tagte in der frühen merowingischen Zeit unter dem Vorsitz des Königs, der später vom Hausmeier abgelöst wurde, so daß die Anwesenheit des Königs nur noch für die endgültige Entscheidung einer Sache erforderlich war. Schließlich nahm der Pfalzgraf regelmäßig die Vertretung des Königs im Königsgericht wahr, bis sich unter Karl dem Großen vom Königsgericht ein eigenes Pfalzgrafengericht abspaltete[22]). Das Beisitzerkollegium bestand in wechselnder Zusammensetzung aus den bei Hofe anwesenden Großen des Reiches und den ständigen höheren Hofbediensteten[23]). Die übrige am Hofe anwesende Menge dürfte den Umstand gebildet haben, zumal wenn Hoftage zum Königsgericht umgestaltet wurden. Das Königsgericht tagte, ohne einen ständigen Sitz zu haben, dort, wo sich der König mit seinem Gefolge gerade aufhielt[24]). Es war zuständig für Achtfälle und für Todesurteile gegen Personen höheren Standes, sowie bei Justizverweigerung der Untergerichte und später auch bei Urteilsschelte[25]).

Die klassische Lehre, daß das Königsgericht bei allen Entscheidungen nach Billigkeit (ex aequitate) habe richten können[26]), dürfte durch die Arbeiten von *Kirn*[27]) und *Kaufmann*[28]) endgültig widerlegt sein[29]).

---

[18]) Vgl. *Brunner-v. Schwerin*, S. 237 ff.; *Schröder-v. Künßberg*, S. 177 f. Die ersten Nennungen des Zentenars als Gerichtshalter setzen um die Mitte des 8. Jahrhunderts ein, vgl. Th. *Mayer*, a. a. O., S. 361.

[19]) *Mitteis-Lieberich*, S. 52.

[20]) Vgl. *Sohm*, Reichs- und Gerichtsverfassung, S. 215, 219; *Waitz*, Verfassungsgeschichte, Bd. 3, S. 392 ff.; *Brunner-v. Schwerin*, S. 239; *Conrad*, a. a. O., S. 192.

[21]) *Brunner-v. Schwerin*, S. 184; *Planitz*, a. a. O., S. 44.

[22]) Vgl. *Schröder-v. Künßberg*, S. 186; *Barchewitz*, Königsgericht, S. 95; *Conrad*, a. a. O., S. 196; *Planitz*, a. a. O., S. 44.

[23]) Vgl. *Brunner-v. Schwerin*, S. 182 f.; *Barchewitz*, a. a. O., S. 27 f.; *Planitz*, a. a. O., S. 44.

[24]) *Brunner-v. Schwerin*, S. 184; *Mitteis-Lieberich*, S. 49.

[25]) Vgl. *Mitteis-Lieberich*, S. 50. Einzelheiten darüber hinten S. 135 ff.

[26]) Vgl. *Barchewitz*, a. a. O., S. 51; *Brunner-v. Schwerin*, S. 185; *Mitteis-Lieberich*, S. 50.

[27]) *Kirn*, Billigkeitsjustiz, S. 120 ff.

[28]) *Kaufmann*, Aequitatis iudicium, passim.

[29]) Wir behandeln dieses Problem auch in anderem Zusammenhang hinten S. 143.

II. Rechtspflegedelikte der Urteilsfinder und Grafen in den beiden fränkischen Stammesrechten

1. Urteilsverweigerung der Rachimburgen: Pactus Legis Salicae 57, 1—2

Das berühmteste aller germanischen Stammesrechte, der Pactus Legis Salicae, ist vermutlich zu Beginn des 6. Jahrhunderts unter Chlodwig (gest. 511) entstanden[30]) und in mehreren Redaktionen und zahlreichen Handschriftenfamilien überliefert[31]).

Zu den bedeutsamen prozeßrechtlichen Bestimmungen des salischen Rechts gehört unter anderen Titel 57, „De Rachineburgiis", dessen Paragraphen 1 und 2 den Fall regeln, daß sich bei einem Rechtsstreit die Urteilsfinder weigern, einen Urteilsvorschlag zu machen, und dadurch eine Entscheidung des Prozesses vereiteln[32]).

§ 1 des Titels 57 geht davon aus, daß derjenige, der einen Anspruch verfolgt[33]), nach dem üblichen Prozeßeinleitungsverfahren zunächst die ein-

---

[30]) Vgl. *Brunner,* S. 440; *Buchner,* Rechtsquellen, S. 16. Neuerdings datiert K. A. Eckhardt die älteste Fassung des salischen Stammesrechts zwischen 507 und 557, vgl. Eckhardt, Pactus Legis Salicae, Bd. 1, S. 206.

[31]) Der Pactus Legis Salicae wird nach der Ausgabe von Eckhardt, Germanenrechte, Neue Folge, Bd. 2, Teil 1 (65 Titel-Text), Göttingen 1955 zitiert. Der 65 Titel-Text ist vermutlich der älteste überlieferte Grundtext des salischen Rechts aus merowingischer Zeit (Eckhardt, Pactus Legis Salicae, Bd. 1, S. 19) und wird von den Textklassen A, B und C gebildet, während die Textklassen D und E die frühkarolingische Lex Salica (100 Titel-Text) und die Klassen K, S und V die nach 800 entstandene Lex Salica Karolina (70 Titel-Text) repräsentieren, vgl. Eckhardt, ebenda. Weder der 100 Titel-Text noch der 70 Titel-Text enthält wichtige *sachliche* Abweichungen gegenüber dem 65 Titel-Text. Unsere Problemstellung berührende Abweichungen werden jeweils angemerkt. Einen Gesamtüberblick über die Textgestaltung der verschiedenen Handschriftenfamilien zu dem wichtigen Titel 57 des salischen Rechts bietet die synoptische Zusammenstellung bei Hessels-Kern, The ten Texts with the Glosses and the Lex Emendata, Sp. 361—378. — Wir folgen der Übung, bei allgemeinen Anführungen des salischen Rechts einfach von der „Lex Salica" zu sprechen und nur bei Angabe bestimmter Sätze mit Titelziffer einen unterscheidenden Hinweis (z. B. Pactus oder 100 Titel-Text) beizufügen, vgl. die von Eckhardt, a. a. O., S. 19, gegebene Anweisung.

[32]) Pactus Legis Salicae 57, 1: Si rachineburgii in mallobergo sedentes, dum causam inter duos discutiunt, debet eis dicere qui causam requirit: „Dicite nobis legem Salicam". Si vero legem dicere noluerint, debet eis dicere ab illo qui causa prosequitur: „Hic ego vos tangono, ut legem mihi dicatis secundum legem Salicam". Quod si ille dicere noluerint, septem de illos rachineburgios, mallobergo schodo hoc est, culcatum solem, CXX denarios qui faciunt solidos III singuli culpabiles iudicentur.

[33]) Pact. Leg. Sal. 57, 1 ergibt deutlich, daß die Urteilsbitte nur vom Kläger ausging, nicht aber von irgendeiner oder von beiden Parteien, wie *Rogge,* Gerichtswesen, S. 73, und *Siegel,* Geschichte, S. 111, 145 f., annahmen.

fache Urteilsbitte an die Rachimburgen richtet[34]): „Dicite nobis legem Salicam", auf die dann im Regelfall der Urteilsvorschlag des Urteilerkollegiums oder eines seiner Mitglieder in der Gerichtsversammlung eingebracht wurde[35]). Erst wenn auf die gewöhnliche Urteilsbitte hin kein Urteil vorgeschlagen wurde[36]), konnte das „Hic ego vos tangono" erfolgen, durch das die Rachimburgen gewissermaßen in Verzug gesetzt wurden. Form und Inhalt dieses Satzes lassen auch im lateinischen Text, der ja vor Gericht nicht gebraucht wurde, erkennen, daß durch das „tangono"[37]) nunmehr in besonders förmlicher Weise das Verlangen nach Kundgabe des Rechts ausgesprochen wurde[38]): „Jetzt bedränge[39]) ich euch, daß ihr mir das Recht (Gesetz)[40]) nach dem salischen Gesetzbuch verkündet."

Ebenso wie das „tangono" gegenüber dem Beklagten ihn zur rechts-

---

[34]) Die h. L. geht einmütig davon aus, daß in allen Prozessen Rachimburgen als Urteilsfinder tätig waren, vgl. *Brunner-v. Schwerin*, S. 472; *Beauchet*, Histoire, S. 26 ff. Zwar glaubte *Fustel de Coulanges*, daß Rachimburgen nur in Kompositionssachen urteilten, während in allen anderen Fällen der Graf allein entschieden und die Rachimburgen nach Gutdünken nur um Rat gefragt habe, vgl. L'organisation judiciaire, S. 486 ff. Ein Umstand habe bei der Rechtsfindung nicht mitgewirkt (a. a. O., S. 420). Nach früherer Ansicht leitete sich nämlich „Rachimburge" von ahd. ragan = consilium her, vgl. *Müllenhoff*, Lex Salica, S. 84; auch *Sohm*, a. a. O., S. 373, und *Gengler*, Rechtsdenkmäler, S. 888, nahmen die Grundbedeutung von „Ratgeber" an. Überzeugender ist jedoch die Ansicht F. Beyerles, Lex Ribvaria (MGH-Ausgabe), S. 156, der ausgehend von der weiteren Aufgabe der Rachimburgen als Schätzer in L. Ribv. 36, 2—3, auf die Wortbedeutung „Verrechnungsbürgen" (ahd. Rakka = Rechenschaft, rekkian = berechnen) hinweist. Ebenso auch Schröbler, Glossar zur Lex Ribvaria, S. 198 f. Ausführlich zum Problem F. *Beyerle*, Wortsinn, S. 50.

[35]) Unsicher ist, wieviel Mitglieder das Urteilerkollegium umfaßte, vgl. *Brunner-v. Schwerin*, S. 295; *Waitz*, Verfassungsgeschichte, Bd. 2, S. 485; *Fustel de Coulanges*, a. a. O., S. 428. Die Mehrzahl der Autoren nimmt eine Zahl von 7 an, vgl. *Geffcken*, a. a. O., S. 215. Zur Siebenzahl vgl. auch *Grimm*, Rechtsaltertümer, Bd. 1, S. 294. Bezüglich der Skabinen kennen die späteren Kapitularien nur die Siebenzahl. Vermutlich haben sie die zahlenmäßige Besetzung des alten Urteilerkollegiums übernommen.

[36]) Die einfache Urteilsbitte konnte offenbar mehrmals wiederholt werden, wie einige jüngere Textklassen ergeben, vgl. Lex Salica, 100 Titel-Text, Titel 92, 1 und Lex Salica Karolina, 70 Titel-Text, Titel 60, 1 sowie Hessels-Kern, a. a. O., Sp. 366 (Codd. 7, 8, 9).

[37]) Die früheren Ansichten über die ethymologische Ableitung des „tangono" sind zusammengestellt bei *Cohn*, Justizverweigerung, S. 22 ff. und *Lehmann*, Rechtsschutz, S. 27, Anm. 19; zum neueren Stand der Forschung vgl. Schröbler, a. a. O., S. 199. Die indogermanische Wurzel des „tangono" hatte nach ihr die Grundbedeutung: verbunden, anhaftend, bedrückend.

[38]) Vgl. Schröbler, ebenda. Zur Bedeutung des „tangono" im fränkischen Prozeß vgl. auch *Sohm*, a. a. O., S. 124 f.

[39]) *Brunner*, S. 255, Anm. 19, verweist auf afrz. tangoner = antreiben, drängen; vgl. auch Eckhardt, Pactus Legis Salicae, Bd. 2, Teil 2, S. 596, und *Geffcken*,

förmlichen Antwort und zur Einlassung drängen soll[41]), sollen hier die Rachimburgen durch die Förmlichkeit der Anrede zur Abgabe eines Urteilsvorschlages gewissermaßen „gezwungen“ werden, wenn sie nicht bestimmte Rechtsnachteile in Kauf nehmen wollen. Kommt nämlich auf das „tangono“ hin bis zum Sonnenuntergang[42]) kein Urteilsvorschlag der Rachimburgen zustande[43]), so soll jeder der Urteilsfinder[44]) eine Buße von 3 sol. verwirkt haben[45]).

Unsicher ist, ob die Rachimburgen damit von der Verpflichtung, einen Urteilsvorschlag einzubringen, freiwurden[46]). Es konnte jedenfalls noch eine

---

a. a. O., S. 214 f. Nach *Siegel,* Geschichte, S. 145, stellt der ganze Satz eine heidnische Beschwörungsformel dar.

[40]) Bezüglich des „legem mihi dicatis secundum legem Salicam“ vertrat *Fustel de Coulanges* die Ansicht, daß „legem dicere“ hier im Sinne von die „Summe (Ziffer) der Komposition nennen“ aufzufassen sei, vgl. Histoire, Bd. 3, S. 350 ff. und L'organisation judiciaire, S. 486 f. Zweifellos hat „lex“ zuweilen auch die Bedeutung „Komposition, Bußsumme“, z. B. in Pact. Leg. Sal. 42, 4; 58, 1 und Childeberti II. Decretio, c. 7 (Cap. I, 15). Für Titel 57 findet diese Auslegung jedoch weder in der Bestimmung selbst noch in anderen Quellen eine Stütze. Entscheidend gegen die Ansicht des französischen Forschers spricht aber Pact Leg. Sal. 56, 6 a im ursprünglichen Bestand der Textklasse B (Eckardt, S. 328 f.). Die Vertreter der h. L. übersetzen „legem dicere“ ausnahmslos mit „Gesetz künden“ und lehnen die Ansicht von *Fustel de Coulanges* ab, vgl. *Glasson,* Histoire du droit, Bd. 3, S. 263 f.; *Brunner-v. Schwerin,* S. 295 und Anm. 18; zur Übersetzung vgl. auch Eckhardt, Pactus Leg. Sal., Bd. 2, T. 1, S. 331.

[41]) Vgl. L. Ribv. 32; 62, 8 sowie *Brunner,* S. 255; *Geffcken,* a. a. O., S. 214; *Brunner-v. Schwerin,* S. 459.

[42]) Zur Bedeutung des Sonnenuntergangs in der germanischen Rechtspflege vgl. *Grimm,* Rechtsaltertümer, Bd. 2, S. 438 ff. sowie die jüngeren Rechtssprichwörter: „Urteilsprechen und Eid schwören darf man nicht länger, als bis die Sonne untergeht“ (Graf-Dietherr, Rechtssprichwörter, S. 404, Anm. 24); „Jedes Urteil, das man nach Sonnenuntergang findet, ist nichtig“ (Graf-Dietherr, a. a. O., S. 407, Anm. a).

[43]) Vgl. *Geffcken,* a. a. O., S. 215. Zur Auslegung dieser Stelle vgl. auch *Sohm,* Prozeß, S. 153; *Cohn,* Justizverweigerung, S. 32 f.; *Brunner-v. Schwerin,* S. 472. Wir folgen der Übersetzung von Eckhardt, a. a. O., S. 331.

[44]) Aus „singuli“ ergibt sich, daß die 3 sol. nicht gesamtschuldnerisch verwirkt werden. Die Lex Salica kennt außerdem keine solidarischen Verbindlichkeiten, vgl. *Lehmann,* Rechtsschutz, S. 21. „Schodo“ war offenbar der fränkische Gerichtsausdruck für den Fall, daß mehrere zusammen eine gleichartige Buße verwirkten, vgl. Hessels-Kern, a. a. O., Sp. 550; *van Helten,* Zu den malbergischen Glossen, § 58; Eckhardt, Pactus Legis Salicae, Bd. 2, Teil 2, S. 554. „Schodo“ erscheint noch einmal in Pact. Leg. Sal. 13, 1.

[45]) Ein neuer Termin und ein gerichtliches Urteil waren nach h. M. trotz des „culpabiles iudicentur“ in Pact. Leg. Sal. 57, 1 nicht erforderlich, vgl. *Sohm,* Prozeß, S. 27, Anm. 16; 153; *Cohn,* a. a. O., S. 37; *Thonissen,* L'organisation judiciaire, S. 342; a. A. *Geffcken,* a. a. O., S. 215. — Zum „culpabiles iudicentur“ vgl. auch *Siegel,* Geschichte, S. 55, Anm. 17.

[46]) Vgl. *Cohn,* a. a. O., S. 33 ff.; *Sohm,* Prozeß, S. 153 f.; *Lehmann,* a. a. O., S. 49; *Geffcken,* a. a. O., S. 216.

Erhöhung der Buße eintreten[47]). Hatten nämlich die Rachimburgen bis Sonnenuntergang keinen Urteilsvorschlag eingebracht, und unterließen sie dann auch die Zahlung der 3 sol. oder die Abgabe eines rechtsförmlichen Zahlungsversprechens[48]), so wurde ein weiteres Mal der Sonnenuntergang abgewartet, und danach erhöhte sich die Buße auf 15 sol.[49]).

Titel 57, 1—2 des Pactus Legis Salicae zeigt deutlich, daß die Urteilsfinder um den Urteilsvorschlag geradezu wie um die Erfüllung einer privaten Verbindlichkeit angegangen und gemahnt wurden[50]). Daher wurde auch die Weigerung, ein Urteil zu sprechen (Justizverweigerung), ähnlich behandelt wie die Weigerung eines Beklagten, ein Urteilserfüllungsgelöbnis abzulegen (Rechtsweigerung im weiteren Sinne)[51]). Auch in diesem Fall setzte der Kläger dem Beklagten „Sonnenfrist", wie überhaupt das „solem collocare"[52]) noch bei anderen wichtigen prozessualen Vorgängen von Bedeutung war[53]). Hinsichtlich der Erhöhung der Bußsumme finden sich Parallelen auch im Bereich des salischen „Schuldrechts"; denn der Sachleiher, der sich weigerte, die geliehene Sache herauszugeben, zahlte zunächst dreimal die 3-sol.-Buße und schließlich 15 sol.[54]). Im Verfahren um „fides facta" erhöhte sich die 3-sol.-Buße, der „Rutscherzins"[55]), gleichfalls auf 15 sol.[56]). Der Grund für das Ansteigen der Buße lag in allen diesen Fällen vermutlich darin, daß das in der Friedloslegung gipfelnde Ungehorsamsverfahren nach Pactus Legis Salicae 56 erst von dieser Bußhöhe an zulässig war[57]).

---

[47]) Pactus Legis Salicae 57, 2: Quod si nec legem dicere noluerint nec solvere nec de ternos solidos fidem facere voluerint, tunc, solem illis culcatum, DC denarios qui faciunt solidos XV unusquisque illorum culpabilis iudicetur.

[48]) Fidem facere = rechtsförmlich Zahlung versprechen, vgl. *Löning*, Vertragsbruch, S. 16 ff.; *Sohm*, Prozeß, S. 18 ff.; *Geffcken*, a. a. O., S. 216.

[49]) So *Cohn*, a. a. O., S. 33; *Brunner-v. Schwerin*, S. 472. Eine zusätzliche Buße von 15 sol., also insgesamt 18 sol., nahmen an: *Sohm*, Prozeß, S. 153; *Siegel*, Geschichte, S. 147; *Schreuer*, Verbrechenskonkurrenz, S. 229, Anm. 15. — Nach *Lehmann*, a. a. O., S. 49, wird auf die 15 sol.-Buße erst durch nachfolgendes Urteil erkannt; a. A. *Sohm*, Prozeß, S. 153; *Cohn*, a. a. O., S. 33 f.

[50]) Vgl. auch F. *Beyerle*, Entwicklungsproblem, S. 334.

[51]) Vgl. Pact. Leg. Sal. 56 und zu seiner Auslegung: *Sohm*, Prozeß, S. 180 ff.; *Geffcken*, a. a. O., S. 210 ff.

[52]) Zum „solem collocare" (heute noch frz.: le soleil couché), das dem salischen „solsadium, solsadire" entspricht, vgl. *Grimm*, Rechtsaltertümer, Bd. 2, S. 442 f.; *Lehmann*, a. a. O., S. 32 ff. Bei der Übersetzung folgen wir Eckhardt, Pactus Legis Salicae, Bd. 2, Teil 1, passim (z. B. S. 332).

[53]) Vgl. Pact. Leg. Sal. 37, 3; 40, 10; 50, 2; 56, 4, 5.

[54]) Pact. Leg. Sal. 52.

[55]) F. *Beyerle*, a. a. O., S. 334, Anm. 17.

[56]) Pact. Leg. Sal. 50. Vgl. zu diesen Parallelen auch F. *Beyerle*, a. a. O., S. 334, Anm. 17.

[57]) Vgl. *Brunner-v. Schwerin*, S. 472, Anm. 4.

Aus diesen auffälligen Übereinstimmungen folgt, daß die von den Urteilern verwirkte Buße keine Sonderstellung im fränkischen Bußsystem einnahm und insbesondere nicht den Charakter eines Schadensersatzes an den Kläger für den verlorenen Gerichtstag hatte[58]). Obwohl Titel 57, 1—2 nicht ausdrücklich feststellt, wer die von den Rachimburgen verwirkte Buße erhalten soll, läßt die allgemeinen „schuldrechtlichen" Gedanken nachgebildete Konstruktion der Justizverweigerung nur den Schluß zu, daß sie dem Kläger zufiel[59]), der vergeblich seinen „Anspruch" auf einen Urteilsvorschlag geltend machte. Der Graf als königlicher „Finanzbeamter"[60]) erhielt vermutlich ein Drittel des Betrages als Friedensgeld (fredus)[61]).

Die Bußen wurden offenbar ohne Rücksicht auf den Grund der Urteilsverweigerung verwirkt, mochten die Rachimburgen nun in doloser Absicht oder aus Gesetzesunkenntnis kein Urteil sprechen. Zwar könnte in dem „noluerint" ein Hinweis auf das Erfordernis böswilliger Absicht liegen; aber die Bedeutung des „nolle" in der Sprache der Lex Salica darf nicht überschätzt werden[62]). Offenbar wurde auch Urteilsverweigerung wegen Unkenntnis als „legem dicere nolle" angesehen, da Kenntnis des salischen Rechts bei jedem Urteilsfinder und jedem Gerichtsgenossen vorausgesetzt wurde[63]). Nach der herrschenden Meinung zu diesem Problem hatte die Rechtsprechung durch beliebig aus der Schicht der Vornehmen und Besitzenden genommene Männer auch nur dort einen Sinn, wo die notwendige Rechtskenntnis bei allen Dinggenossen vorausgesetzt werden konnte[64]). „Das Recht als Volksrecht mußte eben allen Volksgenossen gleichermaßen bekannt sein"[65]).

---

[58]) *Sohm*, Prozeß, S. 153, nahm an, die 3 sol. des § 1 des Titels 57 stellten Schadensersatz für einen verlorenen Gerichtstag und die 15 sol. des § 2 desselben Titels die Strafe für die Urteilsverweigerung dar. Gegen *Sohm* auch *Cohn*, a. a. O., S. 37 und *Lehmann*, a. a. O., S. 31. Selbst bei den oft willkürlich anmutenden Bußsummen der Bußkataloge der Stammesrechte dürfte ein Satz von 7 × 3 sol. kaum für den Zeitverlust eines einzigen Tages zugebilligt worden sein. Schließlich war der freie Franke ohnehin auf Grund der Dingpflicht zur Anwesenheit an der Gerichtsstätte verpflichtet! Außerdem hätte das Gesetz dann unberücksichtigt gelassen, daß auch dem Beklagten Schaden durch verlorenen Gerichtstag entstehen konnte; *Mayer-Homberg*, Volksrechte, S. 374, hat aber mit Recht darauf hingewiesen, daß wir gut täten, „den Leges Barbarorum mehr Logik und Folgerichtigkeit zuzubilligen, als dies im allgemeinen geschieht".

[59]) Im Ergebnis ebenso *Cohn*, a. a. O., S. 35, 53 ff.; *v. Woringen*, Beiträge, S. 61 f. und *Rogge*, Gerichtswesen, S. 46, obwohl dieser die 15 sol. für ein Gewette wegen verletzten Gerichtsfriedens hielt.

[60]) Vgl. *Brunner-v. Schwerin*, S. 224.

[61]) Vgl. *Brunner-v. Schwerin*, S. 807; *Schröder-v. Künßberg*, S. 374, Anm. 27.

[62]) Vgl. *Cohn*, a. a. O., S. 58.

[63]) *Cohn*, a. a. O., S. 59.

[64]) Vgl. *Lehmann*, Rechtsschutz, S. 51.

[65]) *Brunner-v. Schwerin*, S. 472.

2. *Falschurteilen der Rachimburgen*

a) Pactus Legis Salicae 57, 3

Eine ähnliche Auffassung von Rechtskenntnis und Rechtsfindung könnte auch Titel 57 § 3 des salfränkischen Rechts zugrunde liegen. Diese Bestimmung droht den Urteilsfindern eine Buße von wiederum je 15 sol. für den Fall an, daß der Verlierer eines Prozesses ihnen nachweisen kann, daß sie einen Urteilsvorschlag „non secundum legem" eingebracht haben[66]; auch hier wird die Willensrichtung der Urteilsfinder offenbar nicht berücksichtigt.

Leider geht aus dieser Bestimmung nicht hervor, wie die Unrichtigkeit des Urteilsvorschlages festgestellt wurde. Die herrschende Lehre nimmt an, daß der Benachteiligte mittels Urteilsschelte gegen einen nach seiner Meinung ungerechten Urteilsvorschlag angehen konnte[67]. Sie nimmt weiter an, daß die Rechtsbeugung nach fränkischer Rechtsauffassung eine Rechtsverweigerung (Justizverweigerung), nämlich eine Verweigerung des *richtigen* Rechts, gewesen sei; daher habe die Urteilsschelte erst erfolgen können, nachdem zuvor vergeblich an die Rachimburgen das „tangono" gerichtet worden war[68], also die Mahnung, einen neuen Urteilsvorschlag „secundum legem" zu machen[69]. Diese Ansicht bekräftigt nur unsere bereits dargelegte Auffassung von der überwiegend „schuldrechtlichen" Konstruktion des Urteilsanspruchs der klagenden Partei. Dieser Anspruch war nicht erfüllt, wenn die Rachimburgen überhaupt kein Urteil oder wenn sie ein unrichtiges Urteil vorschlugen[70].

Erwies sich der Vorwurf, einen Urteilsvorschlag „non secundum legem" eingebracht zu haben, als unbegründet, so mußte der Beschwerdeführer jedem der Urteilsfinder als Buße 15 sol. zahlen[71].

b) Lex Ribvaria 56

In dem über 100 Jahre später[72] als die Lex Salica aufgezeichneten Stammesrecht der ribvarischen Franken erscheint Titel 57 des Pactus Legis Salicae sachlich und stilistisch vereinfacht als Titel 56[73].

---

[66] Pact. Leg. Sal. 57, 3: Si vero illi rachineburgii sunt et non secundum legem iudicaverint, is, contra quem sententiam dederint, causa sua agat et potuerit adprobare, quod non secundum legem iudicassent DC denarios qui faciunt solidos XV illi septem singillatim culpabilis iudicetur.

[67] Vgl. *Brunner-v. Schwerin*, S. 473. Wir handeln über die Urteilsschelte zusammenhängend hinten S. 135 ff.

[68] Vgl. *Geffcken*, Lex Salica, S. 216 f.

[69] Vgl. *Brunner-v. Schwerin*, S. 475. Man schließt dies aus L. Ribv. 56.

[70] Vgl. auch F. *Beyerle*, Entwicklungsproblem, S. 336.

[71] Pact. Leg. Sal. 57, 4.

[72] Zur Entstehungszeit vgl. *Buchner*, Rechtsquellen, S. 24 (7. Jahrh.); F. Beyerle, Lex Ribvaria (MGH-Ausgabe), S. 21 (um 633 unter Dagobert I.). Neuerdings hat Eckhardt, Lex Ribvaria, S. 142 f., 2 Textschichten erwiesen, die zu verschiedenen Zeiten Gesetzeskraft erlangten.

[73] L. Ribv. 56: Si quis causam suam prosequitur, et rachineburgii inter eos

Die erste Verzugsbuße von 3 sol. ist weggefallen und nach dem Wortlaut der Bestimmung soll nur das Falschurteilen geahndet werden[74]). Daraus ergibt sich freilich noch nicht, daß in Ribvarien Urteilsverweigerung der Rachimburgen ohne rechtliche Folgen blieb[75]), weil Urteilsverweigerung und Falschurteilen vermutlich nicht streng voneinander geschieden waren[76]) und eine genaue Systematik von wenig sinnfälligen Vorgängen dem frühen Recht unbekannt war, während sehr konkrete und augenscheinliche rechtliche Vorfälle um so genauer systematisch erfaßt wurden[77]).

Daß das „tangono" hier ausdrücklich auch beim Falschurteil erforderlich ist, deutet auf die Möglichkeit hin, vor der Urteilsschelte einen unrichtigen Urteilsvorschlag durch die Rachimburgen abändern zu lassen. Der unberechtigte Vorwurf des Falschurteilens hat auch nach ribvarischem Recht eine Buße von 15 sol. an jeden der Urteilsfinder zur Folge[78]).

Die zahlreichen sachlichen und stilistischen Übereinstimmungen bei der Behandlung des Falschurteilens im salischen und ribvarischen Recht lassen vermuten, daß Titel 57 des Pactus Legis Salicae als unmittelbare Vorlage bei der Redaktion des Titels 56 der Lex Ribvaria gedient hat[79]).

3. *Rechtspflegedelikte der Grafen*

a) Salisches Recht

Bußsätze zur Sicherung einer schnellen Sachentscheidung hätten ihren Zweck nicht voll erreicht, wenn die Durchsetzung eines Erkenntnisses von dem zuständigen Amtswalter hätte verweigert oder verzögert werden können; daher mußte auch die Promptheit der Urteilsvollstreckung gewährleistet werden, die bei den Franken bekanntlich im Wege der gerichtlichen Auspfändung durch den Grafen, teilweise aber auch als außergerichtliche Pfandnahme möglich war[80]).

Im Hinblick auf die erste Möglichkeit droht Pactus Legis Salicae 50, 4 dem Grafen[81]), der ohne rechtmäßigen Hinderungsgrund[82]) die Auspfän-

---

secundum legem Ribvariam dicere noluerint, tunc ille, in quem sententiam contrariam dixerint, dicat: Ego vos tangano, ut mihi legem dicatis. Quod si dicere noluerint et postea convicti fuerint, unusquisque eorum ter quinos solidos multetur.

[74]) F. Beyerle, a. a. O.,S. 156, vermutet jedoch Ausfall eines Textstückes, da das „in quem sententiam contrariam dixerint" „in der Luft hänge".

[75]) So *Mayer-Homberg*, Volksrechte, S. 159.

[76]) Vgl. F. *Beyerle*, Entwicklungsproblem, S. 336.

[77]) Man denke an die Bußkataloge für Körperverletzungen!

[78]) L. Ribv. 56: ... Similiter et ille, qui rachineburgiis recte dicentibus non adquieverit.

[79]) Vgl. F. Beyerle, Lex Ribvaria, S. 156.

[80]) So die h. M.: *Brunner-v. Schwerin*, S. 585; *Schröder-v. Künßberg*, S. 402; *Planitz*, Vermögensvollstreckung, S. 21.

[81]) Pact. Leg. Sal. 50, 4: Si quis grafio rogitus fuerit et non venerit et sunnis eum detenuerit aut certa ratio dominica, et si distulerit, ut ibidem non ambulet

dung nicht vornimmt oder durch einen bestellten Vertreter vornehmen läßt[83]), Verlust des Lebens oder volle Wergeldbuße an[84]). Das „aut quantum valet, se redemat“ in Titel 50 § 4 hat nämlich nicht etwa die Bedeutung, daß der pflichtwidrig handelnde Graf durch Leistung von Schadensersatz an die benachteiligte Partei die Todesstrafe von sich abwenden kann[85]), sondern gestattet dem Grafen, diesen Erfolg durch Zahlung seines Wergeldes herbeizuführen. Diese Gleichsetzung von Todesstrafe und Wergeld ist in den Stammesrechten häufig[86]). Außerdem hatte die Todesstrafe schon den Charakter einer öffentlichen Strafe erlangt, so daß die Lösungssumme an den Fiskus, nicht aber an den Verletzten fiel[87]). — Die gleichen Folgen treten ein, wenn der Graf mehr pfändet, als der Schuldner zu leisten hat[88]).

Erstaunlich bei dieser Regelung ist, daß dem höchsten Amtswalter eines Gaues die Todesstrafe angedroht wird. Das entspricht so wenig dem üblichen Rahmen und Gehalt der Lex Salica, daß man vermutlich mit Recht die Bestimmungen der Titel 50, 4 und 51, 3 auf ein salisches Königsgesetz zurückführt, das nachträglich in das salfränkische Stammesrecht eingefügt worden ist[89]). Dann erklärt sich die Todesstrafe dadurch, daß der Ungehorsam gegen königliches Gebot Infidelität gegenüber dem König bedeutete und daher todeswürdig war[90]).

Bedeutsam für die Androhung dieser in der Lex Salica seltenen[91]) und für den fränkischen Freien außerordentlichen[92]) Strafe war daneben gewiß auch die besondere Stellung des Grafen. Pflichtverletzungen dieses mit Aus-

---

neque in rem mittat, qui cum legem et iustitiam exigere debeat, aut de vita culpabilis esse debet aut, quantum valet, se redemat.

[82]) „Sunnis“ bezeichnet die Fälle der „echten Not“, also der gesetzlich anerkannten Hindernisse, rechtlichen Verpflichtungen nachzukommen, vgl. *Schmidt*, Echte Not, S. 5 ff.; *Geffcken*, a. a. O., S. 108. Zu ihnen gehörten z. B. Krankheit, Tod eines Verwandten, königlicher Auftrag oder der Fall, daß dem Verpflichteten das Haus abgebrannt ist und er seine Fahrhabe bewachen muß.

[83]) Über den „missus comitis“ vgl. *Sohm*, Reichs- und Gerichtsverfassung, S. 258, Anm. 154; *Viollet*, Histoire des institutions, S. 302.

[84]) Vgl. *Geffcken*, a. a. O., S. 201; *Thonissen*, L’organisation judiciaire, S. 346.

[85]) So *Lehmann*, a. a. O., S. 62 und *Behrend*, Lex Salica, S. 108, die unter dem ganzen Ausdruck die Schuld, um deretwillen zu pfänden war, verstehen und daraus eine Schadensersatzverpflichtung des Grafen konstruieren. A. A. die h. M., vgl. *Geffcken*, a. a. O., S. 201.

[86]) Vgl. Pact. Leg. Sal. 32, 5; 51, 3 sowie Titel 54, 2 in der Recensio Heroldina (Eckhardt, Pactus Legis Salicae, Bd. 1, S. 271): ... aut veregildum suum reddimat aut de vita componat. Vgl. auch *Brunner-v. Schwerin*, S. 779.

[87]) *Brunner-v. Schwerin*, S. 781, 799; *v. Guttenberg*, Iudex, S. 95.

[88]) Pact. Leg. Sal. 51, 3: Si vero grafio indicatus supra legem aut debitum aliquid amplius tollere praesumpserit, aut se redemat aut debita componat. Vgl. auch *Geffcken*, a. a. O., S. 202.

[89]) Vgl. *Brunner-v. Schwerin*, S. 596, Anm. 10; Planitz, a. a. O.., S. 37, Anm. 49.

[90]) *Brunner-v. Schwerin*, S. 780.

[91]) *Brunner-v. Schwerin*, ebenda.

[92]) Vgl. *Lehmann*, a. a. O., S. 63.

nahme des „sacebaro“ einzigen Amtswalters, der Zwangsmaßnahmen einleiten konnte, bedeuteten eine erhebliche Störung der Rechtspflege, zumal die Gefahr bestand, daß der Gläubiger doch noch zur privaten Rache oder zur Selbstvollstreckung überging[93]). Auch wurden Unregelmäßigkeiten bei der Pfändung, die an strenge Voraussetzungen geknüpft war[94]), allgemein mit verschärften Folgen geahndet. Wer z. B. einen Grafen zu unrechtmäßiger Pfändung aufforderte oder sie einleitete, ehe die gesetzlichen Voraussetzungen erfüllt waren, insbesondere also das „nestigan thigio“ des Thungins eingeholt war[95]), verwirkte die volle Wergeldbuße (200 sol.)[96]). Es sind dies zum Teil noch Nachwirkungen der früheren Regelung, nach der die Grafenpfändung — ebenso wie die Gläubigerpfändung — die Friedloslegung des Vermögens voraussetzte[97]) und der Schuldner durch die Pfändung folglich wie ein Friedloser behandelt wurde[98]).

Übrigens berücksichtigt Titel 50, 4 des Pactus Legis Salicae einige Fälle „echter Not“, die den Grafen entschuldigen. Auch wird ausdrücklich darauf hingewiesen, daß der Graf zur Vornahme der Pfändung einen Vertreter schicken kann. Praktisch konnte also nur ein verschuldeter Verstoß gegen die Amtspflichten die schwere Strafe des Todes nach sich ziehen, und diese konnte stets durch Zahlung des Grafenwergeldes von 600 sol.[99]) abgelöst werden.

b) Ribvarisches Recht

Ins ribvarische Stammesrecht ist die Bestimmung 50, 4 des Pactus Legis Salicae (betr. Pfändungsverweigerung) nicht übernommen worden, wohl aber Titel 51, 3 (Überpfändung). Das Recht der Ribvaren droht dem seine Befugnisse überschreitenden „iudex fiscalis“[100]) bei Überpfändung jedoch lediglich eine Buße von 50 sol. an[101]), eine im Vergleich mit der Lex Salica recht unerhebliche Folge, die nach Ansicht von Franz *Beyerle* das „Erstarken des königlichen Rechtsschutzmonopols im allgemeinen Rechtsbewußtsein seit den Tagen Chilperichs“ zeigt[102]). Auch die Aufforderung zu unrechtmäßiger

---

[93]) Vgl. *Thonissen*, a. a. O., S. 346.

[94]) Vgl. Pact. Leg. Sal. 50, 3.

[95]) Die sprachliche Ableitung dieses Ausdrucks ist unsicher. In seinem rechtlichen Gehalt bedeutet er den förmlichen Ausspruch des Bannes über das Vermögen des Schuldners durch den Thunginus, vgl. *Löning*, Vertragsbruch, S. 39; *Hermann*, Entwicklung, S. 188, Anm. 1, 2; *Geffcken*, a. a. O., S. 195.

[96]) Pact. Leg. Sal. 51, 1—2.

[97]) *Planitz*, a. a. O., S. 1 ff., 36 f.

[98]) Vgl. *Planitz*, ebenda; *Brunner-v. Schwerin*, S. 597.

[99]) Pact. Leg. Sal. 54.

[100]) „Iudex fiscalis“ ist der altfränkische (merowingische) Graf (grafio) im Gegensatz zum „comes“, vgl. F. Beyerle, Lex Ribvaria, S. 156, 180; *Brunner-v. Schwerin*, S. 222.

[101]) L. Ribv. 52, 2: Quod si quis iudex fiscalis amplius quam lex Ribvaria contenit, tulerit, bis vicenos et quinos solidos multetur.

[102]) F. Beyerle, a. a. O., S. 155. Vgl. auch *Planitz*, a. a. O., S. 50, Anm. 15.

Pfändung wird nur mehr mit 50 sol.[103]) gegenüber 200 sol. nach salischem Recht geahndet[104]). Ob der überhaupt nicht einschreitende oder säumige Graf nach ribvarischem Recht straflos ausging[105]), ist auf Grund der überlieferten Quellen nicht zu entscheiden.

4. Bestechlichkeit der Amtswalter

Eine beachtliche Weiterentwicklung des Rechts der richterlichen Amtswalter bedeutete das Verbot der „passiven Bestechung" in der Lex Ribvaria. Alle mit der Rechtspflege befaßten Amtswalter werden aufgezählt, und es wird ihnen eingeschärft, keine Geschenke im Zusammenhang mit ihrer richterlichen Tätigkeit anzunehmen[106]). Wer der Bestechlichkeit überführt wird, soll es mit dem Tode büßen. — Auffällig bei dieser vom burgundischen Recht[107]) beeinflußten Bestimmung ist, daß „comes" und „grafio" erwähnt werden, von denen der erste sowohl Beisitzer im Königsgericht als auch Grafschaftsrichter sein konnte[108]). Daraus ergibt sich jedoch noch nicht, daß nach ribvarischem Recht die Richter auch an der Findung des Urteils beteiligt waren[109]), sondern vermutlich nur, daß sie nicht in irgendeiner Weise auf die Urteiler „ad iudicium pervertendum" einwirken sollten[110]).

Mit Titel 91, 1 der Lex Ribvaria war zum erstenmal eine „volksrechtliche" Bestimmung im fränkischen Rechtsbereich eingeführt, die auch gegen Mitglieder des Königsgerichts angewendet werden konnte; die unter dem Ausdruck „optimates" zusammengefaßten Personen waren nämlich ebenso wie der „domesticus" regelmäßig Beisitzer im Königsgericht[111]). Die Titel 52, 2 und 91, 1 ergänzten sich somit zu einem allgemeinen Strafschutz der Rechtspflege.

Titel 91 der Lex Ribvaria ist noch aus einem anderen Grunde bemerkenswert. In seinem § 2 wird im Zusammenhang mit einem Richtervergehen ausdrücklich Habgier als Motiv des Täters erwähnt. Dem öffentlichen Richter

---

103) L. Ribv. 52, 1.

104) Vgl. auch die Dublette L. Ribv. 87, die eine geringere Buße (45 sol.) vorsieht. Die Dubletten 87 (neben 52) und 88 (neben 55) liegen zeitlich auseinander und sind vermutlich auf die verschiedenen Textschichten der Lex Ribvaria zurückzuführen, vgl. F. Beyerle, a. a. O., S. 9 f., 16.

105) So *Cohn,* Justizverweigerung, S. 47.

106) L. Ribv. 91, 1: Hoc autem consensu et consilio seu paterna traditione et legis consuetudine super omnia iubemus, ut nullus optimatis, maior domus, domesticus, comes, gravio, cancellarius vel quibuslibet gradibus sublimitas in provintia Ribvaria in iudicio resedens munera ad iudicio pervertendo non recipiat. Quod si quis in hoc depraehensus fuerit, de vita conponat.

107) Als Vorlage diente L. Burg. Pr. Const. 5, 6: Sciant itaque optimates, consilarii, domestici ...; vgl. auch hinten S. 78 f.

108) Vgl. *Brunner-v. Schwerin,* S. 221; F. Beyerle, Lex Ribvaria, S. 180.

109) So *Hermann,* a. a. O., S. 245 ff.

110) Vgl. *Unger,* Gerichts-Verfassung, S. 115.

111) Vgl. *Brunner-v. Schwerin,* S. 163; F. Beyerle, a. a. O., S. 180.

wird untersagt, bereits vor Zahlung einer Buße das Friedensgeld entgegenzunehmen, das bei den Franken in der dem Verletzten zu zahlenden Bußsumme inbegriffen und erst vom Empfänger als Unterpfand des Friedens an den Richter abzuzweigen war[112]). Der Kläger soll also nicht vor Erhalt der Buße auf Friedehalten festgelegt werden. Ein Richter, der aus Habgier gegen diese Vorschrift verstößt, soll es nach den Gesetzen büßen[113]); allerdings bleibt unklar, auf welche Gesetze durch diese Bestimmung verwiesen werden soll.

III. Rechtspflegedelikte der richterlichen Amtswalter in den merowingischen Kapitularien

Von den wenigen uns erhaltenen merowingischen Kapitularien hatte insbesondere das Edikt Chilperichs für die Rechtspflege Bedeutung[114]). Es änderte durch sein Kapitel 8 das Vollstreckungsrecht der Lex Salica ab, indem es neue Voraussetzungen für die Pfändung festlegte[115]). Nunmehr ist allein das Urteil des Volksgerichts Grundlage für die Auspfändung durch den Grafen; das „nestigan thigio" ist weggefallen[116]), und der Graf pfändet allein kraft eigenen, vom König abgeleiteten Rechts[117]). Die Folgen für unkorrektes Verhalten des Grafen sind freilich unverändert: Todesstrafe für einen Grafen, der der Aufforderung zur Pfändung nicht nachkommt oder der mehr pfändet, als die Rachimburgen schätzten[118]). Zwar fehlt ein ausdrücklicher Hinweis auf die Möglichkeit, die Strafe abzulösen, wie ihn Pactus Legis Salicae 50, 4 enthält; aber das bedeutete vermutlich keine sachliche Änderung gegenüber dem Stammesrecht; denn Redemption war immer möglich, sofern das Ablösungsrecht nicht ausdrücklich ausgeschlossen war[119]). Auch dadurch unterscheidet sich Kapitel 8 des Edikts von Titel 50, 4, daß die Entschuldigungsgründe für berechtigte Pfändungsverweigerung — „echte Not" (sunnis) und königlicher Auftrag — nicht erwähnt werden. Da jedoch nach den neuen Vorschriften der Graf vor dem Gericht zur Pfändung

---

[112]) Vgl. F. Beyerle, a. a.O., S. 180; *Brunner-v. Schwerin*, S. 804.

[113]) L. Ribv. 91, 2: Nec ullus iudex fiscalis de quacumque libet causa freta non exigeat, priusquam facinus conponatur. Si quis autem per cupiditatem istam transgressus fuerit, legibus conponatur...

[114]) Chilperici Edictum, 561—584 (Cap. I, 8 ff.).

[115]) Vgl. *Geffcken*, Lex Salica, S. 273 f.

[116]) Mittlerweile ist der Graf ja selbst Vorsitzender im echten Ding geworden, vgl. *Geffcken*, a. a. O., S. 273.

[117]) Vgl. *Sohm*, Prozeß, S. 207, 218; *Geffcken*, a. a. O., S. 273; *Planitz*, a. a. O., S. 49 f.

[118]) Ed. Chilp. c. 8: Et si invitatus fuerit et ibidem noluerit ambulare, de vita sit culpabilis. Et si graphio super pretium aut extra legem aliquid tollere presumpserit, noverit se vite suae perire dispendium.

[119]) Vgl. *Cohn*, a. a. O., S. 75; *Brunner-v. Schwerin*, S. 779 f.; *His*, Geschichte, S. 83. Über das Delikt des Grafen soll offenbar im Königsgericht entschieden werden, vgl. *Opet*, Prozeßeinleitungsformen, S. 138; *Scheyhing*, Eide, S. 13.

aufgefordert werden und somit im Gericht anwesend sein mußte, konnte auf die Anführung solcher Entschuldigungsgründe im Gesetz verzichtet werden; fehlte nämlich der Graf, so mußte die Gerichtssitzung vermutlich ohnehin ausfallen.

Noch zweimal wird in den merowingischen Kapitularien dem „iudex" Verlust des Lebens angedroht; jedesmal handelt es sich um Fälle, in denen man in jener Zeit im allgemeinen wenig Nachsicht walten ließ: heidnischer Zauber und Diebstahl. Ein Gesetz Childeberts II. (571—596) aus dem Jahre 596 verbietet[120]), beim Rechtsgang eine Handlung vorzunehmen, die rechtstechnisch als „farfalium minare" bezeichnet wird und wahrscheinlich[121]) als heidnischer Zauber aufzufassen ist[122]). Nach dem Übertritt der germanischen Stämme zum Christentum lebten gerade im prozessualen Formalismus alte heidnisch-religiöse Formen und Vorstellungen fort, die die Herrscher unter dem Einfluß der Kirche auszurotten trachteten. Die Partei, die sich des Prozeßzaubers „farfalium minare" bedient, verwirkt nach Childeberts Dekret ihr Wergeld. Der Richter, der diesem Treiben zustimmt oder es duldet, indem er es unterläßt, Nachforschungen nach Zaubermitteln bei einer verdächtigen Person anzustellen[123]), muß es mit dem Tode büßen.

In Kapitel 7 bestimmt Childeberts Gesetz, daß ein Richter, dem nachgewiesen wird, einen festgenommenen Räuber freigelassen zu haben, sein Leben verlieren soll, „damit unter allen Umständen die Zucht im Volke erhalten bleibe"[124]). Unsicher ist, ob hier ein Zusammenhang mit der im gleichen Kapitel enthaltenen außergewöhnlichen Bestimmung zur Bestrafung schädlicher Leute besteht. Nach ihr kann derjenige, den 5 oder 7 unbescholtene Männer eidlich als „fur" oder „malefactor"[125]) bezeichnen, ohne rechtsförmliches Verfahren getötet werden[126]). Ob es sich bei dieser Einrichtung um eine Abspaltung des Verfahrens bei handhafter Tat oder um ein summarisches Verfahren gegen notorische Missetäter — ähnlich dem späteren Rügeverfahren — handelte, ist streitig[127]); jedenfalls scheint ein Zusammenhang mit der erörterten Strafbestimmung gegen den Richter nicht zu bestehen, da diese von einem „latro comprehensus" ausgeht, den entweder der

---

[120]) Decr. Childeb. II., c. 6 (Cap. I, 16): Et forsitan, ut adsolet, iudex consenserit et fortasse adquiescit istum farfalium custodire, vitae periculum per omnia sustineat.

[121]) Die Bedeutung des „farfalium minare" ist noch nicht geklärt, vgl. *Sohm*, Prozeß, S. 150; *Goldmann*, Beiträge, S. 1 ff.; *Brunner-v. Schwerin*, S. 439.

[122]) Vgl. auch *Burchard*, Hegung, S. 310.

[123]) Vgl. *Goldmann*, a. a. O., S. 11.

[124]) Decr. Childeb. II., c. 7 (Cap. I, 17): Si quis iudex comprehensum latronem convictus fuerit relaxasse, vitam suam amittat, et disciplina in populum modis omnibus observetur.

[125]) „Malefactores" waren schädliche Zauberer, vgl. *Kießling*, Zauberei, S. 23; *Brunner-v. Schwerin*, S. 873.

[126]) Decr. Childeb. II, c. 7.

[127]) Vgl. *Mayer-Homberg*, Volksrechte, S. 225; *Brunner-v. Schwerin*, S. 639.

Richter selbst festgenommen hatte oder der ihm von einem anderen zur Aburteilung übergeben worden war[128]).

Bereits in dieser Zeit fehlt es auch nicht an allgemeinen Ermahnungen an die Grafen, gerechte Urteile auszugeben und keine bestechlichen und räuberischen Vikare und sonstigen Untergebenen zu bestellen[129]). Eine Entscheidung, die das Maß des Rechts und der Gerechtigkeit überschreitet, soll keinen Bestand haben[130]). Derjenige Richter, der jemanden gegen das Gesetz ungerecht verurteilt[131]), soll im Falle von Abwesenheit des Königs von den Bischöfen mit kirchlichen Strafen belegt werden, bis er die Sache erneut und gerecht entschieden hat[132]).

Nach diesen Königsgesetzen wird das Urteil geradezu dem vorsitzenden Richter zugeschrieben; denn offenbar wird er allein für ungerechte Entscheidungen verantwortlich gemacht. Daraus darf allerdings nicht gefolgert werden, daß der „iudex" (Graf) mittlerweile neben dem Gerichtsvorsitz auch die Urteilerfunktion übernommen hat, die immer besonderen Urteilern vorbehalten blieb[133]), sondern nur, daß mit der wachsenden Macht der Amtswalter deren Einfluß auf die Urteilsfindung immer stärker wurde; vielleicht mußten die Rachimburgen bei ihren Urteilsvorschlägen oft geradezu den Anweisungen der königlichen Amtswalter folgen[134]).

B. DIE KAROLINGISCHE ZEIT

I. Die veränderten Grundlagen der Rechtspflege

1. Rechtspflege in einem „Großreich"

Schon in der merowingischen Zeit hatte sich gezeigt[135]), daß die wenigen Bestimmungen des geschriebenen Rechts zur Gewährleistung einer ordnungs-

---

[128]) Vgl. auch *Violett,* Histoire des institutions, S. 308, der hier römischen Einfluß vermutet.

[129]) Guntchramni Reg. Edict., 585 (Cap. I, 12): Cuncti itaque iudices iusta, sicut Deo placet, studeant dare iudicia; . . .

[130]) Praeceptum Chlotharii II., 584—628, c. 1 (Cap. I, 18).

[131]) Ebenda c. 6 (Cap. I, 19): Si iudex aliquem iniuste damnaverit, in nostri absentia ab episcopis castigetur . . .

[132]) Zum „castigare" vgl. *Waitz,* Verfassungsgeschichte, Bd. 2, 2. Abt., S. 162; *Loening,* Geschichte, S. 270, Anm. 536. Weiter zu dieser Stelle vgl. *Seelmann,* Rechtszug, S. 98; *Lehmann,* Rechtsschutz, S. 107; *Plöchl,* Geschichte des Kirchenrechts, S. 225. Die Kirche selbst drohte den Grafen, die „pauperes" unterdrückten, Exkommunikation an, vgl. Concilium Turense, 567, can. 27 (MGH, Conc. Mer., S. 135); *Plöchl,* a. a. O., S. 225.

[133]) Vgl. *Declareuil,* Histoire général, S. 104.

[134]) Vgl. *v. Bethmann-Hollweg,* Civilprozeß, Bd. 1, S. 434; *Waitz,* a. a. O., S. 163.

[135]) Vgl. etwa die Bemerkungen in den literarischen Quellen der Merowingerzeit hinten S. 149 ff.

gemäßen, insbesondere prompten Rechtspflege nicht mehr genügten und daß immer entschiedener gesetzgeberische Eingriffe des Königs erforderlich wurden. Die karolingische Zeit brachte denn auch unter stärkerer Betonung des „Amtsgedankens“[136]) ein weit größeres als ehedem übliches Maß an „staatlicher“ Aufsicht und Kontrolle der Justiz. Diese Tendenz wurde noch dadurch verstärkt, daß die Regierung im karolingischen Reich „von oben nach unten organisiert war“[137]) und sich alle Autorität vom König ableitete. Die zahlreichen einschlägigen Kapitularien der Karolinger zeugen davon, daß die Justiz ohne die beaufsichtigende und anordnende Zentralgewalt des Herrschers kaum noch funktionsfähig war[138]).

Wie war es zu dieser Entwicklung gekommen? Mittlerweile waren einschneidende politisch-räumliche Veränderungen erfolgt. Aus dem an Umfang schon beachtlichen Reich der Merowinger war ein riesiges Imperium geworden, das sich von Spanien bis zu den Slaven an der Elbe-Donau-Grenze und von der Eider im Norden bis nach Süditalien erstreckte. Allein schon die Ausdehnung des Reiches brachte verwaltungs- und justiztechnische Probleme mit sich, die nach überkommenen Vorstellungen gar nicht mehr gelöst werden konnten.

Für die Verhältnisse in der Justiz war auch von Bedeutung, daß sich die nachteiligen Folgen des schon lange vollzogenen Übergangs der Gerichtsleitung vom Thunginus als einem Vertreter des „Volkes“, das seine Tätigkeit überwachen konnte, auf den „beamteten“ Grafen als den Vertreter des Königs immer stärker auszuwirken begannen. Der gar mächtige und allzuständige Amtswalter war der Kritik und der Überwachung durch die Bevölkerung entzogen und konnte sie leicht unterdrücken, um durch Anhäufung von Besitz und Macht eine sichere Stellung in seinem Gau für sich und seine Nachkommen zu schaffen[139]), während der Hof in dem riesigen Reich umherzog und keine wirksame Aufsicht über den Grafen ausübte.

Nunmehr setzten die Klagen und Beschwerden über die Zustände in der Rechtspflege, insbesondere über den Amtsmißbrauch der Grafen ein; doch der König des gewaltigen Reiches war weit entfernt. Eingaben und Beschwerdeschriften gelangten in immer größerer Zahl an den Hof, ohne daß den Beschwerden selbst mit Hilfe des neuen Instituts der Königsboten schnell und wirksam hätte abgeholfen werden können; denn nur 4 Monate im Jahr waren für die missatische Tätigkeit vorgesehen[139a]). In der übrigen Zeit mußte der freie Franke, besonders wenn er wirtschaftlich schwach war, versuchen, mit seinem allmächtigen Grafen auszukommen. Viele versuchten auch, durch persönliche Vorstellungen beim Herrscher Hilfe zu erhalten. Dieser beklagte sich mehrfach über die lästigen Beschwerdeführer, die den Hof

---

136) *Buchner*, Königtum, S. 152.

137) Vgl. *Barraclough*, Grundlagen, S. 8; *Ganshof*, Institutions, S. 545.

138) Vgl. auch *Radbruch-Gwinner*, Geschichte, S. 24.

139) Vgl. dazu *Fichtenau*, Imperium, S. 114 ff., der auch sonst die „soziale und geistige Problematik eines Großreiches“ eindrucksvoll darstellt.

139a) Capit. de iustitiis faciendis, 811—813, c. 8 (Cap. I, 177).

förmlich belagert haben müssen[140]), und in einem Kapitular betr. die Palastdisziplin wies Ludwig der Fromme um 820 die Pfalzgrafen schließlich an, dafür zu sorgen, daß sich die Beschwerdeführer nicht ständig im Palast herumtrieben[141]).

Bei dieser Lage des Justizwesens war der Ausbau des Instituts der Königsboten ein geniales Unterfangen und eine unbedingte Notwendigkeit, wenn auch die positiven Auswirkungen dieser Einrichtung nicht überschätzt werden dürfen: sie blieb „nichts als ein System von Aushilfen"[142]).

Auffällig ist, daß infolge des hierarchischen Aufbaus des Staates und der starken Zentralisierung der Verwaltung die Rechtspflege weitgehend „organisiert" wurde. So entwickelten sich die vielleicht noch von kultisch-magischen Vorstellungen beherrschten Gerichtsversammlungen der germanischen und frühmerowingischen Zeit zu „routinemäßigen" Gerichtsterminen. Man verließ die alte Sitte, im Wald oder auf Anhöhen zu tagen, und hielt die Gerichtstermine in Häusern oder Kirchen ab. Karl der Große ordnete an[143]), daß an den Gerichtsstätten eine Überdachung gebaut werden sollte, deren man sich im Sommer und Winter bedienen könnte. Ludwig der Fromme wünschte sogar, daß zum Schutz vor Hitze und Regen ein festes Haus erbaut würde[144]).

So kann schon äußerlich das Justizwesen die Annahme eines behördenartigen Charakters nicht verleugnen, obwohl wir uns im übrigen die fränkische Grafschaftsorganisation keinesfalls als ein Netz festumgrenzter und lückenlos aneinandergereihter Bezirke vorstellen dürfen[145]).

2. *Die Reglementierung der Rechtspflege*

Das verstärkte Bemühen um eine Durchdringung der Rechtspflege mit neuem Gehalt und neuen Formen findet seinen Ausdruck auch in den vielen Vorschriften, durch die der Ablauf der Justizgeschäfte weitgehend reglementiert wurde.

Mehrfach wurde die Zuständigkeit des Grafen- und des Zentenargerichts genau abgegrenzt: Im Gericht des Zentenars durften Prozesse um Eigentum und Freiheit nur in Anwesenheit des Grafen oder der Königsboten entschie-

---

140) Capit. miss. Aquisgran. prim., 810, c. 1 (Cap. I, 153): De clamatoribus qui magnum impedimentum faciunt in palatio ad aures domni imperatoris; Capit. miss. Wormat., 829, c. 14 (Cap. II, 17): ... et nos taedium propter eorum clamores patiamur, ...

141) Capit. de disciplina palatii Aquisgran., c. 6 (Cap. I, 298).

142) *Fichtenau,* a. a. O., S. 117.

143) Capit. Aquisgran., 809, c. 13 (Cap. I, 149).

144) Capit. leg. add., ca. 818, c. 14 (Cap. I, 284).

145) Vgl. *Barraclough,* a. a. O., S. 8. Modernen Vorstellungen erlag *Wagner,* Comitate, S. 29 f., der offenbar von einer lückenlosen Aufteilung in festumgrenzte Verwaltungsbezirke ausgeht.

den werden[146]), ebenso wie der König die zwischen mächtigen Großen anhängigen Sachen selbst zu entscheiden wünschte und dies nicht den Pfalzgrafen überließ[147]). Pippin bestimmte in einem für Italien erlassenen Kapitular, dessen Geltung aber auch für das übrige Frankenreich vorausgesetzt werden kann, daß die Vikare nur einfache Sachen („tantum leviores causas quae facile possunt diiudicari") erledigen dürften[148]).

Bezüglich der Gerichtstermine wurde den Grafen wiederholt eingeschärft, ihre Gerichtsgewalt nicht zur Unterdrückung der wirtschaftlich Schwachen zu gebrauchen[149]); die Herrscher hatten nämlich bald durchschaut, daß die Gerichtshalter gern zahlreiche Termine ansetzten, um den Ausbleibenden Bußen auferlegen zu können[150]). Immer wieder wurde darauf hingewiesen, daß kein Freier mehr als die drei Vollgerichte zu besuchen brauche[151]) und daß zu den übrigen Terminen nur die Parteien, Zeugen und Schöffen zu erscheinen hätten[152]). Hinzu kamen Anweisungen zu ordentlichem und würdigem Verhalten bei den Gerichtssitzungen; so wurde vielfach betont, daß die Richter nüchtern zu den Gerichtsverhandlungen erscheinen[153]) und daß auch die Zeugen nüchtern den Eid ablegen sollten[154]).

Andere Kapitularien wiederum enthielten Vorschriften über die Rechtsanwendung und die mit ihr zusammenhängenden Probleme. Es wurde den Amtswaltern aufgegeben, nach dem aufgezeichneten Recht, nicht aber nach ihrem Ermessen zu entscheiden[155]) und zu beachten, daß geschriebenes Recht dem Gewohnheitsrecht vorgehe[156]). Die Grafen und Zentenare sollten sich eingehend mit den einzelnen Kapiteln der königlichen Erlasse beschäftigen[157]) und überhaupt das aufgezeichnete Recht gut kennen[158]). Damit sich die Grafen nicht mit dem Einwand herausreden konnten, sie hätten von königlichen Verordnungen keine Kenntnis gehabt — ein bei der Ausdehnung des Reiches und den schlechten Verkehrsverhältnissen gewiß oft zutreffendes

---

[146]) Vgl. Capit. miss. Aquisgran. prim., 810, c. 3 (Cap. I, 153); Capit. de iust. faciend., 811—813, c. 4 (Cap. I, 176).

[147]) Capit. de iust. faciend., c. 2 (Cap. I, 176).

[148]) Pipp. capit. Italicum, 801—810, c. 14 (Cap. I, 210).

[149]) Capit. legi addita, 816, c. 3 (Cap. I, 270): Comites vero non semper pauperes per placita opprimere debent; Capit. e canon. excerpta, 813, c. 22 (Cap. I, 174).

[150]) Capit. pro lege hab. Wormat., 829, c. 5 (Cap. II, 19).

[151]) Capit. pro lege hab. Wormat., ebenda; Pipp. capit. Italicum, 801—810, c. 14 (Cap. I, 210).

[152]) Vgl. Capit. miss., 803, c. 20 (Cap. I, 116); Capit. Aquisgran., 809, c. 5 (Cap. I, 148).

[153]) Admonitio generalis, 789, c. 63 (Cap. I, 58).

[154]) Capit. miss., 802, c. 39 (Cap. I, 104); Capit. miss., 803, c. 15 (Cap. I, 116); vgl. auch *Waitz*, Verfassungsgeschichte, Bd. 4, S. 420, Anm. 3.

[155]) Capit. miss. gener., 802, c. 26 (Cap. I, 96).

[156]) Pipp. capitulare, ca. 790, c. 10 (Cap. I, 201).

[157]) Capit. de causis diversis, ca. 807, c. 1 (Cap. I, 135).

[158]) Vgl. Capit. omn. cogn. facienda, 801—814, c. 4 (Cap. I, 144); Capit. miss., 802—813, c. 3 (Cap. I, 147).

Vorbringen —, hatte ihnen der Kanzler (cancellarius)[159]) Abschriften der Kapitularien zu übermitteln und die Namen der Empfänger ausdrücklich zu vermerken[160]).

Der verstärkte Einfluß der staatlich-königlichen Autorität in der Rechtspflege führte aber auch zu einer Stärkung der Stellung des Richters[161]). Der Prozeß war nicht mehr allein Parteibetrieb vor dem Richter, sondern ein Vorgang, der auch die staatliche Gemeinschaft interessierte und deren Einflußnahme erforderte[162]). An die Stelle der Ladung durch die Partei trat die Ladung durch den Richter[163]); dieser verhörte die Zeugen vor ihrer eidlichen Aussage, erfragte das Urteil von den Urteilsfindern und gebot der unterliegenden Partei, es zu erfüllen[164]). Auch bei Zwangsvollstreckung mußte der Richter immer mitwirken[165]).

3. *Der Einfluß der wirtschaftlichen Verhältnisse*

Von Bedeutung für die Weiterentwicklung der Rechtspflege waren auch die Veränderungen in der wirtschaftlichen Struktur des fränkischen Reiches. Die äußere Stabilität des Imperiums, die Sorge der Herrscher um Ruhe und Sicherheit im Inneren, die gewaltige Ausdehnung des Reiches, die neue Bezugs- und Absatzmärkte eröffnete, und nicht zuletzt das verstärkte Warenbedürfnis der Kirche[166]) hatten eine beträchtliche Ausweitung der landwirtschaftlichen und gewerblichen Produktion und eine Belebung der Handelstätigkeit zur Folge[167]).

Zwar wurde immer noch in erster Linie im Rahmen der Hauswirtschaft und für den Eigenbedarf produziert[168]); aber verfeinerte technische Kenntnisse und die Intensivierung und Rationalisierung der Großbetriebe (Dreifelderwirtschaft) erbrachten bereits erhebliche Überschüsse für den Markt[169]). Ebenso konnten die Hintersassen, die als Kleinbauern oder Handwerker tätig waren, über ihre Pflichtabgaben und ihren Eigenbedarf hinaus für den Markt arbeiten, so daß ein verstärkter Handel zwischen den verschiedenen Teilen des Reiches und den Handelszentren in den alten römischen Städten einsetzte[170]). Der Kaufmann als Träger dieses aufblühenden Handels stand

---

[159]) Vgl. über ihn *Brunner-v. Schwerin*, S. 159.

[160]) Admon. ad omn. regni ord., 823—825, c. 26 (Cap. I, 307).

[161]) Vgl. *Conrad*, Rechtsgeschichte, S. 197; *Mitteis-Lieberich*, S. 69.

[162]) Vgl. *Schröder-v. Künßberg*, S. 390 f.; *Conrad*, a. a. O., S. 197.

[163]) Vgl. *Brunner*, Schwurgerichte, S. 66 f.; *Mitteis-Lieberich*, S. 69.

[164]) Vgl. *Schröder-v. Künßberg*, S. 393.

[165]) *Schröder-v. Künßberg*, S. 401 f.

[166]) Vgl. *Planitz*, Handelsverkehr, S. 185.

[167]) Einzelheiten bei *v. Inama-Sternegg*, Wirtschaftsgeschichte, S. 582 ff.; *Kulischer*, Wirtschaftsgeschichte, S. 64 ff.

[168]) Vgl. *v. Schwerin-Thieme*, Grundzüge, S. 43.

[169]) Vgl. *Dopsch*, Grundlagen, S. 386 ff.; *Mitteis-Lieberich*, S. 37.

[170]) Vgl. dazu im einzelnen *Dopsch*, Wirtschaftsentwicklung, Bd. 2, S. 137 ff., 186 ff.

nach altem Herkommen unter dem besonderen Schutz des Königs[171]), der auch für die Sicherheit der Verkehrswege und einen besseren gerichtlichen Schutz der Kaufleute sorgte. Bereits in karolingischer Zeit zeigten sich die ersten Ansätze eines „ius mercatorum"[172]).

Die verstärkte Handelstätigkeit und der vermehrte Warenaustausch konnten nicht ohne Einfluß auf die Rechtspflege bleiben. Es entstanden weit mehr Rechtsstreitigkeiten als etwa in der frühen Merowingerzeit, was vermutlich zu einer häufigeren Inanspruchnahme der Gerichte führte. Außerdem war das Bedürfnis nach einer prompten Erledigung gerade der Handelsstreitigkeiten unabweisbar, während die strenge Geltung des Territorialitätsprinzips zudem gute Kenntnisse der verschiedenen Stammesrechte erforderte.

4. Der Einfluß des Christentums in der Rechtspflege

Kennzeichnend für den Einfluß des Christentums auf die Rechtspflege ist die nun häufig auftretende Betonung der gerechten und prompten Ausübung der Gerichtsgewalt als einer von Gott gestellten Aufgabe; hinzu kommen zahlreiche Hinweise auf Bibelstellen und Bibelzitate in den Kapitularien[173]). Dem gerecht und ohne Aufschub tätigen Richter werde sein Handeln von Gott und dem König gelohnt und wiedervergolten werden[174]), der ungerechte Herrscher und Richter aber müsse vor dem strafenden Gott im Himmel zittern[175]). Eine den Willen Gottes erfüllende Rechtspflege werde zur Folge haben, daß Gott das Volk von vielem Leid befreien werde[176]).

Eine religiöse Färbung erhielten die Pflichten der Amtswalter auch durch den neuen, aus dem kirchlichen Bereich stammenden Ausdruck „ministerium", mit dem nunmehr der Amtsbereich der Amtswalter vom Schöffen bis zum Grafen und Königsboten bezeichnet wurde[177]). Als ein solches „ministerium" ist auch das Königtum dem Herrscher übertragen, der davon Teile an andere als „ministerium" weitergibt[178]).

Im Zusammenhang mit der Betonung des Religiösen in der Rechtspflege

---

[171]) Vgl. *Kötzschke*, Grundzüge, S. 104; *v. Schwerin-Thieme*, Grundzüge, S. 44.

[172]) *Planitz*, Handelsverkehr, S. 190.

[173]) Vgl. etwa die Admonitio generalis, 789, c. 63 (Cap. I, 58) und zu diesem wichtigen „Grundgesetz", das ein auf lange Zeit berechnetes Programm entwarf: *Ewig*, Zum christlichen Königsgedanken, S. 63. — In der Bibel, besonders im Alten Testament, finden sich Bemerkungen zu Rechtspflege und Gerechtigkeit an sehr vielen Stellen, vgl. z. B. Jes. 1, 23; 5, 7. 23; 33, 15; Am. 5, 12; Spr. 15, 27; 17, 23; 23, 10; 1. Makk. 9, 73; Jes. Sir. 4, 9. 28; 7, 7; 35, 17; Weish. 8, 7. 11; 9,3.

[174]) Capit. a. miss. dom., 801—813, c. 2 (Cap. I, 184).

[175]) Vgl. *Fehr*, Vergeltung, S. 591. Hier zeigt sich ein starkes Verbundensein des mittelalterlichen Menschen mit dem Jenseits, vgl. *Wackernagel*, Grundlagen, S. 7.

[176]) Capit. miss. gener., 802, c. 25 (Cap. I, 96).

[177]) Vgl. *Ewig*. a. a. O., S. 62 f.; Th. *Mayer*, Staatsauffassung, S. 174.

[178]) Vgl. *Bögl*, Auffassung, S. 47; Th. *Mayer*, a. a. O., S. 174, 182 sowie die „Admonitio ad omni regni ordines", 823—825 (Cap. I, 302 ff.), ein ähnliches Grundgesetz wie die „Admonitio generalis".

verlangen die karolingischen Herrscher von ihren Amtswaltern, daß sie die Rechtsangelegenheiten der Witwen, Waisen und Armen[179]), sowie die der Kirche prompt und besonders sorgfältig untersuchen und entscheiden[180]). Diese Personengruppen konnten kraft des allgemeinen königlichen Friedensbannes einen besonderen Königsschutz beanspruchen[181]). Wann immer auf die Pflicht zu sauberer Rechtspflege hingewiesen wurde, stand regelmäßig das „iustitiam facere" gegenüber Kirche, Witwen, Waisen und „pauperes" an erster Stelle[182]).

II. Die Reformen Karls des Großen im Gerichtswesen

1. Schöffentum und Dingpflicht

Neben all diesen grundlegenden Veränderungen als Folge neuer geistiger, wirtschaftlicher und sozialer Verhältnisse bestimmten gezielte Reformen im Gerichtswesen entscheidend das Bild der Rechtspflege in der karolingischen Zeit. Gerade sie sind unter den vielfältigen Bemühungen Karls des Großen um eine Verbesserung der Rechtspflege am erfolgreichsten gewesen. Neben der Einführung neuer Verfahrensarten im Königsgericht (Rügeverfahren, Inquisition) hatte insbesondere die Einführung der Schöffenverfassung große historische Bedeutung.

Nachdem sich offenbar schon vorher in manchen Bezirken eine gewisse Stetigkeit des Urteilsfinderamtes herausgebildet hatte[183]), wurde nunmehr zwischen 769 und 775 durch einen vermutlich einheitlichen organisatorischen Akt die Schöffenverfassung eingeführt[184]). Die Schöffen (scabini) waren ständige Rachimburgen, die von den Grafen unter Mitwirkung des Volkes aus den „meliores homini" — meist den angesehenen Grundeigentümern — ausgewählt wurden[185]).

Durch einen Eid wurden sie auf ihr „ministerium" als ein lebenslängliches

---

[179]) Vgl. auch die Bestallungsformel des Grafen: Form. Marculfi I, Nr. 8 (MGH, Form., S. 48). Unter der in den Quellen häufigen Bezeichnung „pauperes" sind nicht die im heutigen Sinne völlig Mittellosen, sondern vornehmlich die kleinen Grundbesitzer und landlosen Freien zu verstehen, vgl. *Glitsch*, Zentenar, S. 15.

[180]) Concil. Vernense, 755, c. 23 (Cap. I, 37); Duplex legat. edict., 789, c. 17 (Cap. I, 63); Pippini capit. Ital., 801—810, c. 4 (Cap. I, 209); Capit. de miss. off., 810, c. 3 (Cap. I, 155).

[181]) Vgl. *Schubert*, Einfluß, S. 48.

[182]) „Iustitiam facere" ist der in den Quellen überaus häufige Ausdruck für die Pflicht der Amtswalter, jedem „zu seinem Recht zu verhelfen". Während des frühen und hohen Mittelalters bezeichnet er diese entscheidende Funktion der Rechtsordnung, wird aber dann offenbar von dem Ausdruck „legem facere" verdrängt, vgl. *Krause*, Kaiserrecht, S. 27.

[183]) Vgl. *Brunner-v. Schwerin*, S. 300.

[184]) Das Gesetz selbst ist nicht erhalten, vgl. *Schröder-v. Künßberg*, S. 182.

[185]) Vgl. *Sohm*, Reichs- und Gerichtsverfassung, S. 378 f.; *Fehr*, Rechtsgeschichte, S. 43; *Estey*, Scabini, S. 121 f.

Amt vereidigt; doch konnten sie von den Missi wegen schlechter Amtsführung wieder abgesetzt werden. Da sie im echten und gebotenen Ding zu urteilen hatten und ihre Verwendung in jedem Gericht der Grafschaft möglich war, konnte sich nunmehr eine größere Einheitlichkeit der Rechtsprechung herausbilden[186]).

Das Vollgericht war Grafengericht, in dem der Urteilsvorschlag der Schöffen durch die Vollbort des Umstandes bestätigt wurde. Ihm waren Rechtssachen, die mit Todes- oder Leibesstrafen geahndet wurden, und die Entscheidung in Freiheits- und Eigentumsprozessen vorbehalten[187]). Das gebotene Ding war Zentenar- oder Vikargericht, in dem allein die Schöffen die Entscheidung fällten. In seine Zuständigkeit gehörten Bußsachen, Klagen um fahrende Habe und Zwischentermine des Grafengerichts[188]).

2. *Die Königsboten (missi dominici)*

Schließlich wurde in dem Bemühen, anstelle der Stammesherzogtümer eine andere zwischen König und Grafschaft stehende Gewalt zu schaffen[189]), von Karl dem Großen das Institut der Königsboten entscheidend weiterentwickelt, dessen Anfänge bereits in die Zeit der Merowinger zurückreichten[190]).

Während damals Auftrag und Vollmacht der Missi nur für den Einzelfall bestimmt waren, wurden die Königsboten nun in ihre Inspektionsbezirke (missatica) mit der allgemeinen Weisung geschickt, die gesamte Tätigkeit der weltlichen und geistlichen Amtswalter zu kontrollieren[191]). Untaugliche Zentenare und Schöffen konnten sie absetzen, höhere Amtswalter vor den König laden[192]).

Die Missi hielten neben allgemeinen Versammlungen (Landtagen) besondere Gerichtstage zur Ergänzung der Rechtspflege der ordentlichen Gerichtshalter; sie konnten aber auch im ordentlichen Gericht anstelle des Grafen oder Zentenars (Vikars) den Gerichtsvorsitz übernehmen[193]). Das Missatgericht hatte sich vom Königsgericht abgespalten[194]).

Schon diese wenigen Bemerkungen über die Aufgaben der Missi zeigen, daß das Institut der Königsboten einen bedeutsamen Bestandteil der Verfassung des karolingischen Imperiums bildete. Aber nachdem es unter Karl dem Großen seine Blütezeit erlebt hatte, begann es bereits unter Ludwig I.

---

186) Vgl. *Brunner-v. Schwerin*, S. 300; *Mitteis-Lieberich*, S. 76.

187) Vgl. *Glasson*, a. a. O., S. 336; *Seelmann*, Rechtszug, S. 67 ff.

188) Vgl. *Schröder-v. Künßberg*, S. 180.

189) Vgl. *Krause*, Missi dominici, S. 203; *Brunner-v. Schwerin*, S. 225; *Mitteis-Lieberich*, S. 74.

190) Vgl. *Sohm*, a. a. O., S. 481; *Mitteis-Lieberich*, S. 73.

191) Vgl. *Krause*, a. a. O., S. 196; *Glasson*, a. a. O., S. 341.

192) Vgl. *Viollet*, Histoire des institutions, S. 306.

193) Vgl. *Brunner-v. Schwerin*, S. 257 f.

194) Vgl. *Brunner-v. Schwerin*, S. 258; *Conrad*, Rechtsgeschichte, S. 197; *Mitteis-Lieberich*, S. 73.

zu entarten, als die Reichstage und damit die Großen des Reichs immer stärkeren Einfluß auf die Bestellung der Königsboten erlangten und schließlich zahlreiche hohe Amtswalter zu Missi in ihren eigenen Amtsbezirken ernannt wurden[195]).

III. Die Behandlung der Rechtspflegedelikte in den karolingischen Kapitularien

1. *Justizverweigerung*

a) Allgemeine Ermahnungen

Angesichts der weitgehenden Organisierung des allgemeinen Rechtspflegebetriebes im Kapitularienrecht der Karolinger, wie wir sie unter I und II geschildert haben, überrascht es nicht, daß nunmehr auch Maßnahmen ergriffen werden, die besser als die bisherigen Vorschriften Promptheit und Sauberkeit in der Justiz gewährleisten sollten.

Es mehren sich zunächst die allgemeinen Mahnungen an die Amtswalter, die Entscheidung der an sie herangetragenen Sachen nicht zu verzögern[196]) und nicht um der Jagd und anderer Vergnügungen willen die Gerichtstage zu versäumen oder allzusehr abzukürzen[197]). Den geistlichen und weltlichen Mächtigen wird aufgegeben, ihre Prozesse untereinander vor dem Königsgericht zu führen, damit sie nicht durch ihre langwierigen und komplizierten Rechtsfälle die Grafengerichte für die übrige Bevölkerung blockieren[198]). Die Grafen der Küstengebiete, die auch für die Sicherung der Küste zuständig waren, sollen ihre Nachlässigkeit im Gerichthalten nicht mit ihrer Bewachungsaufgabe entschuldigen, sondern, wenn sie ihre Schöffen bei sich haben, eine Gerichtsversammlung einberufen und Gericht halten[199]).

In dieser Hinsicht war energische Abhilfe allerdings dringend geboten, nicht nur, weil die langsame Arbeit der Justiz ein allgemeiner Mißstand in jener Zeit war, sondern weil es auch den Rechtssuchenden mehrfach untersagt worden war, bei langsamer Arbeit der unteren Gerichte unter deren Umgehung sogleich das Königsgericht anzurufen; zuerst sollten sie im Gericht des Grafen oder des Zentenars ihr Recht suchen, und erst wenn dort oder von den Königsboten ein Fall ungebührlich in die Länge gezogen oder falsch entschieden wurde, sollten sie zum König kommen[200]). Bereits um 755

---

[195]) Vgl. *Viollet,* a. a. O., S. 306.

[196]) Vgl. Capit. Aquisgran., 809, c. 7 (Cap. I, 149): Ut nullus quislibet missus noster neque comes neque iudex neque scabineus cuiuslibet iustitiam dilatare praesumat...; Capit. a miss. dom. ad comit. directa, 801—813, c. 2 (Cap. I, 184).

[197]) Dupl. legat. edict., 789, c. 17 (Cap. I, 63); Capit. de caus. divers., ca. 807, c. 1 (Cap. I, 135).

[198]) Capit. de iust. facienda, 811—813, c. 2 (Cap. I, 176).

[199]) Capit. miss., 821, c. 5 (Cap. I, 301).

[200]) Vgl. Capit. Baiwar., ca. 810, c. 7 (Cap. I, 159); Capit. miss. Wormat., 829,

hatte König Pippin in Anlehnung an ein etwa 10 Jahre älteres Gesetz des Langobarden-Königs Ratchis die Folgen bestimmt, die denjenigen treffen sollten, der unter Umgehung seines zuerst zuständigen Richters oder trotz gerechten Urteils der Rachimburgen den König anging: gewöhnliche Freie sollten ausgepeitscht werden, während es bei Personen höheren Ranges im Ermessen des Königs stand zu bestimmen, was mit ihnen geschehen sollte[201]).

b) Das Einlager

Im Jahre 779 führte Karl der Große als Zwangsmittel gegenüber den in der Rechtspflege säumigen Grafen das Institut des *Einlagers* ein, das neben der schon älteren Richterpfändung auch in späterer Zeit für die Fälle der Säumnis im Rechtsleben erhebliche Bedeutung hatte. In dem in diesem Jahr erlassenen berühmten Kapitular von Heristall, das auch in der Geschichte des Zehntrechts eine Rolle spielt[202]), bestimmte er[203]), daß sich seine Königsboten so lange im Hause eines säumigen Grafen einquartieren und auf dessen Kosten leben sollten[204]), bis der Graf seiner Verpflichtung zu prompter Rechtspflege nachgekommen war[205]). In gleicher Weise bedrohte der Herrscher seine Vasallen mit dem Einlager des Grafen und der Königsboten.

Eine Boteninstruktion Ludwigs des Frommen verschärfte später die Bestimmungen von Heristall. Auch wenn ein säumiger Amtswalter wegen des Einlagers seinen Pflichten schließlich nachgekommen ist, so sollen die Missi doch in seinem Bezirk die allgemeinen Landtage[206]) einberufen, während sie in den Gauen der pflichtbewußten Grafen nicht lange verweilen und auch keine Landtage einberufen sollen[207]).

Das Beugemittel des Einlagers dürfte nicht unwirksam gewesen sein, da die Einquartierung der Königsboten mit ihrem ganzen Gefolge für den Betroffenen eine erhebliche wirtschaftliche Belastung darstellte, zumal für die Verpflegung der „Gäste" gewisse Mindestsätze festgelegt waren: Ein Bischof konnte täglich 40 Brote, 3 ausgewachsene Schweine, 1 Ferkel, 3 junge Hühner, 15 Eier, etwa 30 Liter Getränke und 4 Maß Hafer für die Pferde be-

---

c. 14 (Cap. II, 16): Populo autem dicatur, ut careat de aliis causis se ad nos reclamare, nisi de quibus aut missi nostri aut comites eis iustitias facere noluerint.

201) Pipp. Reg. capit., ca. 755, c. 7 (Cap. I, 32). Die weitgehende Übereinstimmung mit Ratchis 2 ist auffällig; vermutlich war diese Bestimmung sogar direkte Vorlage, vgl. Boretius, Cap. I, S. 32, Anm. 3; *Seelmann*, Rechtszug, S. 121.

202) Vgl. *Gmür*, Zehnt, S. 26.

203) Capit. Harist., 779, c. 21 (Cap. I, 51): Si comis in suo ministerio iustitias non fecerit, misso nostro de sua casa soniare faciat usque dum iustitiae ibidem facte fuerint; et si vassus noster iustitiam non fecerit, tunc et comis et missus ad ipsius casa sedeant et de suo vivant quo usque iustitiam faciat.

204) Vgl. *Krause*, a. a. O., S. 205.

205) Vgl. auch Capit. miss., 819, c. 23 (Cap. I, 291).

206) Zu dieser Einrichtung vgl. *Brunner-v. Schwerin*, S. 257; *Waitz*, Verfassungsgeschichte, Bd. 3, S. 367 f.

207) Capit. miss., 819, c. 23, 24 (Cap. I, 291).

anspruchen; einem Abt oder einem Grafen stand von allen angeführten Dingen eine etwas geringere Menge zu[208]). Durch eine spätere Verordnung wurden diese Sätze noch erhöht[209]). Alle diese und möglicherweise noch andere zu erbringende Leistungen waren in einem Königsbrief, der „tractoria“[210]), aufgeführt, dessen Mißachtung Amtsverlust zur Folge hatte[211]).

c) Pönale Folgen der Justizverweigerung?

Unsicher ist, ob Justizverweigerung nach Kapitularienrecht[212]) auch mit Folgen mehr pönalen Charakters bedroht war. Aus einem Kapitular Pippins, des Sohnes Karls des Großen, das aus den ersten Jahren seiner Herrschaft als König von Italien stammt[213]), könnte man schließen, daß im Bereich des fränkischen Kernlandes ein der Justizverweigerung schuldiger Graf die Todesstrafe oder Zahlung seines Wergeldes verwirkte[214]).

Vor der die Justizverweigerung langobardischer Grafen betreffenden Regelung wird nämlich in diesem Kapitular auch der Fall der Säumnis eines fränkischen Grafen erwähnt[215]) und dabei offensichtlich auf die in Pactus Legis Salicae 50, 4 angedrohte Todesstrafe mit der Möglichkeit der Redemption Bezug genommen[216]).

Eine unmittelbare Rechtssetzung für den stammesfränkischen Bereich konnte Pippin mit diesem Kapitular aber nicht verfolgen, da es als Gesetz des Unterkönigs von Italien ausschließlich dort Geltung hatte[217]). Es konnte sich daher nur auf solche Amtswalter beziehen, die im Gebiet des italienischen Unterkönigs nach fränkischem Stammesrecht lebten und urteilten. Nach der Eroberung des Langobardenreiches waren mit der Einführung fränkischer Institutionen in Italien viele fränkische Amtswalter in höheren Positionen der Verwaltung nach Italien gekommen und dort angesiedelt worden; wegen der Geltung des Grundsatzes des „persönlichen Rechts“ brachten sie vor die italienischen Gerichte auch salisches, ribvarisches und alemanni-

---

[208]) Capit. miss., 819, c. 29 (Cap. I, 291). Meistens wurden für jeden Sprengel ein geistlicher und ein weltlicher Optimat als Gewaltboten eingesetzt, vgl. *Brunner-v. Schwerin*, S. 256; *Waitz*, a. a. O., S. 459.

[209]) Tract. de coniectu miss. dando, 829, (Cap. II, 11).

[210]) Einen „wahren Traktierbrief“ nennt ihn *Brunner-v. Schwerin*, S. 310.

[211]) Capit. leg. addita, ca. 818, c. 16 (Cap. I, 284); vgl. *Scheyhing*, Eide, S. 17.

[212]) Die Lex Salica war natürlich auch jetzt noch in Geltung.

[213]) Vgl. dazu *Boretius*, Capitularien, S. 125 ff.

[214]) Entsprechend Pact. Leg. Sal. 50, 4, jedoch nicht nur bei Pfändungsverweigerung.

[215]) Pipp. Ital. Regis capit., 782—786, c. 7 (Cap. I, 192): Et si comis Franciscus distulerit iustitias faciendum et probatum fuerit, iuxta ut eorum fuit electio, ita subiaceat, et de illorum honorem sicut francorum est consuetudo.

[216]) Vgl. Lib. Pap. Expos. § 4 zu Pipp. Ital. Regis capit, c. 7 (MGH LL. Bd. 4, S. 516) und Boretius, Cap. I, S. 192, Anm. 5.

[217]) A. A. *Mayer-Homberg*, Volksrechte, S. 162.

sches Recht[218]). Später mußten nach einer Missalinstruktion Karls des Großen die Grafen und die übrigen Richter des Reiches sogar ausdrücklich angeben, nach welchem Recht sie lebten und urteilten[219]). Jeder Angehörige des Reiches konnte ja vor Gericht die Anwendung seines Stammesrechts, vielleicht sogar Richter und Urteiler seines Stammes verlangen[220]). Diese Angabe des persönlichen Rechts ist vermutlich schon lange vorher in einem allgemeinen Reichsgesetz, das uns nicht erhalten ist, angeordnet worden, da in vielen Missalinstruktionen, den Anweisungen des Herrschers an die Königsboten, die Punkte erneut eingeschärft werden, die in früheren Kapitularien bereits gesetzlich geregelt worden waren. Auf diese frühere Bestimmung könnte dann die Wendung „ut eorum fuit electio" im Text des Kapitulars Pippins hindeuten; denn „electio" in diesem Zusammenhang bedeutet meist eine solche „confessio legis"[221]).

Berücksichtigt man diese denkbaren Zusammenhänge, so ergibt sich aus dem Kapitular Pippins zunächst nur, daß auch noch in jener Zeit — gegen Ende des 8. Jahrhunderts — im stammesfränkischen Rechtsbereich bei Pfändungsverweigerung, auf die sich Pactus Legis Salicae 50, 4 ja bezieht, die Todesstrafe verwirkt werden konnte. Unsicher ist dagegen, ob man aus der allgemeinen Wendung „iustitias faciendum" in der erwähnten Bestimmung schließen kann, daß die im salischen Recht nur für Pfändungsverweigerung des Grafen angedrohte Todesstrafe später auf alle Fälle der Justizverweigerung ausgedehnt worden ist[222]). Ein solcher Schluß wird durch Quellen weder bestätigt noch widerlegt.

Weniger bedenklich ist es dagegen, in dem Satzteil „et de illorum honorem sicut francorum est consuetudo" einen Hinweis auf Amtsverlust als Folge des „iustitias facere differe" des Grafen zu sehen. Diese Folge, die im salischen Stammesrecht nicht erwähnt ist, hat sich offenbar als Abspaltung der Dienst- und Aufsichtsgewalt des Königs über alle Amtswalter allmählich herausgebildet und wurde dann zur Zeit der Entstehung des Kapitulars Pippins nach stammesfränkischer „consuetudo" in Fällen der Justizverweigerung vom König ausgesprochen.

Ebensowenig wie das erörterte Kapitular des Unterkönigs Pippin hatte auch das vermutlich 781 in Mantua von Karl dem Großen für Italien erlassene Kapitular[223]) über das Verfahren bei Justizverweigerung im ganzen Reich Geltung[224]), noch kann die von ihm gebrachte Regelung dort vorausgesetzt werden[225]); denn allgemeine Reichsgesetze wurden in der Regel

---

[218]) Vgl. *Mühlbacher*, Deutsche Geschichte, S. 105.

[219]) Capit. miss. item special., 802, c. 48 (Cap. I, 104).

[220]) Vgl. *Waitz*, Verfassungsgeschichte, Bd. 4, S. 403.

[221]) Später bezeichnete man die Angabe des persönlichen Rechts geradezu als „eligere legem", vgl. die bei *Ficker*, Forschungen, Bd. 3, S. 461 angeführte Urkunde.

[222]) So *Cohn*, Justizverweigerung, S. 86; *Mayer-Homberg*, a. a. O., S. 161.

[223]) Einzelheiten darüber hinten S. 55 f.

[224]) Vgl. dazu *v. Bethmann-Hollweg*, Civilprozess, Bd. 2, S. 172.

[225]) A. A. *Sohm*, Reichs- und Gerichtsverfassung, S. 160, Anm. 68.

auch in Italien promulgiert, jedoch erhielt speziell für Italien geschaffenes Königsrecht umgekehrt nicht im ganzen Reich Gesetzeskraft[226]).

d) Justizverweigerung im Aufgabenbereich der Missi

Im übrigen gehörte das Abhilfeschaffen in Fällen von Justizverweigerung zu den wichtigsten Aufgaben der Königsboten, die pflichtvergessene Zentenare, Vikare und Schöffen sofort aus dem Amt entfernen[227]), säumige Grafen vor dem König zur Verantwortung ziehen konnten[228]). Außerdem mußten die Missi natürlich in ihrem Missatbericht am Ende der Inspektionsreise die Amtswalter anführen[229]), bei denen sie Fälle von Justizverweigerung und Justizverschleppung angetroffen hatten, so daß der Herrscher weitere Maßnahmen ergreifen konnte. Ob freilich die Missi bei solchen Vorkommnissen nachhaltig durchgegriffen und Abhilfe geschaffen haben, läßt sich heute nicht mehr mit Sicherheit ermitteln. Vermutlich haben sie oft ihre beschuldigten Kollegen gedeckt und Beschwerden der geschädigten Untertanen nicht weiter verfolgt. Besonders seitdem Bischöfe und Grafen als Missi in ihre eigenen Amtsbezirke geschickt wurden[230]), dürften die Dinge einfach beim alten geblieben sein; man konnte von ihnen schwerlich erwarten, daß sie sich selbst beim König anschuldigten[231]).

Immerhin zeigen uns einige erhaltene Quellen, daß die Königsboten oft schon in den Briefen, in denen sie den Grafen ihrer Inspektionsbezirke ihre Ankunft anzeigten, recht energisch waren und vor nachlässiger oder schikanöser Rechtspflege warnten. Sie kündigten an, daß sie in solchen Fällen mit den Amtswaltern „großen Streit bekommen" würden[232]).

2. *Falschurteilen — Bestechlichkeit*

a) Der einfache Tatbestand des Falschurteilens

Bestimmungen, die ausdrücklich die Fälle falschen Urteils, insbesondere auch das vorsätzliche Falschurteilen (Rechtsbeugung) betreffen, finden wir im Kapitularienrecht der Karolinger, von einer Ausnahme abgesehen, nicht. Das dürfte einmal an der geringen Differenzierung der Tatbestände liegen, wie sie gerade für den Bereich der Rechtspflegedelikte im Gegensatz etwa

---

226) Vgl. *Brunner*, S. 559 f.

227) Capit. omnib. cogn. facienda, 801—814, c. 3 (Cap. I, S. 144); Capit. miss. Wormat., 829, c. 2 (Cap. II, 15).

228) Capit. miss. in Theodon. Villa, ca. 806, c. 12 (Cap. I, S. 124); vgl. auch *Scheyhing*, Eide, S. 12 f.

229) Vgl. zum Missatbericht Capit. miss., 803, c. 25 (Cap. I, 116); Capit. de iust. facienda, 811—813, c. 9 (Cap. I, 177).

230) Vgl. dazu *Mühlbacher*, a. a. O., S. 359; *Brunner-v. Schwerin*, S. 261.

231) Vgl. *Mühlbacher*, ebenda.

232) Capit. a miss. domin. ad comit. dir., 801—813, c. 6 (Cap. I, 184): ... grandem exinde contra vos rationem habebimus.

zum Gebiet der Körperverletzungen kennzeichnend ist, so daß die häufige Wendung „iustitias facere neglegere“ in der frühmittelalterlichen Praxis Justizverweigerung die Fälle wissentlichen und unwissentlichen falschen Urteils, aber auch die zahlreichen anderen Fälle ungehöriger Ausübung der Gerichtsgewalt umfaßt haben mag[233]); zum anderen beruht es vermutlich darauf, daß solche genau das typisch pflichtwidrige Verhalten der Amtswalter treffenden Vorschriften entbehrlich schienen, solange die Missi auf Grund ihrer weitgehenden Kontroll- und Eingriffsrechte die Tätigkeit der Amtswalter an Ort und Stelle nachprüfen und Fehlentscheidungen korrigieren konnten.

Allein das bereits erwähnte um 755 erlassene Kapitular Pippins des Kurzen sucht offenbar Justizverweigerung und Falschurteilen zu unterscheiden und bezieht sich ausdrücklich nur auf letzteres.

Nach Kapitel 7 dieses Kapitulars, das noch vor der Einführung der Schöffenverfassung erlassen wurde, darf eine Partei ihre Sache vor das Königsgericht bringen, wenn sie rügt, daß Graf und Rachimburgen nicht nach dem Gesetz entschieden hätten[234]). Wenn sie diesen im Königsgericht ein Urteil „non secundum legem“ nachweisen kann, ist ihr die gesetzmäßige, d. h. volksrechtliche Buße zu zahlen[235]); andernfalls, wenn Graf und Rachimburgen beweisen, daß ihre Entscheidung dem Recht entsprach, hat die Partei die gesetzmäßige Buße zu zahlen. Die stammesrechtlichen Bußfolgen, auf die die Bestimmung verweist, sind die Bußen des Titels 57, 3. 4 des Pactus Legis Salicae[236]), so daß das Kapitular Pippins gegenüber dem Recht der Lex Salica keine sachliche Änderung bringt. Eine Neuerung würde nur vorliegen, wenn man aus ihm schließen könnte, daß nunmehr auch der Graf als Gerichtshalter hinsichtlich der Bußen berechtigt und verpflichtet werden konnte, wenn er also insoweit einem Urteilsfinder gleichgestanden hätte[237]); denn in Titel 57 des Pactus Legis Salicae wird der Thunginus, der zur Zeit der Entstehung dieses Stammesrechts Gerichtshalter war, überhaupt nicht erwähnt. Ein solcher Schluß müßte sich jedoch allein auf die etwas ungeschickte Formulierung des Kapitels 7 des Pippinschen Kapitulars stützen und ist daher unsicher.

Ebenso wie der angezogene Titel des salischen Rechts enthält auch das Kapitular Pippins keinen Hinweis darauf, daß die absichtliche Beugung des Rechts und das irrtümliche Falschurteilen irgendwie verschieden behandelt

---

233) Vgl. *Seelmann*, Rechtszug, S. 87.

234) Pippini Regis capit., ca. 755, c. 7 (Cap. I, 32): Et si reclamaverit quod legem ei non iudicassent, tunc licentiam habeat ad palacium venire pro ipsa causa. Et si ipsos convincere potuerit quod legem ei non iudicassent, secundum legem contra ipsum emendare faciat. Et si comes vel racemburgii eum convincere potuerint quod legem ei iudicassent, et ipse hoc recipere noluerit, hoc contra ipsos emendare faciat.

235) Vgl. *Scheyhing*, Eide, S. 10.

236) Siehe vorn S. 13.

237) Vgl. dazu *Seelmann*, a. a. O., S. 125.

werden sollen. Noch immer soll also das irrtümliche Falschurteil mit der gleichen Folge bedacht werden wie der bewußte Rechtsbruch.

Jedoch scheint sich gerade im Hinblick auf eine stärkere Berücksichtigung subjektiver Momente bei Rechtspflegedelikten um die Wende zum 9. Jahrhundert eine tiefgreifende Wandlung vollzogen zu haben, da nun doch häufiger als bis dahin auf die Willensrichtung der beschuldigten Amtswalter abgestellt werden soll. Im Eid der Schöffen hat diese Entwicklung ihren deutlichsten Ausdruck gefunden[238]).

b) Erweiterte Tatbestände

aa) Bestechlichkeit

Während die allgemeine rechtliche Behandlung des Falschurteilens in den Kapitularien der frühen Karolingerzeit kaum eine Weiterentwicklung gegenüber den Bestimmungen des Stammesrechts erfahren hat, wurde in den Königsgesetzen der folgenden Zeit der Bereich der Rechtspflegedelikte durch die Erfassung anderer, den beiden Stammesrechten zum Teil unbekannter Unrechtstatbestände erheblich fortgebildet. Waren auch die Grenzen der Tatbestände noch fließend, so mußte diese Entwicklung doch das Verblassen und das Aufgehen aller Rechtspflegedelikte im bloßen „iustitias facere neglegere" zurückdrängen. Vornehmlich der Amtswalterbestechung, der Beeinflussung der Rechtspflege durch „munera" und „praemia", wandte sich nun die Aufmerksamkeit der Herrscher zu.

Von den beiden fränkischen Stammesrechten enthielt nur die Lex Ribvaria in Titel 91, 1 eine scharfe Strafbestimmung gegen bestechliches Richten[239]). Die Behandlung des Problems in der Kapitulariengesetzgebung wurde 789 durch Karl den Großen eingeleitet, der — zunächst unverbindlich — in der „Allgemeinen Ermahnung" vor der Annahme von Geschenken bei der Ausübung des Richteramtes warnte[240]), weil „Geschenke die Herzen der Klugen verblenden und die Worte der Gerechten verdrehen", wie es in Anlehnung an die Bibel hieß[241]): Es möge sich jeder hüten, wegen jemandes Schmeichelei, aus Liebe zu einem Freund, aus Furcht vor einem Mächtigen oder für Geldlohn von der gerechten Entscheidung abzuweichen[242]).

Dann erschien die Warnung vor der Annahme von „praemia" auch in der Kapitulariengesetzgebung, wo sie ohne Unterschied an alle Amtswalter vom Königsboten bis zum einfachen Schöffen gerichtet wurde, ohne jedoch mit einer Strafdrohung verbunden zu sein[243]).

---

[238]) Capit. miss. Wormat., 829, c. 2 (Cap. II, 15).

[239]) Siehe vorn S. 17 f.

[240]) Admonitio generalis, 789, c. 63 (Cap. I, 58).

[241]) 5. Mose 16, 19.

[242]) Admonitio generalis, c. 63.

[243]) Capit. Aquisgran., 809, c. 7 (Cap. I, 149): Ut nullus quislibet missus noster neque comes neque iudex neque scabineus . . . neque praemia pro hoc a quolibet homine per aliquod ingenium accipere praesumat.

Schließlich gelangten die Ermahnungen in die Missalinstruktionen, in denen ebenfalls keine nachteiligen Folgen für Verstöße angekündigt wurden, obwohl in den Bestimmungen meistens befürchtet wird, daß die Bestechungsleistungen zur Beugung des Rechts gegeben und genommen werden[244]).

Eine Ausnahme bildete für die Sachsen Kapitel 28 der Capitulatio de partibus Saxoniae[245]). Ein Graf, der „munera" annimmt, soll nach dieser Bestimmung sein Amt verlieren. Doch kann man dies nicht als Maßstab für die Behandlung der Amtswalterbestechung im ganzen Reich nehmen, da Karl der Große den Sachsen gegenüber auch in der Gesetzgebung eine besondere Härte zeigte[246]).

Demnach ist es unsicher, was mit solchen Amtswaltern geschah, denen Bestechlichkeit nachgewiesen worden war. Nach Stammesrecht konnten sie nur bei den Ribvaren bestraft werden — bei diesen freilich mit dem Tode —, während man bei den Saliern vermutlich auf die königliche „Disziplinargewalt" zurückgreifen mußte. Anders würde es sich indessen verhalten, wenn wir aus einer Botenanweisung Ludwigs des Frommen von 819 schließen könnten, daß Titel 91, 1 der Lex Ribvaria auch auf Angehörige anderer Stämme, deren Recht eine entsprechende Bestimmung nicht enthielt, angewandt wurde. Ludwig I. beauftragt nämlich darin seine Missi, die Grafen, Vikare und Zentenare auf die Bestimmung eines Stammesrechts hinzuweisen, nach der Geschenke zum Zwecke der Beugung des Rechts nicht angenommen werden dürfen[247]). Aus der an den Wortlaut des Titels 91, 1 deutlich anklingenden Formulierung des Kapitulars[248]) ergibt sich, daß auf die Lex Ribvaria verwiesen werden soll[249]). Jedoch erscheint eine Ausweitung des Geltungsbereichs der Bestimmung des ribvarischen Rechts auf Angehörige anderer Stämme bei der strengen Geltung des Personalitätsprinzips im Rechtsleben jener Zeit unwahrscheinlich; vielleicht war jene Missalinstruktion an Königsboten gerichtet, die das Siedlungsgebiet der ribvarischen Franken bereisen sollten. Immerhin ergibt sich aus ihr, daß um 820 Titel 91, 1 der Lex Ribvaria offenbar noch volle Geltung hatte, obwohl in der Zwischenzeit die Befugnisse und die Zuständigkeit der richterlichen Amtswalter, die die ribvarische Stelle nennt, sich teilweise geändert hatten und einige der

---

[244]) Capit. a miss. domin. ad comit. dir., 801—813, c. 2 (Cap. I, 184); Capit. miss. Aquisgran. prim., 809, c. 17 (Cap. I, 150): Ut nullus praemium recipiat propter iustitiam tollendam.

[245]) 775—790, c. 28 (Cap. I, 70): De praemiis et muneribus: . . . Et si, quod absit, forte comis hoc fecerit honorem suum perdat.

[246]) Vgl. *Brunner*, S. 466.

[247]) Capit. miss., 819, c. 21 (Cap. I, 291): Ut comites et vicarii et centenarii de constitutione legis ammoneantur, qua iubetur ut propter iustitiam pervertendam munera non accipiant.

[248]) Vgl. die Verwendung des „iustitiam pervertere" in beiden Bestimmungen; siehe vorn S. 17.

[249]) Ebenso Boretius, Cap. I, S. 291, Anm. 23.

genannten Amtswalter mit richterlichen Aufgaben ganz verschwunden waren[250]).

Eine Weiterentwicklung bedeutete schließlich noch eine andere Botenanweisung Ludwigs des Frommen, in der genau erkannt wird, daß die Annahme von „munera“ einen Schöffen nicht notwendigerweise zur Rechtsbeugung verleiten muß, sondern daß er trotz der Annahme von Geschenken ein gerechtes Urteil finden kann. Im Falle ungerechter Urteilsfindung hat der Königsbote den bestochenen Schöffen durch Geleitsmänner (fideiussores)[251]) vor den König schaffen zu lassen[252]). Für den Fall korrekter Urteilsfindung bleibt es dagegen bei der Mahnung: De cetero omnibus scabinis denuntietur, ne quis deinceps etiam iustum iudicium vendere praesumat[253]).

bb) Sonstige Umstände

Neben der gefährlichen Beeinflussung der Amtswalter durch materielle Dinge in Gestalt von Geschenken und Geldzahlungen erkannten die Herrscher jetzt auch die Gefährdung der Rechtspflege durch solche Richter und Urteiler, die sich durch subjektive Empfindungen gegenüber den Parteien bei der Rechtsfindung leiten ließen. Zu diesen Empfindungen, aus denen sich eine parteiische Rechtsfindung ergeben könnte, zählten die Kapitularien in erster Linie Freundschaft, Feindschaft, Furcht und Rücksichtnahme auf das Ansehen der Person. Nach der Warnung in der „Admonitio generalis“ Karls des Großen[254]) wurde besonders in einer Ermahnung Ludwigs des Frommen an alle Amtswalter des Reichs darauf hingewiesen, daß niemand sich aus Freundschaft, Haß, Furcht oder Dankbarkeit vom richtigen Weg bei der Urteilsfindung abbringen lassen dürfe[255]). Schließlich wurden die Königsboten angewiesen, Schöffen, die aus Freundschaft oder Feindschaft ungerecht urteilten, vor den König zu bringen[256]).

Diese stärkere Berücksichtigung und das juristische Erfassen der Empfindungen und der subjektiven Willensrichtung im Zusammenhang mit der Beurteilung von Rechtspflegedelikten werden in der Zeit nach 800 auch noch in einigen anderen Wendungen der Kapitulariengesetzgebung deutlich. Sie

---

[250]) Z. B. der „major domus“ und der „domesticus“, vgl. *Brunner-v. Schwerin,* S. 148, 169.

[251]) Zu ihnen vgl. *Brunner-v. Schwerin,* S. 306.

[252]) Capit. miss. Wormat., 829, c. 4 (Cap. II, 14): Volumus, ut quicumque de scabinis deprehensus fuerit propter munera . . . iniuste iudicasse, ut per fideiussores missus ad praesentiam nostram veniat. *Scheyhing,* Eide, S. 13, schließt aus der Beteiligung von „fideiussores“, daß es zu einem rechtsförmlichen Verfahren im Königsgericht kam.

[253]) Capit. miss. Wormat., ebenda.

[254]) Admon. gener., 789, c. 63 (Cap. I, 58).

[255]) Admon. ad omnes regni ordines, 823—825, c. 8 (Cap. I, 304): . . . et nulla quaelibet causa, aut munerum acceptio aut amicitia cuiuslibet vel odium aut timor vel gratia, ab statu rectitudinis vos deviare compellat . . .

[256]) Capit. miss. Wormat., 829, c. 4 (Cap. II, 15).

zeigen, daß immer mehr das Wissen um die Ungerechtigkeit des Urteils, schlechte Gesinnung oder Böswilligkeit bei der Findung einer ungerechten Entscheidung oder die bestimmte Absicht, eine Partei zu benachteiligen, Voraussetzungen der Strafbarkeit wurden[257]).

3. *Begünstigung*

Begünstigungsdelikte von Amtswaltern begegnen im frühmittelalterlichen Recht fast nur im Zusammenhang mit der Verfolgung und Aburteilung von Diebstahlssachen, da das Diebes- und Räuberunwesen während des ganzen Mittelalters für die Rechtspflege offenbar ein besonderes Problem darstellte[258]). Bis in das späte Mittelalter gehörte Diebstahl (furtum, zuweilen auch „latrocinium" genannt)[259]) zu den schimpflichsten Verbrechen und wurde mit den schwersten Strafen geahndet[260]). In der merowingischen Bestallungsformel für Grafen wurde die Bekämpfung des Räuberunwesens dem Grafen besonders eingeschärft[261]). Da aber die Diebe von der Justiz offenbar nicht mit der Strenge behandelt wurden, die Stammesrecht und Kapitularien anzuwenden geboten, mußten ihretwegen immer wieder besondere Weisungen an die Amtswalter ergehen.

Oft kam es vor, daß ein Dieb, nach dem im Sprengel eines Grafen gefahndet wurde oder über den ein Missus oder Graf den Vorbann verhängt hatte[262]), einfach im Gebiet eines anderen Grafen untertauchte; daher wurden die Grafen angewiesen, ihren Nachbargrafen von der Verhängung des Vorbanns jeweils Mitteilung zu machen, damit diese die Gebannten nicht aufnähmen[263]). Nach einem späteren Kapitular hatte der Graf oder Missus, in dessen Gebiet ein mit dem Vorbann Belegter geflohen war, diesen zu ergreifen und dem Vorbannrichter auszuliefern, der neben dem Geschädigten

---

[257]) Vgl. Capit. a miss. domin. ad comit. dir., 801—813, c. 2, 6 (Cap. I, 184); Capit. Aquisgran., 829, c. 7 (Cap. I, 149). Vgl. auch den Schöffeneid in Capit. miss. Wormat., 829, c. 2 (Cap. II, 15) und Capit. miss., 832, c. 5 (Cap. II, 64) sowie dazu *Oertel*, Unabhängigkeit, Sp. 77.

[258]) Zu den Ursachen (u. a. große Zahl der Unfreien, spärliche Besiedlung des Landes, Armut, Fehlen eines polizeilichen Apparates) vgl. *Sickel*, Beiträge, S. 522; *Waitz*, Verfassungsgeschichte, Bd. 4, S. 438; *Hirsch*, Hohe Gerichtsbarkeit, S. 16 ff.; *Radbruch-Gwinner*, Geschichte, S. 25.

[259]) *Brunner-v. Schwerin*, S. 826; *Schröder-v. Künßberg*, S. 385.

[260]) Vgl. *Brunner-v. Schwerin*, S. 825; *Pollock-Maitland*, S. 56.

[261]) Form. Marculfi I, Nr. 8 (MGH Form., S. 48). Nach *Brunner*, S. 232 ff., ist diese Verpflichtung offenbar als Abspaltung der allgemeinen Pflicht eines jeden Freien aufzufassen, einen Friedlosen zu ergreifen, zu binden und, falls er Widerstand leistet, zu töten. Dagegen vermutet *Scheyhing*, Eide, S. 6, daß die Bestallungsformel, die wohl nur im neustrisch-romanischen Reichsteil üblich war, aus dem weströmischen Recht stammt. Vgl. auch den Schwur bei II Cnut 21.

[262]) Zu den Wirkungen des Vorbanns vgl. *Brunner-v. Schwerin*, S. 609; sie ähneln denen der späteren Verfestung, vgl. *His*, Strafrecht, Teil 1, S. 433 ff.

[263]) Capit. Aquisgran., 809, c. 4 (Cap. I, 148).

einen Bußanspruch gegen den Gebannten hatte, wenn dieser sich aus dem Banne lösen wollte[264]).

Die Zentenare und Vikare sollten gegen Diebe, Räuber, Totschläger und andere, insbesondere handhafte[265]) Missetäter von Amts wegen vorgehen, um sie nach dem Gesetz zu bestrafen, und sie nicht wegen Schmeichelei oder Bestechung verbergen[266]). Sie sollten nicht zustimmen, wenn sich Diebe nach der Tat in Knechtschaft begeben wollen, um der Strafe zu entgehen, sondern vielmehr eine gerechte gerichtliche Entscheidung herbeiführen[267]). Beim ersten Diebstahl verlor der Täter ein Auge, beim ersten Rückfalldiebstahl die Nase, und bei einem erneuten Rückfalldiebstahl wurde er hingerichtet[268]).

Nachdrücklich wird den Unterbeamten der Grafen, die als deren Hilfsorgane für die Verwahrung und Hinrichtung von Verbrechern zu sorgen hatten[269]), verboten, zum Tode verurteilte Diebe aus Bestechlichkeit freizulassen[270]); andernfalls trifft sie die Strafe des Diebes, werden sie also ebenfalls hingerichtet. Es wird in diesem Zusammenhang betont, daß weder Graf noch Vikar einen von den Schöffen zum Tode Verurteilten begnadigen können.

Andere Regelungen hatte Karl der Große bereits früher für Italien und die Sachsen getroffen. Im „Capitulare Italicum" bestimmte er, daß ein Amtswalter, der einen ihm zur Hinrichtung übergebenen Dieb freilasse, den Diebstahl des freigelassenen Täters zur Hälfte aus der eigenen Tasche zu büßen habe[271]).

Für die sächsischen Grafen, die sich teilweise größerer Machtbefugnisse als die Grafen anderer Landesteile erfreuten[272]), galt, daß derjenige sein Amt verlieren sollte, der einen Dieb oder einen anderen Missetäter verbergen und der Aburteilung entziehen würde[273]).

---

[264]) Vgl. Capit. Carisiac., 873, c. 1 (Cap. II, 343) und zur Lösungsbuße: Capit. Aquisgran., 801—813, c. 13 (Cap. I, 172) sowie *Brunner-v. Schwerin,* S. 610.

[265]) Vgl. *Brunner,* Abspaltungen, S. 80.

[266]) Capit. miss. gener., 802, c. 25 (Cap. I, 96).

[267]) Capit. Aquisgran., 801—813. c. 15 (Cap. I, 172).

[268]) Capit. Harist., 779, c. 23 (Cap. I, 51).

[269]) Vgl. *Sohm,* Reichs- und Gerichtsverfassung, S. 257; *Waitz,* Verfassungsgeschichte, Bd. 4, S. 503. Nach Capit. Aquisgran., 801—813, c. 11 (Cap. I, 171) sollen sie Galgen haben.

[270]) Capit. Aquisgran., c. 13 (Cap. I, 172): Ut vicarii munera ne accipiant pro illos latrones, qui ante comite iudicati fuerint ad mortem; quod si hoc perpetraverint, tale iudicium sustineant, sicut et latro iudicatus fuit. Hierauf verweist wohl auch die Missalinstruktion Capit. miss., 819, c. 20 (Cap. I, 290); a. A. Boretius, Cap. I, S. 290, Anm. 22.

[271]) Capit. Ital., 801, c. 4 (Cap. I, 205).

[272]) Vgl. *Brunner-v. Schwerin,* S. 266.

[273]) Capit. de part. Saxoniae, 775—790, c. 24 (Cap. I, 70): Similiter si comis eum absconderit et ad iustitiam faciendam praesentare noluit et ad hoc excusare non potest, honorem suum perdat.

2. Kapitel

Das Stammesrecht der Langobarden

I. Die Gerichtsverfassung der Langobarden bis 774

Die entscheidende Gerichtsgewalt nächst dem König, der auch bei den Langobarden wie bei allen germanischen Stämmen der höchste Richter war, hatten zur Zeit der ersten Aufzeichnung langobardischen Rechts durch König Rothari im 7. Jahrhundert die Herzöge (duces)[274]) inne; bei ihnen war die höchste richterliche, polizeiliche und militärische Gewalt eines bestimmten Bezirks (civitas) vereinigt[275]). Ursprünglich waren sie vom König bestellt und dessen Vertreter; doch konnten sie schon früh eine gewisse Erblichkeit ihrer Würde und weitgehende Unabhängigkeit in ihren Dukaten durchsetzen[276]).

Daneben dürften bereits zu Zeiten Rotharis auch den Gastalden, die das Krongut des Königs betreuten und unter deren Aufsicht untere Amtswalter (actores) die einzelnen Höfe des Königs verwalteten[277]), beschränkte richterliche und polizeiliche Rechte zugestanden haben[278]). Die Gastalden waren vom König völlig abhängig; sie durften während ihrer Amtszeit ohne dessen Erlaubnis nichts für sich selbst erwerben und galten als die eigentlichen Wahrer der königlichen Interessen[279]). Aus den Kapiteln 23 und 24 des Edikts Rotharis ergibt sich deutlich, daß Herzog und Gastalde eine Art gegenseitiger Kontrolle ausübten, bei der allerdings die Position des Herzogs etwas stärker war[280]).

Unter den Nachfolgern Rotharis wurde das Gastaldat gewissermaßen als Gegengewicht gegen die Macht der Herzöge erheblich gestärkt und der Aufgabenbereich der Gastalden erweitert[281]). Herzog und Gastalde standen

---

[274]) Vgl. *v. Bethmann-Hollweg*, Civilprozess, Bd. 1, S. 343; *Sohm*, a. a. O., S. 24 ff.; *Salvioli*, Storia, S. 203. Mit den fränkischen Herzögen sind die langobardischen nicht vergleichbar, vgl. *Mitteis-Lieberich*, S. 49.

[275]) Vgl. *Pabst*, Geschichte, S. 440; *v. Amira*, Grundzüge, S. 118; *Salvioli*, a. a. O., S. 204; *Besta*, Storia, S. 281 ff.

[276]) Vgl. *Pabst*, a. a. O., S. 431, 456; *Pertile*, Storia, Bd. 1, S. 108 f. Über ihre besondere Stellung vgl. auch *v. Halban*, Das römische Recht, 2. Teil, S. 154 f.

[277]) Vgl. *Hegel*, Städteverfassung, Bd. 1, S. 456; *Pabst*, a. a. O., S. 443, 463; *Hartmann*, Geschichte Italiens, Bd. 2, 2. Hälfte, S. 37 f.; *Mayer*, Italienische Verfassungsgeschichte, Bd. 2, S. 269.

[278]) Vgl. *Pabst*, a. a. O., S. 450; *v. Halban*, a. a. O., S. 158 f.

[279]) Vgl. Roth. 375; *Pabst*, a. a. O., S. 443; Sohm, a. a. O., S. 24 ff.; *Salvioli*, a. a. O., S. 203.

[280]) Vgl. *Hegel*, a. a. O., S. 457; *Pabst*, a. a. O., S. 451; *Pertile*, a. a. O., S. 108.

[281]) Vgl. *Pabst*, a. a. O., S. 462 ff.; *v. Halban*, a. a. O., S. 159; *v. Amira*, a. a. O., S. 118.

nicht mehr in einer „civitas" nebeneinander, sondern jeder Amtswalter verwaltete ein eigenes Gebiet, das im Edikt mit „iudicaria" bezeichnet wird[282]). „Iudex" wurde die regelmäßige Bezeichnung für beide Amtswalter[283]), während der Ausdruck „dux" in der umfangreichen Gesetzgebung Liutprands nicht ein einziges Mal erscheint. Herzog und Gastalde hatten als „iudices" auch den Heerbann und vertraten den König in seiner allgemeinen Schutzgewalt über Frauen und Waisen[284]).

Ungeklärt waren lange Zeit Herkunft und Stellung des „sculdahis". Die ältere Lehre nahm an[285]), er sei unter König Liutprand als Unterrichter des „iudex" in die Rechtspflege eingedrungen; das ganze Reich sei schließlich in Schultheißenbezirke (Skuldasien) eingeteilt gewesen. Die grundlegenden Forschungen des Historikers Fedor *Schneider* haben jedoch erwiesen, daß es niedere Gerichtsbezirke innerhalb der „civitas" keineswegs überall gegeben hat[286]). Der „sculdahis" ist vielmehr — ebenso wie der fränkische Zentenar — aus der römisch beeinflußten Heeresorganisation hervorgegangen und hatte dann von den auf Königsland angesiedelten Arimannen die Abgaben für den Fiskus einzutreiben[287]). Solche Arimannensiedlungen befanden sich aber als Wehrschutz ausschließlich an den Grenzen des Reiches[288]); nur dort findet sich daher unter dem „iudex" der „sculdahis" mit niederer Gerichtsbarkeit, während in den übrigen Gebieten die Bevölkerung unmittelbar der Gerichtsgewalt des „iudex civitatis" unterstand[289]).

Während es im vorigen Jahrhundert noch umstritten war, ob bei den Langobarden ebenso wie bei den Franken Mitglieder der Gerichtsgemeinde als Urteilsfinder an der Rechtsfindung beteiligt waren[290]), hat sich heute die Ansicht durchgesetzt, daß es im langobardischen Gericht besondere Urteilsfinder nach Art der Rachimburgen, ja überhaupt eine Gerichtsversammlung nicht gegeben hat[291]). Erst im Laufe des 9. Jahrhunderts habe sich die dem

---

[282]) Vgl. Liutpr. 27, 44; Ratchis 1, 3. Weiter *Pabst,* a. a. O., S. 482; *Pertile,* a. a. O., S. 113.

[283]) Vgl. *Schneider,* Entstehung, S. 116; *Solmi,* Storia, S. 177. Noch *v. Savigny,* Geschichte, Bd. 1, S. 282, sah in der Bezeichnung „iudex" die Übersetzung eines unbekannten langobardischen Titels.

[284]) Liutpr. 74, 75.

[285]) Vgl. *Hegel,* a. a. O., S. 451; *Pabst,* a. a. O., S. 84 f.; *Salvioli,* a. a. O., S. 204; *Pertile,* a. a. O., S. 107; *Brunner-v. Schwerin,* S. 246 f.

[286]) Vgl. *Schneider,* a. a. O., S. 119, 130 f.

[287]) *Schneider,* a. a. O., S. 125 f. In diesem Punkt treffen sich die Forschungsergebnisse Schneiders mit den Auffassungen Dannenbauers hinsichtlich des fränkischen Zentenars. Herkunft und Stellung des „sculdahis" entsprechen der des „centenarius"; den Arimannen entsprechen die fränkischen Königszinser, vgl. *Dannenbauer,* Hundertschaft, S. 214 ff.

[288]) Vgl. *Schneider,* a. a. O., S. 124 ff.

[289]) *Schneider,* a. a. O., S. 131.

[290]) Vgl. *v. Savigny,* a. a. O., S. 253; *Hegel,* a. a. O., S. 468 ff.; *Pabst,* a. a. O., S. 449; *Pertile-del Giudice,* Storia, Bd. 6, Teil 1, S. 22 ff.

[291]) Vgl. *v. Bethmann-Hollweg,* Städtefreiheit, S. 68; *Brunner,* Schwurgerichte,

langobardischen Recht fremdartige Unterscheidung von Richtern und Urteilern bemerkbar gemacht[292]). Bis dahin sei das langobardische Gericht mit einem selbsturteilenden Einzelrichter besetzt gewesen und lediglich in wichtigeren Rechtsfällen habe man erhöhte Sicherheit bei der Rechtsfindung in einem Richterkollegium gesucht[293]).

II. Rechtspflegedelikte in den Gesetzbüchern König Rotharis und seiner Nachfolger[294])

1. Der Edictus Rothari

Im Gegensatz zu den Gesetzen der nachfolgenden Könige enthält Rotharis im Jahre 643 erlassenes Gesetzbuch[295]) keine allgemeinen Bestimmungen über die Amtspflichten der Richter; ebenso beschäftigen sich nur wenige Kapitel mit Rechtspflegevergehen von richterlichen Amtswaltern.

Wenn der Herzog oder der an seiner Stelle eingesetzte Richter[296]) einem Angehörigen des Heeres nicht zu seinem Recht verhilft[297]), dann soll er dem König und dem Kläger (je) 20 sol. büßen und die Sache soll weiterhin anhängig bleiben[298]). Die Formulierung des Kapitels „veritatem aut iustitiam non servaverit" läßt offen, welcher Verstoß des Amtswalters „gegen Wahrheit und Gerechtigkeit" gemeint war. Denkbar sind Justizverweigerung und Justizverschleppung[299]), aber auch falsches Urteil oder schikanöse Behandlung. Es dürfte dem Wortlaut und dem Sinn der Stelle am meisten entsprechen, sie auf alle Fälle nicht ordnungsgemäßen richterlichen Verhaltens zu beziehen, das den klägerischen Anspruch irgendwie beeinträchtigte[300]).

S. 56; *Ficker*, Forschungen, Bd. 3, S. 181 ff.; *Salvioli*, a. a. O., S. 201. Dies wird nicht auf römischen Einfluß zurückgeführt, vgl. *v. Halban*, a. a. O., S. 161 f.

[292]) Vgl. *Ficker*, a. a. O., S. 232; *Brunner-v. Schwerin*, S. 302.

[293]) Vgl. *Ficker*, a. a. O., S. 189; *Brunner*, S. 207.

[294]) Der besondere Aufbau des Edictus Langobardorum, der nicht wie die anderen kontinentalen Stammesrechte in einem einzigen Gesetzgebungsakt entstanden, sondern aus den Rechtsschöpfungen der Könige seit Rothari zusammengesetzt ist, bedingt auch einen anderen methodischen Aufbau dieses Abschnittes. Wir wählen als Haupteinteilungspunkte nicht wie bisher und später einzelne Tatbestände von Rechtspflegedelikten, sondern gliedern nach der zeitlichen Entstehung der einzelnen Teile des Edikts.

[295]) Vgl. über den Edikt *Brunner*, S. 530 ff.; *Schröder-v. Künßberg*, S. 265 ff.; *Buchner*, Rechtsquellen, S. 33 ff.

[296]) Nach *Pabst*, a. a. O., S. 446, 463 f., war das der Gastalde.

[297]) Daß es sich um eine Spezialregelung für Streitigkeiten im Heer handelte, ergibt auch Lib. Pap. Expos. zu Roth. 25 (MGH, LL Bd. 4, S. 301). Zum Liber Papiensis und der Expositio vgl. *Brunner*, S. 562 f.; *Schupfer*, Manuale, S. 256, 259.

[298]) Roth. 25: ... et si dux illi aut iudex, qui in loco ordinatus a rege, veritatem aut iustitiam non servaverit, conponat regi et, cui causa est, solidos viginti causa manente.

[299]) So *Cohn*, Justizverweigerung, S. 118.

[300]) Aus der Formel der lombardischen Juristen ergibt sich, daß sie c. 25 als

Die Buße von 20 sol., die neben dem 12-sol.-Satz die untere Einheit des langobardischen Bußtaxensystems bildete[301]), ist recht niedrig und deutet darauf hin, daß der Fall für nicht sehr bedeutsam erachtet wurde. Unsicher ist nach dem Wortlaut der Stelle, ob König und Kläger je 20 sol. erhalten oder ob die 20 sol. unter beiden aufgeteilt werden sollen. In anderen Bestimmungen ist zumeist die für das langobardische Recht charakteristische[302]) Aufteilung ausdrücklich vorgesehen. Aber auch in c. 25 sollen die 20 sol. vermutlich der Gesamtbetrag sein, zumal die Bemerkungen des Liber Papiensis ebenfalls von der Aufteilung der genannten Summe ausgehen[303]).

Eine höhere Buße von 20 sol. allein an den König setzt c. 150 des Edikts für den Fall fest[304]), daß ein Richter in einer Sache, in der wegen Zerstörung einer Mühle oder einer Schleuse Klage erhoben wurde, die Entscheidung hinausschiebt oder nachträglich dem Gegner die Erlaubnis zum Abreißen der Mühle erteilt[305]). Die Bestimmung betrifft offenbar wasser- und nachbarrechtliche Streitigkeiten und soll verhindern, daß in solchen Rechtssachen die Entscheidung auf die lange Bank geschoben wird[306]). Vor dem Abreißen von Mühlen und Schleusen soll immer rechtzeitig eine richterliche Ermächtigung eingeholt werden[307]); nachträglich soll diese Erlaubnis unter keinen Umständen erteilt werden, selbst wenn derjenige, der Selbsthilfe übte, im Recht war. Eigenmächtiges Handeln und Selbsthilfe sollen also in solchen Fällen vom Richter nicht noch unterstützt werden, zumal wasserrechtliche Streitigkeiten die Interessen der Allgemeinheit berührten. Das ist vermutlich der eigentliche Grund für das Verbot der nachträglichen richterlichen Genehmigung des eigenmächtigen Handelns und für die Forderung nach schneller Entscheidung der Sache; daher geht die Buße von 20 sol. auch allein an den König und ist vom „stolesaz" zu dessen Gunsten einzuziehen[308]), während eine der Parteien an der Komposition nicht beteiligt ist[309]).

Fall der Justizverweigerung auffaßten, vgl. Lib. Pap. (MGH, LL Bd. 4, S. 300). Ebenso die Expos. zum Lib. Pap. (MGH, LL Bd. 4, S. 301).

[301]) Höchster Satz waren 1200 sol. für Tötung eines freien Weibes, Roth. 201.

[302]) Vgl. *Osenbrüggen*, Strafrecht der Langobarden, S. 25; *Brunner-v. Schwerin*, S. 807.

[303]) Lib. Pap. (MGH, LL Bd. 4, S. 300): Id est, XX solidi dividantur inter regem et actorem.

[304]) Roth. 150: ... Et si iudicem interpellaverit, et iudex dilataverit ipsa causa deliberare, aut licentiam dederit . . . conponat solidos 20 in palatio regis, districtus ab stolesazo.

[305]) F. *Beyerle*, Entwicklungsproblem, S. 334, nimmt m. E. zu Unrecht an, daß in diesem Fall eine gleich hohe Buße auch an die Partei zu entrichten war.

[306]) Vgl. Liber legis regum Langobardorum, Concordia dictus, c. XVI, Überschrift (MGH, LL Bd. 4, S. 249) und den Zusammenhang der Stelle mit Roth. 151. Vgl. auch *Mayer*, Italienische Verfassungsgeschichte, Bd. 2, S. 75.

[307]) Vgl. *Koehne*, Recht der Mühlen, S. 32.

[308]) Vgl. zu diesem Amtswalter *Solmi*, Storia, S. 171; *Besta*, Storia, S. 296. Vermutlich war es ein königlicher Hausbeamter, durch den die Buße unmittelbar in die Kasse des Königs gelangte, während sonst die dem König zustehenden Bußsummen

Einen anderen Fall behandelt der Edikt in c. 251: Ein „sculdahis", der zögert, auf Antrag eines Gläubigers beim Schuldner zugerittene Pferde oder „jochgewohnte" Kühe und Rinder zu pfänden und beim Gläubiger bis zur Tilgung der Schuld einzustellen, hat 12 sol. an die Königspfalz zu zahlen[310]). Der Beschwerdeführer geht wiederum leer aus; erst in späterer Zeit dürfte — nach den lombardischen Juristen[311]) — dem Gläubiger die Hälfte der Buße zugesprochen worden sein.

Die Ahndung der Pfändungsverzögerung gerade bei Zugviehpfändung ist vermutlich darauf zurückzuführen, daß sich der Gläubiger in diesem Fall in einer besonders unangenehmen Lage befand. Die sonst zulässige Pfandnahme ohne Erlaubnis des Richters war nämlich bei Schweineherden und Zugvieh[312]) streng verboten[313]). Zugerittene Pferde und Zugvieh durften nur mit Erlaubnis des Königs gepfändet werden[314]), es sei denn, der Schuldner war völlig mittellos; dann konnte der Schultheiß (sculdahis) pfänden[315]). Der Gläubiger, der bei Pfändung von Pferden und Zugvieh ohnehin einen sonst insolventen Schuldner hat und keine Privatpfändung vornehmen darf, soll nun nicht auch noch durch Saumseligkeit des Schultheißen geschädigt werden. Die gegenüber c. 25 und 150 geringere Buße von nur 12 sol. dürfte in der niedrigeren Rangstufe des Schultheißen begründet sein[316]).

Mit Strafe bedroht der Edikt schließlich noch denjenigen Richter, der einen anderen anstiftet, eine Aldin oder eine Magd als angebliche Hexe zu töten[317]). Er hat dann wie ein Alleintäter die dem Angestifteten angedrohte Buße von über 100 sol. aus eigener Tasche zu bezahlen. Diese Bestimmung hatte wohl weniger Bedeutung für den unmittelbaren Bereich der Rechtspflege als für den „polizeilichen" Aufgabenbereich des langobardischen Richters, der vermutlich leicht geneigt war, angebliche Hexen, die in der abergläubischen Bevölkerung seines Bezirks Unruhe stifteten, kraft seiner Polizeigewalt beseitigen zu lassen. Da der Gesetzgeber — wahrscheinlich unter

---

an die Gastalden bei den königlichen Curtes einzuzahlen waren, vgl. *Pabst*, Geschichte, S. 444; *Mayer*, a. a. O., S. 184; F. Beyerle, Gesetze der Langobarden, Glossar, S. 506.

309) Vgl. auch die Formel des Lib. Pap. (MGH, LL Bd. 4, S. 316), nach der allein der „advocatus de parte publica" klagt.

310) Vgl. zu Roth. 251 auch *Pertile-del Giudice*, Storia, Bd. 6, Teil 2, S. 352.

311) Vgl. Lib. Pap. zu Roth. 251 (MGH, LL Bd. 4, S. 362) und Expos. § 3 (ebenda, S. 362).

312) Vgl. zur Zugviehpfändung *v. Meibom*, Pfandrecht, S. 191, Anm. 4; *Wach*, Arrestprozeß, S. 20, 22, Anm. 15.

313) Roth. 249, 250, die den Schutz der Bauern bezweckten, vgl. *Brunner-v. Schwerin*, S. 590; F. Beyerle, a. a. O., S. 478. Bis in die karolingische Zeit wurde an dieser Regelung festgehalten, vgl. Lib. Pap. zu Roth. 76 (MGH, LL Bd. 4, S. 553).

314) Roth. 250. Deshalb fällt die vom Schultheiss nach c. 251 verwirkte Buße wohl an den König allein.

315) Roth. 251.

316) Vgl. *Cohn*, Justizverweigerung, S. 120.

317) Roth. 376.

christlichem Einfluß — den Hexenglauben zurückdrängen will, soll es keine legale Möglichkeit geben, eine Frau auf Verdacht hin als Hexe umzubringen[318]). Bemerkenswert an dieser Bestimmung ist vor allem, mit welcher Bestimmtheit in ihr der Hexenglaube zurückgewiesen wird, und daß sie das Handeln auf einen bindenden Befehl des Vorgesetzten hin nicht dem Handelnden, sondern dem Vorgesetzten zurechnet[319]).

2. *Die Gesetze König Liutprands (712—744)*[320])

a) Justizverweigerung

Während die wenigen einschlägigen Bestimmungen im Edikt Rotharis zeigen, daß der ordnungsgemäße Ablauf der Rechtspflege nur durch wenige deliktsrechtliche Normen gesichert war, wird unter König Liutprand der Umfang der Befugnisse, aber auch die Verantwortlichkeit der Amtswalter für Promptheit und Sauberkeit der Rechtspflege größer[321]). Die von Rothari begonnene rein kasuistische Regelung der Rechtspflegedelikte wird in einigen Punkten durchbrochen und durch Bestimmungen ergänzt, die einen weiten Bereich der Rechtspflege erfassen. Zum erstenmal erscheinen Mahnungen zu gerechter und besonnener Rechtsprechung, besonders im Zusammenhang mit den Rechtsangelegenheiten Minderjähriger, die der besonderen Fürsorge des Richters anempfohlen werden[322]). Auffällig sind auch die mehrfachen Hinweise auf die Verantwortlichkeit des Richters vor Gott, wie überhaupt das religiöse Moment in der Rechtspflege stark betont wird[323]). Kirchliche Einflüsse sind vornehmlich dort bemerkbar, wo es gilt, gegen heidnische Bräuche vorzugehen.

Eine grundlegende Neuerung liegt darin, daß Liutprand in den c. 25—27 seiner Zusätze zum Edikt, die nach Ansicht von Nino *Tamassia* vom westgotischen Recht beeinflußt sind[324]), zum erstenmal versucht, nicht durch kasuistische, sondern durch allgemeine Bestimmungen eine rasche Behandlung der anhängigen Streitsachen zu erreichen[325]).

---

[318]) Vgl. dazu *Vordemfelde,* Religion, S. 148; *Blum,* Recht, S. 28, 56.

[319]) Der auf Befehl des Richters hin Handelnde braucht nämlich nichts zu zahlen, wie auch die Glosse der lombardischen Juristen ergibt: Lib. Pap. zu Roth. 376 (MGH, LL Bd. 4, S. 394).

[320]) Die von den Nachfolgern Rotharis erlassenen Gesetze stellten Nachträge zu dessen Edikt dar, vgl. *Brunner,* S. 533.

[321]) Vgl. *Pabst,* Geschichte, S. 488; *Osenbrüggen,* Strafrecht der Langobarden, S. 57.

[322]) Liutpr. 75, 149.

[323]) Vgl. Liutpr. 85 in Zusammenhang mit den Vorsprüchen zu den Satzungen des 15. Regierungsjahres.

[324]) Vgl. *Tamassia,* Westgotisches Recht, S. 158. Zum Einfluß fremder Rechte auf das langobardische Recht im allgemeinen vgl. *Schupfer,* Manuale, S. 113 ff.; *del Giudice,* Diritto romano, passim.

[325]) Später wurden diese Kapitel auch in den sog. Lombarda-Kommentaren ausführlich behandelt, vgl. Ariprand II, 41 (Anschütz, S. 153 f.).

Nach c. 25 muß der Schultheiß eine Streitsache binnen 4 Tagen behandeln, wenn beide Parteien seinem Amtssprengel angehören; andernfalls muß er dem Kläger 6 sol. und seinem vorgesetzten Richter ebenfalls 6 sol. zahlen[326]). Bei mangelnder Kompetenz[327]) muß der Schultheiß die Parteien an seinen vorgesetzten Richter weiterweisen[328]), wenn er nicht die bereits genannten Bußen verwirken will. Gehören die Parteien zwar zur gleichen „iudicaria", aber zu verschiedenen Schultheißenbezirken (Skuldasien), dann soll der Schultheiß des Klägers diesen mit einem Boten oder einem Brief zum Schultheißen des Beklagten schicken[329]); dieser zuständige Schultheiß hat dann wiederum entsprechend c. 25 4 Tage Zeit zur Entscheidung oder 6 Tage zur Verweisung an den vorgesetzten Richter, wenn er nicht dem Kläger und seinem „iudex" bußfällig werden will.

Auch für eine prompte Behandlung der Rechtssachen in der Mittelinstanz der „iudices" wird gesorgt. Binnen 6 Tagen soll der Richter den vom Schultheißen an ihn verwiesenen Parteien Recht verschaffen oder sie binnen 12 Tagen vor das Königsgericht bringen, falls er unzuständig ist[330]). Ist der Richter mit der Entscheidung säumig, hat er an den Kläger 12 sol., ist er mit der Verweisung an den König säumig, hat er dem Reklamanten[331]) 12 sol. und dem König 20 sol. an Buße zu zahlen[332]). Wohnen die Parteien nicht in derselben „iudicaria", so ändern sich die Fristen und die Höhen der Bußen[333]). Der Kläger muß ein Schreiben seines persönlichen Richters dem Richter im Gerichtsbezirk des Beklagten überbringen. Der auf diese Weise angegangene „iudex" hat binnen 8 Tagen zu entscheiden oder den Beklagten anzuhalten, vor dem Königsgericht zu erscheinen. Unterläßt er beides, so hat er dem Beschwerdeführer und dem König je 20 sol. zu zahlen[334]).

---

[326]) Liutpr. 25: ... tunc conponat ei, qui causam suam reclamavit, ipse sculdahis solidos numero sex, et iudici suo similiter solidos sex.

[327]) In diesem Sinne ist das „quod ipse sculdahis deliberare menime possit" in Liutpr. 25 und auch das „deliberare non posse" in Liutpr. 26, 27 auszulegen, vgl. *Schupfer*, Istituzioni, S. 363; *Ficker*, Forschungen, Bd. 1, S. 280, Anm. 1; *Pertile-del Giudice*, a. a. O., Bd. 6, Teil 1, S. 21, Anm. 2; a. A. *v. Bethmann-Hollweg*, Städtefreiheit, S. 71, der es auf Unwissenheit des Schultheißen bzw. des Richters bezieht.

[328]) Lib. Pap. Expos. § 1 zu Liutpr. 25 (MGH, LL Bd. 4, S. 419) nennt eine Frist von 6 Tagen, die in Liutpr. 25 nicht genannt ist.

[329]) Liutpr. 26.

[330]) Liutpr. 25, 26. Vgl. auch Anm. 327.

[331]) Liutpr. 26: ... illi, qui causam suam reclamavit ... ; das konnte auch der Beklagte sein. F. Beyerle, Gesetze der Langobarden, S. 197, übersetzt: dem *Kläger*.

[332]) Liutpr. 26: ... et iudex conponat illi, cuius causa est, solidos numero duodecim, et regi solidos numero 20. *Papst*, a. a. O., S. 488, glaubt, der säumige Amtswalter habe auch noch den durch sein Verhalten entstandenen Schaden ersetzen müssen, erbringt jedoch für diese Behauptung keinen auf Quellen beruhenden Beweis.

[333]) Liutpr. 27.

[334]) Liutpr. 27: . . . nam si aliter fecerit et distringere neglexerit, conponat,

In feiner systematischer Weise sind damit alle denkbaren Fälle der Justizverweigerung erfaßt und unter Berücksichtigung der Besonderheiten bei den verschiedenen Gerichtshaltern geregelt. An Einzelheiten erkennt man die exakte Ausarbeitung. Auf der untersten Zuständigkeitsebene kann der Schultheiß den Kläger mit einem Brief oder einem Boten zum Schultheiß des Beklagten schicken, während der „iudex" einen Brief mitgeben soll. Man scheint also sehr wohl bedacht zu haben, daß zwar nicht ein Schultheiß, wohl aber ein „iudex" — immerhin ein Herzog oder Gastalde — des Schreibens kundig sein mochte oder jedenfalls einen Gerichtsschreiber zur Verfügung haben würde. Über diese förmliche Genauigkeit hinaus, die noch nicht durch die Langatmigkeit der späteren Gesetze Liutprands beeinträchtigt ist, zeichnen sich die c. 25—27 durch eine treffende Differenzierung der verschiedenen Zuständigkeitsebenen aus. Fristen und Bußtaxen ändern sich mit jeder Instanz und erhöhen sich von 4 über 6 auf 8 Tage und von 6 über 12 (20)[335]) auf 20 sol.

Auffällig ist die Regelung, daß der säumige Amtswalter neben dem Kläger oder Reklamanten auch seinem vorgesetzten Richter statt wie bisher dem König eine Buße verwirkt. Diese Bußleistung an den Vorgesetzten begegnet auch in anderen Bestimmungen Liutprands bei Unregelmäßigkeiten in der Amtsführung[336]). Zum Teil ist diese Regelung vermutlich durch die unter Liutprand veränderte Gerichtsorganisation veranlaßt worden[337]), durch die der Schultheiß, der noch unter Rothari in erster Linie Bußen einzutreiben hatte, zum Unterrichter in den Arimannengebieten aufgerückt ist. Wegen der Mittelinstanz der „iudices" stand der Schultheiß nun nicht mehr direkt unter dem König, sondern unter einem „iudex", an den die im Amt verwirkten Bußen zu entrichten waren.

b) Falschurteilen

Weniger Aufmerksamkeit als der Justizverweigerung widmete Liutprand dem Problem des Falschurteilens, das in c. 28 behandelt wird. Der Richter, der gegen das Gesetz geurteilt hat, muß 40 sol., zur Hälfte an den König und zur Hälfte an den Reklamanten, zahlen[338]). Gerade c. 28 hatte aber be-

---

sicut supra dictum est, solidos 40, medietatem regi et medietatem ei, qui causam reclamavit.

[335]) Liutpr. 25 enthält eine Abweichung von der sonst üblichen gleichmäßigen Aufteilung der Bußen, vgl. *Wilda*, Strafrecht, S. 107; *Stobbe*, Rechtsquellen, S. 127.

[336]) Vgl. Liutpr. 44, 85.

[337]) Vgl. vorn S. 40; *Papst*, Geschichte, S. 482; *Hegel*, Städteverfassung, Bd. 1, S. 451 f.

[338]) Liutpr. 28: ... Et si iudex contra legem iudicaverit, conponat solidos quadraginta, medietatem regi et medietatem, cuius causam fuerit. Et si forsitans iudex causam per arbitrium iudicaverit, et iudicium eius rectum non comparuerit, non sit culpabilis, nisi prebeat sacramentum regi, quod non iniquo animo aut corruptus a premio causam ipsam non iudicassit, nisi sic ei legem conparuissit; et sit absolutus. Nam si iurare non presumpserit, conponat, ut supra dictum est.

sondere Bedeutung für die Fortentwicklung des Rechts und zeugt von der hohen Stufe der langobardischen Rechtskultur. Es ist weniger die erstmalige Erwähnung der richterlichen Bestechlichkeit im langobardischen Recht, die die Stelle auszeichnet, als vielmehr die hier zum erstenmal grundsätzlich und ausdrücklich anerkannte richterliche Entscheidungsfreiheit, so daß Ermessensentscheidungen in der Regel auch dann keine nachteiligen Folgen für den Richter haben, wenn sich der Richterspruch als unrichtig erweist. Die genannte Buße von 40 sol. bei Falschurteil wird nämlich nur dann verwirkt, wenn gegen eine ausdrückliche Bestimmung des Edikts geurteilt wurde. Darüber hinaus kann der Richter, der mangels gesetzlicher Bestimmungen eine Ermessensentscheidung traf[339]), die sich als unrichtig herausstellt, dem König einen Eid schwören, daß er nicht in unrechter Gesinnung oder aus Bestechlichkeit in der Sache falsch entschieden habe, sondern weil es ihm so recht geschienen habe[340]). Entsprechend ist es auch gefahrlos für eine Partei, eine Sache, in der der Richter „per arbitrium“ entschieden hat, vor das Königsgericht zu ziehen, während sie mit 20 sol. dem Richter gegenüber bußfällig wird, wenn sie sich mit einer Entscheidung, die nach dem Wortlaut des Edikts rechtmäßig ergangen ist, nicht zufrieden gibt[341]).

c) Sonstige Fälle

Der mit der Rechtspflege unmittelbar zusammenhängende Bereich der „polizeilichen“ Aufgaben, der auch zur Zuständigkeit der Schultheißen und Richter gehörte, wird in wichtigen Punkten gegenüber Fehlleistungen der Amtswalter ebenfalls abgesichert. Im Vordergrund steht die Beschleunigung der Tätigkeit der Amtswalter, zumal die in jener Zeit häufigen Fälle von Diebstahl, Raub und Weglaufen vom Herrn promptes Eingreifen der Richter und Schultheißen erforderten. Auch hier findet sich der Fall, daß eine übergeordnete Instanz von den im Amt verwirkten Bußen der untergeordneten Amtswalter profitiert.

Nach c. 44 haben Rottenführer (degani) und Förster (saltarii)[342]), die säumig sind, flüchtige Knechte und unerlaubt Zugezogene aufzuspüren und dem Schultheiß vorzuführen, diesem 2 sol. und dem Herrn des Knechts ebenfalls 2 sol. zu zahlen, während sie für jede Festnahme 2 sol. als Belohnung erhalten. Auf der nächsten Zuständigkeitsstufe ist Säumnis schon höher zu büßen. Der Schultheiß hat 8 sol. zu zahlen, 4 an seinen Richter und

---

[339]) Vgl. *Ficker*, Forschungen, Bd. 1, S. 280; *Pabst*, Geschichte, S. 486. Nach der Angliederung des Langobardenreiches an das Imperium Karls des Großen dürfte wohl die fränkische Vorschrift, nach der eine in den Gesetzen nicht geregelte Sache an den König zu verweisen war, übernommen worden sein, vgl. *Ficker*, a. a. O., S. 281.

[340]) Vgl. *Zorn*, Beweisverfahren, S. 19.

[341]) Liutpr. 28.

[342]) Bei diesen Personen handelt es sich um die untersten Rangstufen der staatlichen Amtswalter ohne richterliche Befugnisse, vgl. *Pabst*, a. a. O., S. 496 f.; *Pertile-del Giudice*, Storia, Bd. 6, Teil 1, S. 21, Anm. 1.

4 weitere an den Herrn des Knechts, wenn er die gefaßten und ihm überstellten Personen seinem Richter zu melden versäumt. Säumt schließlich der „iudex" mit dem Verhör der Gefaßten und der Benachrichtigung seiner Kollegen am Heimatort der Flüchtigen, so verwirkt er 12 sol. an die Königspfalz; das gleiche gilt für den benachrichtigten Kollegen, der nicht seinerseits binnen eines Monats die Herren der Knechte von deren Ergreifung benachrichtigt.

Immer neue Wege findet der Gesetzgeber, um in Angelegenheiten, die ihm besonders wichtig erscheinen, schleuniges Tätigwerden der Amtswalter zu erreichen. Zögern die genannten Amtswalter (Richter, Schultheiß, „deganus" und „saltarius") 3 Monate lang, nach Wahrsagern und Wahrsagerinnen zu fahnden, und werden solche schließlich durch andere Personen entdeckt, so muß der jeweils verantwortliche Amtswalter sein halbes Wergeld erlegen[343]). Hat einer dieser Amtswalter gar aus Bestechlichkeit oder Mildherzigkeit oder aus irgendeiner schlechten Gesinnung heraus die ihm bekannten Wahrsager nicht aufgespürt und verurteilt, so hat er sein volles Wergeld an den Fiskus zu zahlen[344]). Bei erfolgreicher Spürtätigkeit dagegen kann der Richter die ohne Mitteilung des Schultheißen aufgespürten Wahrsager und Wahrsagerinnen außer Landes verkaufen und den Erlös für sich behalten. Hat der Schultheiß sie entdeckt, teilen er und sein vorgesetzter „iudex" sich in den Verkaufserlös. Durch einen Eid auf die Bibel soll der Richter alle seine Unterbeamten zu besonderem Eifer bei der Fahndung nach Wahrsagern verpflichten[345]).

Noch in einem anderen Fall soll das Interesse der Amtswalter an schneller Beseitigung mißlicher Zustände dadurch erhöht werden, daß sie im Zusammenhang mit ihrer amtlichen Tätigkeit Menschen zu eigenem Profit außer Landes verkaufen können. Der Richter darf einen Dieb, der zweimal rückfällig wurde, außer Landes verkaufen und den Erlös für sich behalten[346]). Um jedoch den Eifer der Richter bei der Gewinnung zusätzlicher Einnahmen etwas zu dämpfen, wird ausdrücklich verlangt, daß der Fall klar erwiesen sei.

Andererseits muß der Richter einen Pferdediebstahl aus eigener Tasche büßen, wenn er bei der Ermittlung des Diebes nachlässig gewesen ist[347]). Auf

---

[343]) Liutpr. 85. Diese Bestimmung ist vermutlich auf kirchlichen Einfluß zurückzuführen, vgl. *v. Halban,* Das römische Recht, Teil 2, S. 121; *Pertile,* a. a. O., Bd. 5, S. 446.

[344]) Nach Liutpr. 62 hatten „iudex" und „sculdahis" ein Wergeld von 300 bzw. 150 sol.

[345]) Liutpr. 85: ... et ita volumus atque precepimus ut unusquisque sculdahis et saltarius atque deganus iurare debeat iudici suo ad sancta dei evangelia, quod in ista causa nullum neclictum ponant; . . .

[346]) Liutpr. 80. Beim 1. Rückfall wurde der Dieb kahl geschoren, ausgepeitscht und bekam ein Brandmal auf Stirn und Gesicht; vgl. auch *v. Halban,* a. a. O., S. 121; *Besta,* Storia, S. 283.

[347]) Liutpr. 81: ... Et si iudex neclectum fecerit ad inquirendum ipsum furtum, conponat de proprio suo furtum ipsum.

den Vorwurf der Nachlässigkeit hin kann er den Reinigungseid leisten, daß er bei der Untersuchung der Sache nicht nachlässig gewesen sei und das Diebesgut einfach nicht habe ermitteln können.

Schließlich ist noch auf eine von Liutprand in das Gesetzbuch eingefügte Bestimmung einzugehen, um die sich im Schrifttum des vorigen Jahrhunderts ein kleiner Meinungsstreit entwickelte und von der in diesem Zusammenhang behauptet wurde, daß sie ein Rechtspflegedelikt zum Gegenstand habe[348]): Nach c. 96 kann derjenige, der in einer Rechtssache einem „iudex", einem örtlichen Amtswalter (locopositus) oder einem Getreuen des Königs etwas übergeben hat, z. B. als streitbefangene oder zu hinterlegende Sache[349]), es zu Lebzeiten des Empfängers jederzeit mit der Behauptung zurückverlangen, daß es nicht ausgelöst worden sei. Der Empfänger muß ihm über die Sache Rechenschaft ablegen. Auch nach dem Tode des Empfängers kann der Hinterleger von dessen Söhnen oder Erben noch innerhalb eines Jahres Rechenschaftslegung verlangen[350]), wenn der Erblasser zu seinen Lebzeiten bereits verklagt oder wenn in dieser Angelegenheit beim König Beschwerde erhoben worden war, und wenn es offensichtlich ist, daß der Berechtigte den Erblasser belangen wollte, aber sein Recht nicht finden konnte. — In falscher Auslegung der Stelle hatte man ihr früher den Sinn beigelegt, daß bei Justizverweigerung gegen den Kläger keine Verjährung laufe[351]), obwohl dies doch bereits unter König Rothari anerkannt war[352]). *Davoud-Oghlou*, ein kolonialfranzösischer Forscher, hatte sogar die Ansicht vertreten, daß es um die Fortführung eines vom Richter verzögerten Prozesses gehe, die den Erben des Richters obliege[353]). Auch diese Meinung trifft nicht zu; denn Söhne oder andere Erben eines Richters konnten nicht einfach das Amt des Erblassers fortführen, da die Möglichkeit des Erbens einer Amtsstellung dem langobardischen Recht fremd war. In wieder anderer Auslegung glaubte *Pabst*, es handle sich in c. 96 weder um einen Fall der Justizverweigerung noch überhaupt um eine auf das Amt bezügliche Forderung, sondern um ein Rechtsgeschäft, an dem der Amtswalter als Privatperson beteiligt war[354]); aus dem ersten Satz der Bestimmung ergibt sich jedoch deutlich, daß der Fall gemeint ist, daß die Sache oder Geldsumme[355]) dem Amtswalter in amtlicher

---

348) Liutpr. 96.

349) Vgl. F. Beyerle, Gesetze der Langobarden, S. 261, Anm. 1. Die Wiedergabe der Stelle erfolgt im wesentlichen in Übereinstimmung mit der von F. Beyerle, a. a. O., S. 261, gebrauchten Übersetzung.

350) 1 Jahr ist die übliche Ausschlußfrist in Erbangelegenheiten, vgl. Roth. 361.

351) Vgl. *v. Bethmann-Hollweg*, Civilprozeß, Bd. 1, S. 392, unter irrtümlicher Zitierung von Liutpr. 94.

352) Vgl. Roth. 25.

353) Législation, Bd. 2, S. 140.

354) *Pabst*, Geschichte, S. 509.

355) *Cohn*, Justizverweigerung, S. 126, geht im Anschluß an die lombardischen Juristen nur von einer Geldsumme aus; auf c. 96 kann er sich nicht stützen.

Eigenschaft, nämlich wegen einer Rechtssache, übergeben worden war[356]). — Hauptursache der Meinungsverschiedenheiten bei der Auslegung des c. 96 ist die Doppelbedeutung des Ausdrucks „iustitiam facere", der nicht nur „urteilen", „richten", „Gerechtigkeit üben" oder „jemandem zu seinem Recht verhelfen" bedeutet, sondern auch „sich rechtfertigen", „sich einem Rechtsgenossen gegenüber verantworten"[357]). Nur in dieser letzten Bedeutung kann das „iustitiam facere" in c. 96 gebraucht sein, zumal doch in der ganzen Bestimmung kein Hinweis auf eine „hoheitliche" Betätigung der im ersten Satz des Kapitels genannten Personen in diesem Zusammenhang erscheint[358]). Der Kläger kann nach c. 96 ganz einfach von den Erben dieser Personen das zurückfordern, was er dem jeweiligen Erblasser im Zusammenhang mit einer Rechtssache (pro causa sua) gegeben hat, und der Erbe ist verpflichtet — ebenso wie es der Erblasser wäre, wenn er noch lebte —, dem Kläger „iustitiam facere", ihm Rechenschaft abzulegen und seinen Anspruch zu erfüllen, sofern er begründet ist.

3. Die Gesetze des Königs Ratchis (744—749)

Trotz der starken gesetzgeberischen Tätigkeit des Königs Liutprand auf dem Gebiet der Rechtspflege scheint eine durchgreifende Besserung in diesem Bereich nicht erreicht worden zu sein; denn der neue König Ratchis traf sogleich nach seiner Thronbesteigung vorläufige gesetzliche Anordnungen zur Regelung des Rechtspflegebetriebes im Langobardenreich.

Unter Mitwirkung seiner „iudices", aber ohne erst die Zustimmung der Volksversammlung einzuholen, erließ er im Jahre 744 drei „Verordnungen", in denen so recht sein Unwille und seine Besorgnis über die Lage in der Justiz zum Ausdruck kommen[359]). Die erste dieser „Verordnungen", in der sich der König heftig darüber beklagt, daß ihn die zahlreichen Beschwerdeführer und Rechtsuchenden sogar beim Kirchgang und beim Spazierritt belästigen, bestimmt, daß jeder Richter täglich in seiner Stadt Gericht halten müsse. Besonderen Wert legt der Herrscher darauf, daß die Richter die Termine persönlich wahrnehmen, weil sich offenbar sehr viele Richter einfach vertreten ließen[360]).

Schon aus der sprachlichen Diktion kann man herausspüren, wie ungehalten der König über die zahlreichen Belästigungen und die allgemeinen

---

[356]) Liutpr. 96: Si quis pro causam suam aliquid iudici . . . dederit, et viventem eum requisierit, dicendo quod liberatum non sit, faciat illi iustitiam, . . .

[357]) Vgl. *Du Cange*, Glossarium, Bd. 4, S. 473.

[358]) Vgl. *Cohn*, a. a. O., S. 126.

[359]) Diese sog. notitiae sollten in den Edikt nicht aufgenommen werden; sie waren gewissermaßen als „Notverordnungen" gedacht, vgl. *Stobbe*, Rechtsquellen, S. 135; *Boretius*, Capitularien, S. 14; *Brunner*, S. 536.

[360]) Ratchis 1: Ut unusquisque iudex in suam civitatem debeat cottidie in iudicium residere, et non adtendat ad eximulationem suam aut aliam saeculi vanitatem, sed per semetipsum resedeat et omnibus iustitiam conservet ita, ut de nullo homine premium accipiat, sicut iam per manum scriptam nobis promiserunt; . . .

Zustände in der Justiz gewesen sein muß. Wie anders im Vergleich mit der sonst abgeklärten und etwas unpersönlichen Sprache der langobardischen Gesetze klingen schon die einleitenden Sätze der ersten „Verordnung“, in denen Ratchis den Richtern vorhält, sie sollten nicht so sehr auf ihre Stelldicheins und andere Nichtigkeiten der Welt bedacht sein[361]). Der König geht sogar soweit, sich von seinen Richtern schriftlich versprechen zu lassen[362]), daß sie seinen Bestimmungen nachkommen und, ohne von jemand Bestechungsgeld zu nehmen, jedermann zu seinem Recht verhelfen werden. Das gleiche schriftliche Gelöbnis sollen die „iudices“ auch den ihnen untergebenen Amtswaltern abverlangen[363]). Dem Amtwalter aber, der es hinfort unter Bruch des gegebenen Versprechens versäumt, einem Reichen oder einem Armen ein gerechter Richter zu sein, werden Folgen angedroht, die in ihrer Härte dem langobardischen Recht bislang für Amtsverfehlungen unbekannt waren[364]): er wird aus dem Amt gejagt[365]), muß sein Wergeld an den königlichen Palast zahlen[366]) und dem Reklamanten gemäß den Vorschriften Liutprands büßen[367]). Um seinen Androhungen Nachdruck zu verleihen, betont Ratchis, daß keine Fürsprachen die Amtsentsetzung eines Amtswalters verhindern werde, in dessen Bezirk jemand sein Recht nicht finde.

Da unter den zahlreichen Personen, die mit Beschwerden zum Königsgericht kamen, viele Querulanten und auch solche waren, die unter Umgehung ihres zunächst zuständigen Richters sogleich eine Entscheidung des Königsgerichts haben wollten, mußte auch in diesem Punkt Abhilfe ge-

---

361) Nach der Übersetzung von F. Beyerle, Gesetze der Langobarden, S. 337.

362) *Gengler,* Rechtsdenkmäler, S. 572, Anm. 5, nahm — ohne Begründung — an, es handle sich nicht um ein schriftliches Versprechen, sondern um ein Protokoll über die Amtseinsetzung. Keinesfalls läßt sich die Annahme eines Schwures, *Zoepfl,* Rechtsgeschichte, S. 427, Anm. 41, auf Grund der Quelle halten.

363) Ratchis 1: ... Et ipsi iudices volumus, ut in eo tinore precipiant ad sculdahis suos . . . vel quos sub se habent ordinatos, ut et ipsi similiter faciant et promittant ad iudice suo, sicut et ipsi iudices nobis promiserunt, ut sit nobis et illis tranquillitas et mercedes in anima.

364) Ratchis 1: ... amittere debeat honorem suum et conponat in palatio regis uuidrigild suum; et illi conponere debeat, qualiter edicti continet pagina, cui iustitiam iudicare neglexerit. — Unsicher ist wiederum, welches Rechtspflegedelikt gemeint ist (Falschurteil oder Justizverweigerung oder beide), vgl. *Ficker,* Untersuchungen, Bd. 3, S. 183, Anm. 3; *Gengler,* a. a. O., S. 572, Anm. 9. Vermutlich sollte jedes unrechtmäßige Verhalten eines Amtswalters einem Rechtssuchenden gegenüber erfaßt werden.

365) An anderer Stelle in Ratchis 1 heißt es: ... de ipso honore eum expellimus, et per nullos patronos poterit obtinere, ut honorem suum non amittat.

366) Wudrigild = Wergeld, vgl. Bluhme, MGH, LL Bd. 4, S. 679 (Index); *Pertile,* Storia, Bd. 5, S. 192; *Schreuer,* Verbrechenskonkurrenz, S. 141, Anm. 62; F. Beyerle, Gesetze der Langobarden, S. 507; a. A. *Osenbrüggen,* Strafrecht der Langobarden, S. 15 ff.

367) Liutpr. 25 ff., vgl. Bluhme, MGH, LL Bd. 4, S. 183, Anm. 3; nicht dagegen ist auf Roth. 20, 150 verwiesen, wie *Gengler,* a. a. O., S. 572, Anm. 8, und *Osenbrüggen,* a. a. O., S. 59, annahmen.

schaffen werden. Wer daher künftig nicht erst versucht, bei dem für ihn zuständigen Richter seine Sache anzubringen, sondern sogleich zum Königsgericht geht, büßt es dem übergangenen Richter mit 50 sol.; kann er die Buße nicht bezahlen, dann wird er ausgepeitscht[368]). Nur derjenige, der sich zuerst ein Urteil bei seinem zuständigen Richter geholt hat, kann sich mit einer Beschwerde an den König wenden.

Die Bestimmungen dieser ersten „Notverordnungen" über die Rechtspflege wurden teilweise in die c. 10 und 11[369]) der ein Jahr später erlassenen und für die Aufnahme in den Edikt bestimmten Gesetze desselben Herrschers eingearbeitet. Wer von irgendjemand Gewalt erleidet und vom Richter kein gerechtes Urteil oder überhaupt kein Urteil erhält[370]), weil der Amtswalter von Verwandten oder Freunden oder infolge Bestechung beeinflußt ist, kann zur Königspfalz kommen und Beschwerde führen[371]). Ist die Beschwerde begründet, so verliert der Richter sein Amt und muß sein Wergeld — zur Hälfte an den König und zur Hälfte an den Beschwerdeführer — zahlen. Die Buße nach Liutprand c. 25—27 ist in Ratchis c. 10 gegenüber der „Notverordnung" Ratchis c. 1 also weggefallen und das Wergeld erhält nicht mehr der König allein[372]). Auch dadurch stellt c. 10 eine Änderung dar, daß nunmehr einzelne Beweggründe für das strafwürdige Verhalten der Amtswalter genannt werden: Bestechung, Verwandtschaft, Freundschaft und Rücksichtnahme auf Gefolgsleute.

Überhaupt treten unter König Ratchis die mit dem Gefolgschaftswesen zusammenhängenden Probleme auch in der Gesetzgebung stärker hervor. Da es die „iudices" offenbar ungern sahen, wenn freie Leute bei königlichen Gasinden (Gefolgsleuten) in Dienst traten, und diese Freien daher bei allen möglichen Gelegenheiten benachteiligten, ordnet Ratchis an, daß ein Richter, der sich einer solchen schikanösen oder sonst ungerechten Behandlung eines Freien schuldig macht, sein Wergeld an den König zu zahlen hat[373]).

Eine bemerkenswerte Neuerung führt König Ratchis hinsichtlich der

---

368) Ratchis 2. — Nach der dritten dieser „Verordnungen" schließlich muß der Richter, der bei unzulässiger Vertretung einer Partei zur Sache verhandelt, sein volles Wergeld an den König zahlen (Ratchis 3).

369) Bei der Zählung folgen wir der Monumenta-Ausgabe von Bluhme. Eine doppelte Zählung bringt F. Beyerle in seiner Ausgabe der Gesetze der Langobarden.

370) *Cohn*, a. a. O., S. 130, nahm wiederum nur Justizverweigerung an. Nach dem Wortlaut der Stelle verbietet sich diese einschränkende Auslegung, vgl. auch den sog. Ariprand I, 18 (Anschütz, S. 43) und *Seelmann*, Rechtszug, S. 88, 107.

371) Ratchis 10: Violentia quidem si sustinuerit aliquid aut a iudicem suum aut ab alium hominem, et iudex neglexerit iudicare (forsitans adtenderit ad gasindium, vel ad parentem aut amicum suum, vel ad premium, et legem non iudicaverit): tunc veniat ad palatio et reclamit sua violentia; . . .

372) Vgl. *Gengler*, Rechtsdenkmäler, S. 572, Anm. 9; *Schreuer*, Gesetzeskonkurrenz, S. 141, Anm. 62.

373) Ratchis 11: . . . et iudex, de sub quem fuerit, dolose eum obpremere quaesierit . . . et per ipsum dolum inlecite ei iudicaverit et forsitans ab ipso iudice suo iustitia invenire non potuerit: tunc conponat iudex, sicut supra legitur . . .

Justiz über königliche Gefolgsleute (Gasinden) ein, die die eigentlichen Träger des königlichen Machtapparates waren[374]). Beschwert sich ein Arimanne[375]) bei seinem Richter über gesetzwidriges Verhalten eines solchen Gasinden, dann darf der Richter nicht ohne weiteres gegen diesen vorgehen. Er hat vielmehr den Gasinden mündlich oder schriftlich aufzufordern, ein Selbsturteil, eine Entscheidung in eigener Sache, abzugeben[376]); kann der Gasinde selbst kein Urteil finden, darf er andere rechtskundige Personen seines Standes bei der Entscheidung hinzuziehen. Der königliche Gefolgsmann geht des Privilegs der „Selbstentscheidung" erst dann verlustig[377]), wenn er oder seine Genossen die Entscheidung hinauszögern. Dann darf auch der Richter von seiner richterlichen Gewalt Gebrauch machen[378]), aber auch nur unter dieser Voraussetzung, sonst verliert der Richter nämlich sein Amt. Für den Gasinden dagegen hat die Justizverweigerung in eigener Sache keine pönalen Folgen. Gerade das könnte gegen die Annahme sprechen, daß unter dem „iudicet ipse" in c. 14 ein Richten und Urteilen im üblichen Sinne zu verstehen ist, bei denen Säumnis zumeist empfindliche Folgen hat. Vielleicht sollte die Verlagerung der Entscheidung zunächst vor den Gasinden oder ein Gasindenkollegium vor allem einer außergerichtlichen Beilegung des Streites und einer gütlichen Vermittlung dienen.

4. Die Gesetze des Königs Ahistulf (749—756)

Gegenüber dem umfangreichen Gesetzgebungswerk zur Verbesserung der Rechtspflege unter den Königen Liutprand und Ratchis ist die rechtsschöpferische Leistung des vorletzten einheimischen Königs vor der fränkischen Eroberung im Hinblick auf unseren Untersuchungsgegenstand recht unbedeutend. Ahistulf bestimmt, daß der Richter gegen unzulässige eheliche Verbindungen von Amts wegen einzuschreiten hat und bei Säumnis sein Wergeld verwirkt; denn: „Qui talia consentiunt, contra Deum et animam suam faciunt"[379]). — Der Richter, der es versäumt, sich eines ihm von unzustän-

---

Anstelle der hier gebrauchten Ausdrücke „dolosus", „dolus" zur Betonung des rechtswidrigen Willens erscheint sonst meist „asto animo", vgl. *Wilda*, Strafrecht, S. 560; *Osenbrüggen*, a. a. O., S. 32; E. *Mayer*, Asto animo, S. 300 f.

[374]) Vgl. *Mitteis*, Staat, S. 35.

[375]) Vgl. zu den Arimannen vorn S. 40, insbesondere auch Anm. 287.

[376]) Ratchis 14: . . . iudex aut per epistola aut proprio ore admoneat gasindio nostro, ut iudicet ipse, et ipsum si iudicare non scit, advocit alios conlibertos, qui sciunt iudicare ... Zum „Selbsturteil" vgl. *v. Bethmann-Hollweg*, Städtefreiheit, S. 72; *Wach*, Arrestprozeß, S. 25; *Waitz*, Verfassungsgeschichte, Bd. 4, S. 375, Anm. 1; *Brunner*, Zeugen- und Inquisitionsbeweis, S. 131.

[377]) E. *Mayer*, Italienische Verfassungsgeschichte, S. 233, sah in Ratchis 14 kein Privileg zugunsten der Gasinden, sondern einen Hinweis auf Urteilsfinder; vgl. auch E. *Mayer*, Bemerkungen, S. 74.

[378]) Ratchis 14: . . . iudex eum distringat idem arimanno iustitiam faciendo: . . . Distringere = jede Handhabung der richterlichen Gewalt, vgl. *Sohm*, Prozeß, S. 47, Anm. 7; *Waitz*, a. a. O., Bd. 2, S. 488; *Rennefahrt*, Twing und Bann, S. 37 ff.

[379]) Ahist. 8.

digen Kollegen zugewiesenen Diebes zu versichern, hat dem Bestohlenen den Diebstahl aus eigener Tasche zu büßen[380]). — Schließlich kommt in der kasuistischen Gesetzgebung Ahistulfs auch die kriegerische Auseinandersetzung der Langobarden mit dem Exarchat Ravenna zum Ausdruck. Jeder Richter, der ohne Einwilligung des Königs mit einem Römer Geschäfte macht oder der es unterläßt, solche Geschäftemacher gerichtlich zu verfolgen und mit der gesetzlichen Strafe zu belegen, verliert sein Amt und muß sein Wergeld an den König zahlen; er kann allerdings auch einen Reinigungseid schwören, daß er von solchen Geschäftemachern keine Kenntnis gehabt habe[381]).

III. Gesetzgebung und Rechtspflege bei den Langobarden in der Zeit der fränkischen Herrschaft

Nach der Unterwerfung der Langobarden im Jahre 774 behielt ihr Reich trotz der Einverleibung in den fränkischen Reichsverband eine gewisse Sonderstellung, die in der ausdrücklichen Erwähnung der langobardischen Königswürde im Titel des fränkischen Herrschers — Rex Francorum et Langobardorum —, besonders aber in der Bestellung von Karls Sohn Pippin zum Unterkönig von Italien zum Ausdruck kam. Der Unterkönig war freilich wenig selbständig und weitgehend an die Weisungen Karls des Großen gebunden, dessen Kanzlei alle wichtigen staatsrechtlichen Akte ausfertigte[382]).

Die angedeutete Doppelnatur des langobardischen Unterkönigtums ist in der Gesetzgebung deutlich zu erkennen. Die allgemeinen Reichsgesetze hatten auch in Italien Geltung[383]), konnten aber dort wegen der Verschiedenheit der Verhältnisse nicht voll wirksam werden. Daneben wurde der Edictus Langobardorum, der weiter in Geltung blieb[384]), von Karl und Pippin durch besondere, nur für Italien bestimmte Kapitularien ergänzt, die durch eine gewisse Strenge gegenüber den Langobarden auffallen[385]). Fast jeder Zug Karls nach Italien war durch die Entstehung neuer Gesetze gekennzeichnet[386]).

Folgenreich war auch der fränkische Einfluß auf das Verwaltungs- und Gerichtswesen der Langobarden, dessen überkommene Ordnung weitgehend

---

380) Ahist. 9.

381) Ahist. 4. Der gewöhnliche Arimanne, der bei Geschäften mit Römern ertappt wurde, verlor sein Vermögen, wurde kahl geschoren und mußte öffentlich ausrufen: „So soll es dem ergehen, der gegen den Willen des Königs mit einem Römer Geschäfte macht, während wir Krieg haben."

382) Vgl. *Mühlbacher*, Deutsche Geschichte, S. 105; *Gebhardt*, Handbuch, S. 132.

383) Vgl. *Schupfer*, Manuale, S. 164; *Ganshof*, Recherches, S. 48.

384) Vgl. *Brunner*, S. 558.

385) Vgl. *Boretius*, Capitularien, S. 20.

386) Das Doppelkapitular von Mantua entstand z. B. auf dem Italienzug des Jahres 787.

umgestaltet wurde. Grafen traten an die Stelle der „duces“[387]), und allmählich wurde das gesamte Königreich in Grafschaften eingeteilt, deren Grenzen sich zumeist mit denen der Bistümer deckten[388]). An der Spitze der „civitas“ stand nunmehr der vom König eingesetzte, später auch belehnte „comes“[389]), während der „sculdahis“ allmählich verschwand oder doch seine „hoheitlichen“ Befugnisse einbüßte[390]).

Auf die Rechtsfindung wirkte sich die fränkische Eroberung zunächst kaum aus. Das Rechtspflegewesen in den ersten Jahrzehnten nach der Eroberung unterschied sich fast nicht von dem der langobardischen Ära[391]). Zwar werden schon bald nach 774 in den italienischen Quellen Skabinen erwähnt; aber es dauerte noch einige Jahrzehnte, bis die fremdartige Scheidung von Richtern und Urteilsfindern stärkere Auswirkungen im langobardischen Gerichtswesen mit erheblichen regionalen Verschiedenheiten hatte[392]).

IV. Rechtspflegedelikte in den für Italien bestimmten Kapitularien

1. *Justizverweigerung*

Die mit dem Krieg und der Eroberung verbundene Umwälzung und Verwirrung der politisch-verwaltungsmäßigen und rechtlichen Zustände bei den Langobarden mußten notwendigerweise die ordnungsgemäße Pflege des Rechts schwer beeinträchtigen. Weitere Unsicherheit in Verwaltung und Gerichtswesen brachte die allmähliche Übernahme fränkischer Institutionen, die zum Teil die alten Einrichtungen verdrängten, meistens aber neben ihnen heimisch wurden. Ein Eingreifen des Königs zur Regelung der ungeordneten Zustände in der Justiz war unter diesen Umständen geboten und lag auch im Interesse des Königs selbst, der bei schlechter Justizgewährung der unteren Instanzen durch eine erhöhte Zahl von Beschwerden und Anrufungen des Königsgerichts belästigt wurde.

Zunächst regelte Karl der Große in einem Kapitular, das vermutlich während seines Italienzuges von 781 in Mantua erlassen wurde[393]), das Verfahren, welches bei Beschwerden wegen Justizverweigerung zu beobachten war. Offenbar geschah dies in der Absicht, die Flut der an das Königsgericht gelangenden Beschwerden einzudämmen[394]).

---

[387]) Vgl. *Hegel*, Städteverfassung, Bd. 2, S. 11; *Gebhardt*, a. a. O., S. 132; *Ganshof*, Institutions, S. 553.

[388]) Vgl. *Ficker*, Forschungen, Bd. 1, S. 230.

[389]) Vgl. *Ficker*, ebenda; E. *Mayer*, Italienische Verfassungsgeschichte, Bd. 2, S. 272.

[390]) Vgl. *Schneider*, Entstehung, S. 131.

[391]) Vgl. *Ficker*, Forschungen, Bd. 3, S. 228.

[392]) Vgl. dazu — wie überhaupt zur Entwicklung des Gerichtswesens nach der Eroberung — *Ficker*, a. a. O., Bd. 3, S. 196 ff. und S. 229 ff.

[393]) Vgl. Boretius, MGH, Cap. I, S. 190 (Bem.); *ders.*, Capitularien, S. 109.

[394]) Vgl. *Seelmann*, a. a. O., S. 110; *Cohn*, a. a. O., S. 88.

Eine Partei darf nach c. 2 des Kapitulars erst dann vor das Königsgericht gehen und Justizverweigerung rügen, wenn sie zuvor dreimal vergeblich im Grafengericht Recht begehrt hat und Zeugen für ihr vergebliches Bemühen beizubringen vermag[395]). Wer diese Voraussetzungen nicht beachtet, verwirkt sein Wergeld[396]). Die Voraussetzung der dreimaligen Mahnung verrät deutlich die Entstehung des Gesetzes in einer fränkischen Kanzlei; denn das überkommene langobardische Stammesrecht kannte bis dahin nur bestimmte Fristen, innerhalb deren entschieden werden mußte[397]).

Durch c. 3 wird den Grafen aufgegeben, ihre Notare alle Klagen, die angebracht und die erledigt wurden, genau verzeichnen zu lassen[398]). Ein der Justizverweigerung beschuldigter Graf kann dann durch einen Eid, den auch sein Amtsschreiber (advocatus)[399]) für ihn leisten kann, und mit Hilfe von Zeugen den Vorwurf der Justizverweigerung entkräften[400]). Das Königsgericht kann an Hand des angelegten Verzeichnisses die Angaben des Amtswalters überprüfen.

Aus dem Kapitular von Mantua ergibt sich allerdings nicht, welche Strafe den der Justizverweigerung überführten Grafen traf. Vermutlich ist es insoweit bei der Regelung des Edictus Langobardorum, also c. 25 ff. der Gesetze Liutprands und c. 10 der Gesetze Ratchis', verblieben, so daß die erörterte Bestimmung vornehmlich für das *Verfahren* in Justizverweigerungssachen Bedeutung hatte.

Der Wille des fränkischen Herrschers, daß die Bestimmungen des langobardischen Edikts nach der Einführung der Grafschaftsverfassung in Italien ohne weiteres auf die Grafen angewendet werden sollten, tritt deutlich in

---

[395]) Capit. Mantuanum, c. 2 (Cap. I, 190): Hoc statuimus, ut unusquisque clamator tertiam vicem ad comitem suum se proclamet et inde idoneos homines habeat, qui hoc veraciter sciant quod proclamasset et nullam exinde iustitiam habere potuisset; et is quis aliter fecerit et antea ad palacium se proclamaverit, legem suam componat.

[396]) In diesem Sinne ist das „legem suam componat" in c. 2 auszulegen. Man könnte darin auch eine Verweisung auf die jeweilige Komposition nach Stammesrecht (lex) sehen; manche Stammesrechte enthalten jedoch keine Bestimmungen für diesen Fall. Meistens hat „legem suam componere" die Bedeutung „sein Wergeld bezahlen". Vgl. zur Auslegung von „lex" *Sohm,* Reichs- und Gerichtsverfassung, S. 104, Anm. 4; *Gengler,* Rechtsdenkmäler, S. 842 (Glossar).

[397]) Vgl. Liutpr. 25—28.

[398]) Capit. Mantuanum, c. 3 (Cap. I, 190): Comes vero de illorum parte per testes adfirmet, quod eis iustitiam facere voluisset, et omnia notarium suum scribere faciat, quanti ad se proclamassent vel quantas iustitias factas habent, ut nullam excusationem habere possint, nisi veritas clara sit, ut iustitiam facere voluisset; et hoc ipse comis aut eius advocatus per sacramentum firmare possit, quod de illorum iustitias nulla neglegentia habeat et per ipsa brebe cognoscere valeamus, utrum ad se proclamasset aut non.

[399]) Vgl. über ihn *Brunner-v. Schwerin,* S. 251.

[400]) Vgl. dazu *v. Bethmann-Hollweg,* Civilprozeß, Bd. 1, S. 172; *Brunner,* Zeugen- und Inquisitionsbeweis, S. 137.

einem wenig später erlassenen Gesetz des Unterkönigs Pippin hervor, das die Grafschaftseinteilung bereits überall voraussetzt. In diesem zwischen 782 und 786 entstandenen Kapitular bestimmt der Unterkönig die Folgen der Justizverweigerung eines Grafen. Er unterscheidet in diesem Zusammenhang ausdrücklich zwischen den langobardischen Grafen und den nach fränkischem Stammesrecht lebenden und richtenden Amtswaltern dieses Ranges. Für beide Gruppen verweist das Kapitular für die Folgen der Justizverweigerung auf das jeweilige Stammesrecht[401]). Der säumige langobardische Amtswalter soll demnach gemäß den Vorschriften des Edikts bestraft werden[402]), wie überhaupt zuweilen die Bestimmungen des Edikts durch die Gesetze des Unterkönigs nachdrücklich in Erinnerung gebracht werden[403]). Eine entsprechende Verweisung auf die c. 25 ff. der Gesetze Liutprands enthält das Kapitular auch für die Gastalden, die Schultheißen und deren Stellvertreter[404]). Dagegen bezieht sich der Schlußsatz des c. 7 des Kapitulars mit seiner Androhung des Entzugs oder der Suspension des Lehens im Falle des „iustitias facere nolle" nicht auf die Justizverweigerung eines Gerichtshalters, sondern auf die Rechtsverweigerung (Nichteinlassung) eines verklagten Vasallen; er ist solange seines Lehens verlustig, bis er sich vor Gericht stellt[405]).

Zu diesen stammesrechtlichen Sicherungen, deren Weitergeltung das Kapitular Pippins bestätigte, kamen nach der Unterwerfung des Langobardenreiches noch die Zwangsmittel hinzu, die das fränkische Königsrecht zur Gewährleistung einer prompten Rechtspflege ausgebildet hatte; insbesondere war von da an auch das Einlager der Königsboten im Hause des säumigen Amtswalters in Italien möglich, da das Kapitular von Heristall im ganzen Reich galt. Es hatte mit Sicherheit auch in Italien Geltung, wie die zahlreichen dort gefundenen Handschriften und Bearbeitungen beweisen[406]). Schließlich wurden nunmehr auch Königsboten zur Kontrolle der Rechtspflege nach Italien geschickt.

---

[401]) Die den fränkischen Grafen betreffende Regelung ist bereits vorn S. 30 f. behandelt.

[402]) Pipp. Ital. Regis capit., c. 7 (Cap. I, 192): ... Et de Langubardiscos comites qui ex ipsis neglectum posuerit iustitias faciendum, sicut ipsorum lex est ita componat; ... Vgl. dazu auch Boretius, MGH, Cap. I, S. 192, Anm. 6.

[403]) Vgl. auch c. 9 desselben Kapitulars, das auf Liutpr. 44 verweist und den polizeilichen Aufgabenbereich der Richter betrifft.

[404]) Pipp. Ital. Regis capit., c. 7 (Cap. I, 192).

[405]) Zum schillernden Begriff des „iustitiam facere" siehe vorn S. 33, 50. Zur Auslegung der im Text behandelten Stelle vgl. *Seelmann*, a. a. O., S. 88, Anm. 16; *Cohn*, a. a. O., S. 85, Anm. 26. Die gleiche Bedeutung hat der Ausdruck nämlich in c. 6 desselben Kapitulars, das von der Rechtsverweigerung des Bischofs handelt, vgl. *Cohn*, a. a. O., S. 94 ff.; *Wach*, Arrestprozeß, S. 25.

[406]) Vgl. *Boretius*, Capitularien, S. 65; *ders.*, MGH, Cap. I, S. 47, Anm. Gerade vom Kapitular von Heristall ist eine besondere „Forma langobardica" überliefert, vgl. MGH, Cap. I, S. 46 ff.

2. Rechtsbeugung

Dasselbe eben erörterte Kapitular Pippins enthält auch die maßgebende Vorschrift, die zur Bekämpfung der Rechtsbeugung in Italien erlassen wurde. In nahezu wörtlicher Übernahme der in Ratchis' c. 10 gebrauchten Formulierung droht es den Amtswaltern, die mit Rücksicht auf Gefolgsleute, Verwandte, Freunde oder erhaltene Geschenke nicht nach dem Gesetz richten, die Folgen des Edikts an[407]): Amtsverlust und Zahlung des Wergeldes, zur Hälfte an den König und zur Hälfte an den Beschwerdeführer. Die Aufzählung der Motive für das gesetzwidrige Urteil, nach der ein unbeabsichtigtes Falschurteil praktisch straflos bleibt, verrät die Herkunft des Kapitulars aus einer mit langobardischen Juristen besetzten Kanzlei; nur selten wird nämlich nach langobardischem Recht ein schuldloser, unbeabsichtigter Verstoß gegen Bestimmungen des Edikts bestraft.

Es zeugt von der großen Bedeutung, die den hier erörterten Bestimmungen des Edictus Langobardorum und des fränkischen Kapitularrechts für die Sicherung prompter und gerechter Rechtspflege noch in den folgenden Jahrhunderten beigemessen wurde, daß sich auch die lombardischen Juristen des 11. und 12. Jahrhunderts mit ihnen beschäftigt und sie für die veränderten Verhältnisse ihrer Zeit auszulegen versucht haben[408]).

3. Kapitel

Das angelsächsische Recht

I. Die „Leges Anglorum-Saxonum"

Bei den Angelsachsen ist es zu einer einheitlichen Redaktion des Rechts nicht gekommen; vielmehr erließen die einzelnen Könige auf den Versammlungen mit den Großen des Landes jeweils Einzelgesetze, die dem von den Vorgängern überkommenen Bestand an Gesetzen hinzugefügt wurden[409]). Die Aufzeichnung des Rechts verlief also ähnlich wie bei den Langobarden, wie überhaupt das Recht der Langobarden dem angelsächsischen Recht näher steht als das der übrigen kontinentalen Stämme. Das wird in der eigen-

[407]) Pipp. Ital. Regis capit., c. 7 (Cap. I, 192): ... et si forsitan attenderit ad gasindios vel parentes et amicos suos seu premium et legem non iudicaverit et probatum fuerit, componat et honorem suum perdat sicut lex ipsorum est. Vgl. auch Ratchis 10.

[408]) Vgl. die systematische Zusammenstellung derjenigen Bestimmungen, die für die Stellung der Richter bedeutsam waren, in den sog. Lombardakommentaren, insbesondere bei dem sog. Ariprand II, 41, 52 (Anschütz, S. 153, 173) und bei dem sog. Albertus II, 40 (Anschütz, S. 151). Vgl. auch c. 25 der Summa legis Longobardorum (Anschütz, S. 57); *Cohn*, a. a. O., S. 134 ff.

[409]) Vgl. *Schröder-v. Künßberg*, S. 279.

tümlichen Übereinstimmung mancher Rechtssätze deutlich und findet seine Erklärung in der ursprünglichen Gemeinsamkeit der Siedlungsgebiete beider Stämme an der Niederelbe[410]).

Im Gegensatz zu den Stammesrechten des Kontinents sind die „Leges Anglorum-Saxonum" nicht in Latein, sondern in der Volkssprache aufgezeichnet worden; dadurch tritt der volkstümliche und oft geradezu archaische Charakter dieser Rechte noch ausgeprägter hervor[411]). Aus diesem Grunde ist aber auch das angelsächsische Recht eine wertvolle Quelle für die Erforschung und das Verständnis der kontinentalen Stammesrechte und der germanischen Gesetzgebung und Rechtspflege. Hinzu kommt, daß das angelsächsische Recht nicht vom römischen Recht beeinflußt worden ist[412]).

II. Die Gerichtsverfassung der Angelsachsen vor der normannischen Eroberung

Das Bild, das uns die Quellen vom angelsächsischen Gerichtswesen vermitteln, ist dürftig und undeutlich[413]). Nachdem durch König Egbert (800 bis 836) die zahlreichen kleinen Königsherrschaften unter die Oberherrschaft von Wessex gezwungen und vornehmlich durch Alfred den Großen (871 bis 901) auch die von Dänen besetzten Landesteile unterworfen worden waren, gewann die öffentliche Gerichtsverfassung im Verlauf der einsetzenden Konsolidierung der inneren Verhältnisse etwa folgende Gestalt: Deutlich sind entsprechend der verwaltungsmäßigen Einteilung des Reiches zwei Stufen der öffentlichen Gerichtsbarkeit zu unterscheiden: Hundertschaftsgericht (hundred gemote)[414]) und Grafschaftsgericht (shire gemote)[415]).

Das Hundertschaftsgericht, das nur von einem kleinen Teil der Landbesitzer regelmäßig besucht werden konnte[416]), entschied in monatlichen Zusammenkünften die gewöhnlichen Klagen um Schuld und Eigen und war der Ort des feierlichen Abschlusses von Verträgen. Ihm entsprach für die Städte ein alle drei Wochen zusammentretendes Stadtgericht (burgh gemote)[417]).

Die wichtigsten Streitigkeiten der Einsassen verschiedener Hundreds und

---

410) Vgl. *Brunner,* S. 536.

411) Vgl. *Schröder-v. Künßberg,* S. 279; *Brunner,* Rechtsquellen, S. 2; *Pollock-Maitland,* S. 44.

412) Vgl. *Brunner,* Rechtsquellen, S. 4 f.

413) Vgl. *Gneist,* Verfassungsgeschichte, S. 6; *Brunner,* S. 206; *Pollock-Maitland,* S. 40.

414) Die regelmäßige Einteilung des Landes in Hundreds tauchte aber erst um die Mitte des 10. Jahrhunderts auf und steht in keinem Zusammenhang mit der angeblichen Hundertschaft der alten Germanen, vgl. *Dannenbauer,* Hunderschaft, S. 187; *Stenton,* Anglo-Saxon England, S. 29 ff.

415) Vgl. *Gneist,* a. a. O., S. 6; *Holdsworth,* History, S. 5; *Pollock-Maitland,* S. 42.

416) Vgl. *Holdsworth,* a. a. O., S. 5.

417) Vgl. *Rietschel,* Untersuchungen, S. 387.

die Rechtshändel der mächtigen Grundbesitzer entschied das zweimal jährlich tagende Grafschaftsgericht, das wahrscheinlich auch die Strafgewalt zur Ahndung schwerer Friedensbrüche hatte[418]). Vermutlich setzten regelmäßige Teilnahme an den Gerichtsversammlungen und Einflußnahme auf die dort zu treffenden Entscheidungen eine wirtschaftliche Selbständigkeit voraus, die nur die reichen, adligen Landherren, nicht aber die wenigen kleinen Bauern hatten[419]). Vorsitzender der Grafschaftsversammlung war der „ealdorman" (dux, comes, später Earl), der höchste weltliche Amtswalter der angelsächsischen Zeit, der vom König ernannt wurde und von ihm auch wieder abgesetzt werden konnte[420]). Mitvorsitzender war der Bischof, was schon andeutet, daß geistliche und weltliche Gerichtsbarkeit oft nicht getrennt wurden[421]). Unter dem „ealdorman" fungierte als dessen Gehilfe der Sheriff (scirgerefa, vicecomes), der gegen Ende der angelsächsischen Periode der wichtigste königliche Amtswalter für die Geschäfte der laufenden Verwaltung wurde[422]). Im Grafschaftsgericht zunächst Gehilfe des „ealdorman", gelang es ihm allmählich, selbst Vorsitzender dieser Versammlung zu werden[423]). Vermutlich war der Sheriff zeitweilig auch Vorsteher des Hundertschaftsgerichts, bis er in dieser Funktion vom Vogt abgelöst wurde, dem lokalen Amtswalter der Hundertschaft, neben dem es noch zahlreiche „Spezialvögte" gab[424]).

Die Gerichtsvorsitzenden dürften nach älterem Recht auch die Urteilsfinder gewesen sein, welche die für die einzelnen Fälle festgesetzten Rechtsfolgen zu finden hatten[425]); möglicherweise konnten sie sich aber bei der Dingversammlung Rat holen. Nur wenn eine Rechtsfolge nicht genau vorgeschrieben, sondern dem Ermessen des Urteilsfinders überlassen war, soll nach Ansicht von Max *Rintelen* ein Urteilsfinderkollegium das Urteil gefunden haben[426]). Dieses bestand im Grafschaftsgericht vermutlich aus reichen und angesehenen Mitgliedern des hohen Adels und im Hundertschaftsgericht

---

[418]) Vgl. *Gneist,* a. a. O., S. 6; *Hatschek,* Verfassungsgeschichte, S. 117.

[419]) Vgl. *Gneist,* a. a. O., S. 8; *Hatschek,* a. a. O., S. 117. Noch weit größer war der Einfluß der Großgrundbesitzer auf das Gerichtswesen in späterer Zeit, vgl. *Morris,* County Court, S. 110 ff.

[420]) Vgl. Af 38; Ine 50; III Eg 5, 2, sowie *Crabb,* Geschichte, S. 22 ff.; *v. Amira,* Grundzüge, S. 118.

[421]) Vgl. *Hatschek,* a. a. O., S. 89; *Pollock-Maitland,* S. 40. Auch auf die Gesetzgebung hatte die Geistlichkeit großen Einfluß, vgl. *Brunner,* Rechtsquellen, S. 9.

[422]) Vgl. *Holdsworth,* History, S. 7; *Stenton,* Anglo-Saxon England, S. 41.

[423]) Vgl. *Hatschek,* a. a. O., S. 89.

[424]) Vgl. dazu im einzelnen *Gneist,* a. a. O., S. 49 ff., besonders S. 53, Anm. 2 a. Die Mannigfaltigkeit der Ämter und ihre Überschneidungen veranschaulicht Liebermann, Gesetze der Angelsachsen, Bd. 2, Glossar, Stw.: Ealdorman (S. 359), Sheriff (S. 648), Vogt (S. 718).

[425]) Vgl. *Rintelen,* Urteilfindung, S. 564, 577. Das Problem ist noch nicht wissenschaftlich gelöst, vgl. *Hübner,* Richter, S. 499 f.

[426]) *Rintelen,* a. a. O., S. 564. Str! Vgl. weiter: *Phillips,* Versuch, S. 166 ff.; *Gneist,* Geschichte, S. 24; *Brunner,* S. 206, Anm. 50; *Stenton,* a. a. O., S. 296.

aus Vertretern der wirtschaftlich weniger mächtigen Grundbesitzerschicht, die jeweils vom Gerichtsvorsitzenden — teilweise auch von einer angeschuldigten Partei — ausgesucht wurden[427]). Im anglo-dänischen Grenzgebiet scheint es darüber hinaus regelmäßig Urteilerkollegien in einer Besetzung von 12 Personen gegeben zu haben[428]), ebenso wie uns in einer Rechtsaufzeichnung, die die englisch-welschen Rechtsbeziehungen regeln sollte, besondere Urteilsfinder überliefert sind[429]). In späterer Zeit dürften in allen Teilen des Reiches Urteilsfinder häufig anzutreffen gewesen sein[430]). Ob und wieweit die übrigen Teilnehmer der Gerichtsversammlungen als Umstand an der Rechtsfindung beteiligt waren, ist unsicher[431]).

Ergänzend wurde das Gericht des Königs neben den genannten Gerichten tätig, wenn diese Justiz verweigerten oder wenn bei ihnen wegen der hohen Stellung der Parteien ein unparteiisches Urteil nicht zu erwarten war[432]). Dem König stand außerdem ein Begnadigungsrecht zu: Wer ein Urteil zu hart fand, konnte bei ihm um Milderung nachsuchen[433]). Späterhin wurde das Königsgericht überdies ausschließlich für Hochverratsdelikte und Klagen gegen königliche Gefolgsleute zuständig[434]).

III. Die Behandlung der Rechtspflegedelikte der Amtswalter im angelsächsischen Recht

1. Allgemeine Ermahnungen zur Rechtspflege

Ebenso wie die Könige in ihrem Krönungseid versprechen, Gerechtigkeit und Barmherzigkeit zu üben[435]), verlangen sie in zahlreichen Ermahnungen und Anweisungen an ihre richterlichen Amtswalter, daß diese im Gericht stets für Recht und Gerechtigkeit sorgen.

Es sollen gerechte Urteile nach den Gesetzen gefällt und alle Klagen rechtzeitig anberaumt werden[436]). Reiche und Freunde sollen nach einer Ermahnung König Alfreds aus den letzten Jahren des 9. Jahrhunderts nicht bevorzugt werden[437]), und die Richter sollen tunlichst von niemand Beste-

---

[427]) Vgl. *Rintelen*, a. a. O., S. 574 f.; *Gneist*, Verfassungsgeschichte, S. 20.

[428]) Vgl. *Rintelen*, a. a. O., S. 570.

[429]) Vgl. *Rintelen*, a. a. O., S. 565.

[430]) Vgl. *Rintelen*, a. a. O., S. 571 ff.

[431]) Vgl. *Gneist*, Verfassungsgeschichte, S. 7, 135; *Brunner*, S. 207; *Hatschek*, a. a. O., S. 116; *Pollock-Maitland*, S. 40.

[432]) III Eg 2; II Cn 17. Vgl. auch *Gneist*, a. a. O.,, S. 19; Liebermann, a. a. O., Bd. 2, Stw.: Instanzenzug (S. 524).

[433]) III Eg 2, 1.

[434]) II Atr 11; V Atr 30.

[435]) Krönungseid 1, 3 (Liebermann, a. a. O., Bd. 1, S. 217).

[436]) I Ew Prologus; II Ew 8; III Eg 1, 1.

[437]) Af El 43, zum Teil nach 2. Mose 23, 6.

chungsgelder annehmen; denn diese verblendeten gar oft weiser Männer Denken und verdrehten deren Worte[438]). Derselbe König prägte den gefährlichen Satz, niemand möge einem anderen ein Urteil sprechen, das er nicht auch über sich selbst gesprochen haben möchte, wenn er als Partei unter jenem als Richter erscheinen müßte[439]). Jedermann solle des Rechtes teilhaftig werden, schärft König Aethelred in einer Anweisung aus dem Jahre 1008 seinen Vögten ein[440]); aber bereits 1 Jahr später muß er seine Mahnung nachdrücklich wiederholen[441]).

Zu bestimmten Problemen der Urteilsfindung und der Urteilsvollstrekkung werden ebenfalls allgemeine Ermahnungen gegeben, ohne daß für den Fall des Nichtbefolgens Straffolgen oder andere Nachteile angedroht werden. Deutlich ist in diesen Ermahnungen der mildernde Einfluß der Kirche zu spüren. König Aethelred fordert, daß Menschen nicht in heidnische Länder verkauft oder wegen geringfügigen Verschuldens zum Tode verurteilt werden[442]). Das Urteil müsse sich immer nach der einzelnen Tat richten: Alter, Stand, soziale Lage, aber auch die besondere Zwangslage eines Täters sollten berücksichtigt werden[443]). „Und wenn es vorkommt, daß jemand ohne Willen oder Absicht eine Missetat verübt, so ist dies nicht gleich dem, der mit Absicht und Wollen bewußt Missetat verübt; und auch wer ein Ausführer dessen, was er verbricht, nur durch Zwang ist, der ist immer Schutzes wert und eines um so günstigeren Urteils, als er nur durch Zwang Ausführer dessen, was er verübt hat, geworden ist."[444]) Den Vögten wird mit der Drohung des Huldverlustes eingeschärft, besonders den Äbten und ihren Verwaltern zu ihrem Recht zu verhelfen[445]). In Nordostengland, dem „denalagu" (Dänenrechtsgebiet), müssen zu Beginn der Gerichtsversammlung des „wapentake", eines dem „hundred gemote" entsprechenden Gerichts[446]), der Vogt und die 12 mit den Urteilsfindern identischen „thegnas", die auch als Rügegeschworene eingesetzt sind[447]), auf eine Reliquie schwören, daß sie gegen keinen Unschuldigen vorgehen und keinen Schuldigen verhehlen werden[448]).

---

438) Af El 46 nach 5. Mose 16, 19; vgl. auch 2. Mose 23, 8. Übersetzung nach Liebermann, a. a. O., Bd. 1, S. 41.

439) Af El 49, 6.

440) V Atr 1, 1.

441) VI Atr 8, 1; ebenso II Cn 1, 1.

442) VI Atr 9, 10.

443) VI Atr 10, 2. 52. 53; II Cn 68, 1 b—c. 2.

444) VI Atr 52, 1 in der Übersetzung von Liebermann, a. a. O., Bd. 1, S. 259.

445) VIII Atr 32.

446) Vgl. *Rietschel*, Untersuchungen, S. 384; Liebermann, a. a. O., Bd. 2, Stw.: Wapentake.

447) Vgl. *Rietschel*, Untersuchungen, S. 391.

448) III Atr 3, 1.

2. *Justizverweigerung*

Neben den allgemeinen Ermahnungen finden wir in den Quellen auch einige Bestimmungen, die den Amtswaltern für den Fall schlechter Amtsführung erhebliche Nachteile ausdrücklich androhen.

König Eadward bestimmte um 925 zu Exeter[449]), jeder Vogt müsse alle vier Wochen Gericht halten und das Versäumnis eines Termins mit 120 sol. büßen, der üblichen Ungehorsamsbuße bei Nichtbefolgen königlicher Anordnungen[450]). Die Bestimmung galt wohl nur für das Hundertschaftsgericht. Für das Grafschaftsgericht kam sie kaum in Betracht, da es nur zweimal jährlich zusammentrat und die Nichteinberufung dieser großen und vermutlich gutbesuchten Versammlung außergewöhnlich gewesen wäre[451]).

Die gleiche Ungehorsamsbuße von 120 sol. verwirkt der Vogt bei „mittelbarer" Justizverweigerung, wenn er nämlich die von einer Partei wegen Verweigerung der gerichtlichen Einlassung verwirkten Bußen nicht eintreibt und durch Unterlassung dieser Beugemaßnahme bewirkt, daß die Entscheidung zwischen den Parteien verschleppt wird[452]).

Dagegen finden sich in angelsächsischen Rechtsquellen keine Bestimmungen, die die unmittelbare Weigerung eines richterlichen Amtswalters, einen Rechtsfall zu entscheiden, mit Nachteilen bedrohen. In solchen Fällen der Justizverweigerung und Justizverschleppung konnte vermutlich sofort das Grafschaftsgericht angegangen werden; wurde dem Kläger auch dort Justiz verweigert, so konnte er sich an das Königsgericht wenden. Jedoch *nur* in diesem Fall; denn das angelsächsische Recht kannte keinen Instanzenzug[453]), und König Eadgar hatte ausdrücklich bestimmt, daß jemand nur dann wegen einer Klagsache den König angehen dürfe, wenn er daheim seines Rechtes nicht teilhaftig werden könne[454]).

3. *Falschurteilen — Bestechlichkeit*

Nach einem um 960 entstandenen Gesetz König Eadgars mußte der Richter, der ein ungerechtes Urteil sprach, die Ungehorsamsbuße von 120 sol. an

---

449) II Ew 8 verweisend auf II Ew 2. Liebermann, a. a. O., Bd. 2, Stw.: Justizverweigerung, nimmt ohne nähere Begründung auch Amtsverlust an.

450) Vgl. *Rintelen,* Urteilfindung, S. 561. Die Buße war seit Aethelstan jeweils vom Bischof beim Vogt einzutreiben, II As 25, 1.

451) Das spricht auch dafür, die Bestimmung II Cn 18 gleichfalls nicht als eine Strafvorschrift gegen „mittelbare" Justizverweigerung des „ealdorman" und des Bischofs anzusehen (so *Cohn,* Justizverweigerung, S. 114 f.); diese Bestimmung enthält im übrigen gar keine pönalen Folgen, vgl. Liebermann, a. a. O., Bd. 3, Erläut. zu II Cn 18 (S. 205).

452) II Ew 2 in Verbindung mit II Ew 1, 2. 3. Dagegen bezieht sich Ine 8 entgegen *Freund,* Lug und Trug, S. 138, nicht auf Justizverweigerung, sondern auf Rechtsverweigerung der anderen Partei.

453) Vgl. Liebermann, a. a. O., Bd. 2, Stw.: Instanzenzug.

454) III Eg 2; ebenso II Cn 17. Auch II As 3 betrifft Justizverweigerung, vgl. *Bechert,* Einleitung, S. 50.

den König zahlen, es sei denn, er konnte sich durch einen Eid, daß er kein besseres Urteil zu finden wußte, reinschwören[455]). In jedem Fall aber — auch bei unbeabsichtigtem Falschurteil — verlor der Amtswalter seine Thegnwürde, d. h. seinen Rang als Gefolgsmann des Königs oder eines anderen Großen und damit auch sein Amt als Richter.

Weitere Folgen — Huldentzug, Vermögenseinziehung und Todesstrafe — wurden unter Cnut (1016—1035) eingeführt. In einem Erlaß aus dem Jahre 1020 gebietet dieser König seinen Vögten bei seiner Freundschaft, bei allem, was sie besitzen, und bei ihrem Leben, das Volk gesetzmäßig zu regieren und gerechte Urteile zu fällen[456]). Schon in der Zeit vor Cnut soll zuweilen die Todesstrafe verhängt worden sein; denn in einem gegen Ende des 13. Jahrhunderts erschienenen „Mirror of Justices" wird rückblickend berichtet, auch König Alfred habe 44 Richter, die falsch geurteilt hatten, hinrichten lassen[457]). In der Landschaft „dunsaete" sollen in Prozessen zwischen Wallisern und Engländern 12 „lagamen" als Urteilsfinder fungieren (je sechs von jedem Stamm), die bei falschem Urteil Vermögenseinziehung trifft, wenn sie sich nicht durch einen Eid reinigen können, daß sie ein besseres Urteil nicht finden konnten[458]). — Eine bemerkenswerte, wenn auch hier nur mittelbar einschlägige Regelung ist über die Urteilsfindung im bereits erwähnten „wapentake" überliefert. Wenn im „wapentake" die 12 „thegnas" keine Einstimmigkeit erzielen können, gilt der Urteilsvorschlag, den eine Mehrheit von 8 von ihnen macht, während die Überstimmten je 6 Halbmark zu zahlen haben[459]). Unbekannt ist, wie es war, wenn sich sieben und fünf Urteiler schieden. Die Richter werden aber auch gegen die Mißachtung ihrer gerechten Urteile geschützt: wer sich weigert, ein gerechtes Urteil zu erfüllen, muß dem Gericht eine Ungehorsamsbuße zahlen[460]).

Besonders befassen sich die überlieferten Bestimmungen des angelsächsischen Rechts mit den aus Bestechlichkeit ungerecht urteilenden Amtswaltern, während die Annahme von materiellen Vorteilen ohne nachfolgende Beugung des Rechts straflos gewesen zu sein scheint[461]). Strafe für ungerechtes Richten infolge Bestechung ist neben der üblichen Ungehorsamsbuße auch der Verlust des Richteramtes: „Und jeder Vogt, der Bestechung nimmt und deshalb das Recht der Gegenpartei beugt, ‚zahle Ungehorsam' gegen den

[455]) III Eg 3; später fügt Cnut (II, 15, 1) der wörtlich übernommenen Stelle als Motiv der Ungerechtigkeit „Geld oder Haß" hinzu.

[456]) Cnut (1020) 11.

[457]) Auch *Freund*, a. a. O., S. 139, berichtet diese Geschichte. Nach Liebermann, a. a. O., Bd. 2, Stw.: Amtsentsetzung 4 b, handelt es sich um eine „lügnerische Erfindung".

[458]) Duns 3, 3; vgl. auch *Rintelen*, Urteilfindung, S. 565.

[459]) III Atr 13, 2.

[460]) II Cn 15, 2. Die Beträge waren: Hundred 30 sol., Grafschaftsgericht 60 sol. und Königsgericht 120 sol.

[461]) Einschärfung der Unbestechlichkeit in: Af El 46. Zu Bestechung und Parteilichkeit in der Rechtspflege nach der normannischen Eroberung, vgl. *Gneist*, Verfassungsgeschichte, S. 137.

König und trage außerdem die Unehre, wie wir bestimmt haben"[462]). Unehre bedeutet in diesem Zusammenhang Amtsentsetzung und Ungnade des Königs, wie sich aus einem anderen Gesetz König Aethelstans ergibt[463]). — Wer sich von einem Dieb bestechen läßt und die Gegenpartei deshalb benachteiligt, verwirkt dem König sein Wergeld, das regelmäßig höher ist als die Ungehorsamsbuße und mit dem Rang des Richters steigt[464]).

Wie die Ungerechtigkeit eines Urteils festgestellt wurde und wer die angedrohten Folgen im Einzelfall verhängte, ist aus den bisher behandelten und aus den sonst zugänglichen Quellen nicht zu ermitteln. Obwohl sich in ihnen keine sicheren Belegstellen für das Vorhandensein der Urteilsschelte in der angelsächsischen Zeit nachweisen lassen, wird überwiegend angenommen, daß wie nach fränkischem, so auch nach angelsächsischem Recht gegen ein falsches Urteil nur durch Schelte vorgegangen werden konnte[465]), über die durch Eid oder Kesselordal im Königsgericht entschieden wurde[466]), während der Zweikampf als streitentscheidendes Ordal den Angelsachsen unbekannt war[467]).

4. *Begünstigung*

In einigen Quellen sehen die angelsächsischen Rechtsquellen auch Straffolgen für die von richterlichen Amtswaltern begangene Begünstigung von Missetätern vor.

Der „ealdorman", der einen gefangenen Dieb absichtlich entwischen läßt oder ein Diebstahlverbrechen auf andere Weise vertuscht, soll sein Amt verlieren, wenn ihn nicht der König begnadigen will[468]). — Da es untersagt ist, daß sich Schädiger und Verletzter unter Umgehung des Gerichts durch heimliche Sühne einigen[469]), werden „ealdorman", Bischof und Vogt für den Fall, daß sie solche Abfindungen erlauben, Amts- und Huldverlust sowie die Ungehorsamsbuße angedroht[470]). Diese Strafdrohungen wurden vermutlich weniger durch die Sorge um die Ahndung von Missetaten als durch die Be-

462) V As 1, 3.

463) II As 25.

464) II As 17.

465) Vgl. Liebermann, a. a. O., Bd. 2, Stw.: Instanzenzug 4; *Adams*, Courts of Law, S. 24. *Holdsworth* beginnt erst mit der Zeit nach der normannischen Eroberung und beruft sich zumeist auf die Leges Henrici. Es ist sehr zweifelhaft, ob wir von ihnen auf die angelsächsische Zeit schließen dürfen, vgl. *Holdsworth*, History, S. 10, 12. *Pollock-Maitland* gehen auf das Problem gar nicht ein. Bei dem Mangel an Quellen und der Ungewißheit über die angelsächsische Urteilsfindung kann der herrschenden Meinung nur mit Bedenken gefolgt werden.

466) Leges Henrici 10, 1. Dieses Rechtsbuch enthält viele angelsächsischen Rechtssätze, zeigt sie aber im Zustand des Verfalls, vgl. *Brunner*, Rechtsquellen, S. 14 f.; *v. Amira*, Grundriß, S. 41.

467) Vgl. *Brunner*, Schwurgerichte, S. 398; *Pollock-Maitland*, S. 39.

468) Ine 36, 1.

469) Ine 36, 52.

470) VI As 11.

fürchtung veranlaßt, daß solche Abfindungen die Strafgeldeinnahmen des Königs mindern könnten[471]).

Der Vogt, der gegen Münzfälscher nicht einschreitet, wird mit der gleichen Strafe wie die Fälscher selbst bedroht, denen in angelsächsischer Zeit die rechte Hand abgeschlagen und alsdann über dem Tor der unerlaubten Münzschmiede angebracht wurde[472]). Wenn der Münzfälscher heimlich in den Wäldern arbeitet, kann er sogar mit dem Tode bestraft werden[473]). — König Eadgar ordnete um 960 an, daß die Vögte, die bei der Bestrafung der Zehntverweigerer nachlässig seien, die königliche Huld und alles, was sie besitzen, verlieren sollen[474]).

4. Kapitel

Das westgotische Recht

I. Die westgotische Gesetzgebung bis zur Lex Visigothorum[475])

Als das älteste Denkmal germanischer Gesetzgebung gilt eine Aufzeichnung westgotischen Rechts, die vermutlich unter König Eurich (466—485) um das Jahr 475 entstanden ist und nach einem Vorschlag Karl *Zeumers*[476]) Codex Euricianus genannt wird[477]). Leider sind uns von Eurichs Gesetzbuch nur 52 teilweise verstümmelte Kapitel in einem Pariser Palimpsest erhalten, jedoch haben kritisch-vergleichende Untersuchungen des burgundischen, bayrischen, alamannischen und salischen Stammesrechts den großen Einfluß dieser frühen Rechtsaufzeichnung auf die Gesetzgebung der meisten anderen germanischen Stämme erwiesen[478]).

Da der Codex Euricianus nur für Rechtsfälle unter Germanen und zwischen Germanen und Römern galt, ließ Eurichs Nachfolger Alarich II. im Jahre 506 für Streitigkeiten der Römer untereinander die Lex Romana Visigothorum (Breviarium Alaricianum) zusammenstellen[479]), die später in ganz

---

[471]) Zum Verbot der heimlichen Sühne bei anderen germanischen Stämmen vgl. *Wilda*, Strafrecht, S. 905.

[472]) IV Atr 7, 3, von Cnut um 1030 erneut angeordnet: II Cn 8, 2; nunmehr war aber Reinigung mit dreifachem Reinigungsbeweis zulässig.

[473]) IV Atr 5—5, 4.

[474]) IV Eg 1, 5.

[475]) Grundlegend hat darüber Karl Zeumer in seiner klassischen „Geschichte der westgotischen Gesetzgebung" gehandelt.

[476]) Geschichte (I), S. 464.

[477]) Vgl. *Brunner*, S. 488; *de Hinojosa*, Historia general, S. 358; *Buchner*, Rechtsquellen, S. 7.

[478]) Vgl. *Brunner*, S. 483, und die bei *Schröder-v. Künßberg*, S. 252, Anm. 4, angegebenen Stellen.

[479]) Zu ihren römischen Bestandteilen vgl. *Brunner*, S. 513; *Zeumer*, Geschichte (I), S. 473; *Kaser*, Römische Rechtsgeschichte, S. 209.

Westeuropa als das römische Rechtsbuch schlechthin zu großem Ansehen gelangte[480]). Schließlich ließ König Rekkesswind — vermutlich 654[481]) — ein systematisch geordnetes Gesetzbuch, die Lex Visigothorum Reccessvindiana, publizieren, die unter Bruch mit dem Prinzip der stammesrechtlichen Gesetzgebung als territoriales Recht[482]) für alle Untertanen des Königs galt[483]).

In der Lex Visigothorum sind nach dem Vorbild der römischen Konstitutionensammlungen den Gesetzen Rekkesswinds und seiner Vorgänger die Namen der Gesetzgeber vorangestellt[484]), während unter der Überschrift „Antiqua" diejenigen Gesetzesstellen (Aerae) erscheinen, die aus einem nicht erhaltenen Gesetzbuch des Königs Leovigild (572—586)[485]) übernommen worden sind[486]).

Von allen germanischen Rechtsaufzeichnungen ist die Lex Visigothorum am stärksten vom römischen Recht beeinflußt worden; mit Recht kann man von einer weitgehenden Zurückdrängung des germanischen Elements in diesem Gesetzbuch sprechen[487]). Das germanische Recht hat sich vornehmlich im Gewohnheitsrecht erhalten, dessen Aufzeichnungen, die hochmittelalterlichen „fueros", zahlreiche germanische Rechtsanschauungen enthalten, die in der Lex Visigothorum verdrängt sind[488]).

II. Die Gerichtsverfassung seit der Geltung territorialen Rechts

Schon bevor sich in der Gesetzgebung das Territorialprinzip durchsetzen konnte, dürfte sich im Anschluß an die von den Goten vorgefundene römische Gerichtsverfassung eine einheitliche Ordnung des Gerichtswesens für alle Bewohner des Reiches ausgebildet haben[489]).

Römer und Germanen hatten dieselben Richter, die wie alle Amtswalter vom König ernannt wurden und gotischer oder romanischer Herkunft sein

---

480) Vgl. *Brunner*, S. 513; *v. Rauchhaupt*, Gesetzesquellen, S. 24; *Buchner*, Rechtsquellen, S. 10. Seit Rekkesswind war die Lex Romana Visigothorum bei den Westgoten nicht mehr in Kraft, vgl. *Kaser*, a. a. O., S. 210.

481) Vgl. *Zeumer*, Geschichte (I), S. 487; *Brunner*, S. 491.

482) Vgl. *Zeumer*, a. a. O., S. 484 f.; *Torres*, Lecciones, S. 102.

483) Dieses Gesetzbuch liegt unserer Untersuchung zugrunde; auf ihm in erster Linie beruht auch die kritische Ausgabe des Westgotenrechts durch Zeumer in den MGH, Leges, Sectio I, Band 1.

484) Es handelt sich um Rekkared I. (586—601), Sisebut (612—621) und Chindasvind (642—653).

485) Leovigild hatte den Codex Euricianus, der durch Gesetze der Nachfolger Eurichs vermehrt worden war, neu redigieren lassen. Diese Ausgabe wurde teilweise bei der Redaktion des Edictus Rothari benutzt, vgl. *Zeumer*, a. a. O., S. 476 f.; *Brunner*, S. 489.

486) Vgl. *Brunner*, ebenda; Zeumer, a. a. O., S. 476.

487) Vgl. *v. Halban*, Das römische Recht, 1. Teil, S. 198; *Buchner*, a. a. O., S. 8.

488) Vgl. *Brunner*, S. 494; *Melicher*, Gesetzes- und Gewohnheitsrecht, S. 7 und passim.

489) Vgl. *Zeumer*, Gesetze, S. 82.

konnten[490]). Richter der untersten Stufe waren für Zivil- und Kriminalsachen der „vicarius comitis", der „iudex" der Lex Visigothorum schlechthin[491]), und der „iudex territorii"; beide wurden rechtstechnisch auch als „iudices locorum" bezeichnet[492]). Diesen Amtswaltern werden im Liber Judiciorum, wie die Lex Visigothorum auch genannt wurde, der „dux provinciae" und der „comes civitatis" als höhere Richter mit Aufsichtsrechten gegenübergestellt[493]). Von ihnen war der „comes" den Richtern seiner „civitas" übergeordnet, die bei bestimmten gerichtlichen Handlungen mit ihm zusammenwirken mußten[494]), während in mancher Hinsicht der „dux" sowohl dem „comes" als auch allen übrigen „iudices" unmittelbar vorgesetzt war[495]). Die Richter waren in den meisten Fällen als Einzelrichter tätig[496]); die Mitwirkung anderer Freier bei der Rechtsprechung war im Gesetzbuch nicht vorgesehen[497]), ja nach der Lex war sogar die Anwesenheit von Personen verboten, die an der zu behandelnden Sache nicht beteiligt waren[498]).

Das Gericht des Königs, des obersten Gerichtsherrn[499]), war für alle nicht im Gesetzbuch entschiedenen Fälle zuständig; sie waren vom unteren Richter an den König zu verweisen. Der König sorgte dann für eine entsprechende Ergänzung des Gesetzbuches[500]). Außerdem wurde das Gericht des Königs in einigen Fällen von „Appellation" tätig[501]).

---

[490]) Vgl. *v. Bethmann-Hollweg,* Civilprozeß, Bd. 1, S. 220; *de Hinojosa,* Das germanische Element, S. 298.

[491]) Vgl. L. Vis. II, 1, 17; *Dahn,* Könige, Bd. 6, S. 321.

[492]) Vgl. L. Vis. V, 4, 8; VI, 2, 2; *Zeumer,* a. a. O., S. 83. Daneben wird der Ausdruck „iudex" wie in anderen Stammesrechten überhaupt für jeden Inhaber „hoheitlicher" Gewalt gebraucht, vgl. *Merea,* Estudios, S. 287. Bereits *v. Savigny,* Geschichte, Bd. 1, S. 310, wies darauf hin, daß in der Lex Visigothorum unter dem Ausdruck „iudex" zahlreiche Obrigkeiten verstanden werden.

[493]) Vgl. *v. Bethmann-Hollweg,* a. a. O., S. 220; *Dahn,* a. a. O., S. 223 ff.; *v. Halban,* Das römische Recht, 1. Teil, S. 216; über den „comes civitatis" handelt ausführlich *Mayer,* Historia, Bd. 2, S. 129 ff.

[494]) Vgl. L. Vis. VII, 1, 5; VII, 4, 2; *v. Bethmann-Hollweg,* a. a. O., S. 221.

[495]) Vgl. *v. Sybel,* Entstehung, S. 374 ff.; *Zeumer,* a. a. O., S. 83; *ders.,* Geschichte (II), S. 80. Über Einzelheiten der westgotischen Gerichtsverfassung, insbesondere über die Zuständigkeitsabgrenzung zwischen den einzelnen Amtswaltern, besteht noch ein erheblicher wissenschaftlicher Streit, vgl. die jüngste Gegenüberstellung der Meinungen bei dem portugiesischen Forscher Paulo *Merea,* Estudios, S. 186 ff.

[496]) Vgl. *de Hinojosa,* Das germanische Element, S. 299.

[497]) Vgl. auch *Minguijón,* Historia, S. 75.

[498]) L. Vis. II, 2, 2. Die Heranziehung von Beratern war aber offenbar möglich, vgl. *García Gallo,* Curso, S. 101.

[499]) Vgl. *García Gallo,* a. a. O., S. 101.

[500]) L. Vis. II, 1, 13; vgl. auch *Dahn,* Könige, Bd. 6, S. 229, und *Zeumer,* Geschichte (II), S. 70 f., der darauf hinweist, daß diese Regelung spätrömischen Anschauungen über die Entstehung des Rechts entspreche.

[501]) Vgl. *Torres,* Lecciones, S. 257. Einzelheiten hinten S. 75 f.

III. Die Behandlung der Rechtspflegedelikte in der Lex Visigothorum

1. *Die allgemeine Stellung der Richter*

In keiner frühmittelalterlichen Rechtsaufzeichnung kommt die Gerichtshoheit des Königs in so ausgeprägten, aber auch langatmig-schwülstigen Wendungen zum Ausdruck wie gerade in der Lex Visigothorum, die den Rechtspflegebetrieb in zahlreichen Bestimmungen ausführlich regelt[502]).

Unter anderem ist den Richtern vorgeschrieben, daß sie immer bereit sein müssen, unverzüglich ihres Amtes zu walten, und daß sie sich nur an zwei Wochentagen sowie in den Mittagsstunden ausruhen dürfen[503]).

Die Richter dürfen für ihre amtliche Tätigkeit gesetzlich festgelegte Gebühren erheben, und zwar soll der „iudex" vom Verlierer den zwanzigsten Teil der Summe des Streitwertes erhalten, während die Gerichtsbüttel, die „saiones", den zehnten Teil der eingetriebenen Beträge für sich behalten dürfen[504]).

Jeder Richter hatte das Recht, einen anderen als Richter statt seiner selbst zu delegieren, und auch der Vertreter konnte wieder einen Untervertreter für sich bestellen[505]).

Im übrigen soll der Richter bei freiwilligem Geständnis die Strafe mildern[506]) und mächtige Personen, die er nicht zum Verhör bringen kann, dem König, Herzog oder Bischof melden[507]); er soll ohne Ansehen der Person entscheiden[508]) und keine allzu harten Urteile fällen[509]). Mit billiger Milde soll er im Gegenteil gegen Arme und Bedrängte vorgehen; denn der Schutz der Schwachen sei seine Pflicht[510]).

2. *Justizverweigerung*

Die Justizverweigerung wird in der Lex Visigothorum an mehreren Stellen behandelt, und zwar finden wir neben Vorschriften, die offenbar für

---

[502]) Vgl. auch *Dahn*, a. a. O., S. 229.

[503]) L. Vis. II, 1, 20 in Anlehnung an L. Rom. Vis. C. Theod. II, 6, 4 und II, 7.

[504]) L. Vis. II, 1, 26; vgl. über diese Bestimmung und ihre Geschichte *Zeumer*, Gesetze, S. 77 ff., S. 89. Siehe auch hinten S. 73.

[505]) L. Vis. II, 1, 15 in der Fassung Ervigs, eines Nachfolgers Rekkesswinds; vgl. dazu *Zeumer*, Geschichte (II), S. 74.

[506]) L. Vis. VI, 1, 3.

[507]) L. Vis. XII, 1, 1.

[508]) Vgl. auch L. Vis. II, 2, 8: Wenn jemand einen Prozeß hat und sich deshalb zu einer hochgestellten Persönlichkeit begibt, um vor Gericht kraft deren Schutzes seinen Gegner zu unterdrücken, so soll er den schwebenden Prozeß, auch wenn er im Recht ist, wie ein Unterlegener verlieren; der Richter aber darf einen mächtigen Mann, sobald er ihn zum Schutze jemandes in dessen Rechtsstreit auftreten sieht, vom Gerichtsort weisen . . . (Übersetzung nach Wohlhaupter, Gesetze der Westgoten, S. 43 ff.).

[509]) L. Vis. XII, 1, 1.

[510]) L. Vis. XII, 1, 1. 2. Zum Bild des Richters in der Literatur jener Zeit vgl.

alle Fälle Geltung haben sollen, auch solche, die nur die Justizverweigerung bei der gerichtlichen Behandlung ganz bestimmter Fälle betreffen[511]).

Der Richter, der sich weigert, eine Klage gegen einen anderen zu Protokoll entgegenzunehmen oder den Beklagten zu laden, hat dem Kläger eine Buße in Höhe des Wertes des Klagegegenstandes zu zahlen[512]). Das Klagerecht des Klägers besteht trotzdem bis zum Ablauf der gesetzlichen Klageverjährungsfrist fort. Kann der Kläger im Prozeß gegen den Richter dessen Weigerung nicht mit Hilfe von Zeugen beweisen, dann muß der Richter einen Reinigungseid schwören, „quod eum nullo malignitatis obtentu vel quolibet favore aut amicitia audire distulerit"[513]).

Diese Vorschrift ist in einigen Fällen, in denen dem Gesetzgeber schnelles Handeln der Amtswalter besonders dringlich erschien, durch Spezialvorschriften gegen Justizverweigerung erweitert und ersetzt worden. Verzögert der Richter, dem in zahlreichen Fällen die Entscheidung über die Höhe einer Komposition gesetzlich als Ermessenssache überlassen war[514]), die Festsetzung der Buße, dann soll der Herzog oder der Bischof die Strafe bestimmen, die der säumige Amtswalter dem Kläger zu entrichten hat[515]); außerdem verliert der Richter sein Amt[516]), eine Folge, die sich im Liber Judiciorum verhältnismäßig selten findet und die hier zum erstenmal im Zusammenhang mit einem Justizverweigerungsdelikt begegnet[517]). Zweck dieser scharfen Androhung ist es, den Richter zu einer schleunigen Festsetzung der Kom-

---

Isidor v. Sevilla, Sententiae III, 52: De iudicibus; 53: De acceptione personarum; 54: De muneribus (Migne, PL 83, Sp. 724—727).

[511]) Für uns sind in erster Linie die allgemeinen Bestimmungen wichtig; daher werden von den zahlreichen einschlägigen Einzelbestimmungen nur die für den Charakter des Westgotenrechts besonders kennzeichnenden erwähnt.

[512]) L. Vis. II, 1, 20; vgl. dazu auch *Zeumer*, Geschichte (II), S. 75 f. Dagegen haftet der Amtswalter nicht für den Versäumnisschaden einer Partei, wie *Dahn*, Studien, S. 254, annahm. Die Zahlung ist eine Art „Fatigationsbuße" (L. Vis. II, 1, 20: . . . pro fatigatione eius . . .); fatigatio = vexatio, exactio (Du Cange, Glossarium, Bd. 3, S. 212). Römischer Einfluß dürfte in dieser Stelle nachwirken und über die L. Rom. Vis. C. Theod. II, 1, 6 (nach C. Theod. II, 1, 6) eingedrungen sein. Dort ist der Betrag des Streitwertes jedoch an den Fiskus zu zahlen, vgl. *Conrat*, Breviarium Alaricianum, S. 481.

[513]) Vgl. mit dieser Aera auch L. Vis. II, 1, 22, die beiden Parteien vollen Schadensersatz zuspricht, wenn der Richter eine Sache über 8 Tage verschleppt hat. Die Aufnahme dieser Aera in die Lex dürfte ein Redaktionsversehen sein; denn nach L. Vis. II, 1, 19 hatte der bis zu 100 Meilen entfernt wohnende Beklagte eine Einlassungsfrist von 11 Tagen, so daß eine Entscheidung innerhalb 8 Tagen oft gar nicht möglich war; so auch *Cohn*, Justizverweigerung, S. 143.

[514]) Vgl. z. B. L. Vis. VI, 4, 8—11.

[515]) L. Vis. VI, 4, 3.

[516]) L. Vis. II, 1, 20: . . . iudicaria potestate privatus . . .

[517]) *Dahn*, Studien, S. 192, nahm offenbar Amtsentsetzung in allen Fällen richterlicher Säumigkeit an, eine Ansicht, die durch die Quellen nicht bestätigt wird; vgl. auch *Cohn*, a. a. O., S. 147.

position zu veranlassen, damit der Geschädigte nicht doch noch zur Privatrache übergeht, die ja möglichst ausgeschaltet werden soll.

Nicht unerheblich ist auch die Rechtsfolge, die eine andere Bestimmung desselben Buches dem Richter in Aussicht stellt, der zögert, eine peinliche Klage wegen Tötung aufzunehmen, die von jedermann gegen den Täter erhoben werden konnte[518]): Der Richter muß dem Ankläger die Hälfte des Wergeldes des Getöteten zahlen[519]). In einem anderen Fall der Popularanklage, wenn jemand einen Geistlichen, der Kirchengut verschleudert hat, anklagt und der Richter die Sache auf die lange Bank schiebt, muß der Amtswalter die Strafe des Geistlichen selbst erlegen: Doppelersatz des verschleuderten Kirchengutes[520]). Schließlich hat auch das Unterlassen des Einschreitens von Amts wegen in einigen Fällen nachteilige Folgen für den Richter[521]), z. B. das Nichteinschreiten gegen Münzverschlechterer[522]) oder gegen Unzucht von Nonnen und Witwen oder die Duldung gewerbsmäßiger Unzucht von Freien und Sklavinnen[523]).

Einzigartig im Bereich der Stammesrechte ist ein als Requisitionsverfahren ausgestaltetes Rechtsinstitut, das der Justizverweigerung abhelfen will[524]). Will ein Freier oder Knecht Klage gegen jemand erheben, der in einem anderen Gerichtsbezirk wohnt, so hat der Richter seines Wohnortes den für den Beklagten zuständigen Richter schriftlich aufzufordern, den Fall zu behandeln[525]). Bleibt seine Aufforderung fruchtlos, so kann der Richter irgendwelche Sachen seines säumigen Kollegen im Betrag der Streitsumme requirieren und dem Kläger Besitz und Nutzung dieser Sachen einräumen, bis der säumige Richter dem Kläger zu seinem Recht verholfen hat. Danach werden die beschlagnahmten Gegenstände ohne Ersatz der gezogenen Nutzungen zurückgegeben. Verliert aber der Kläger den Prozeß, so hat er dem Richter — neben der Rückgabe der requirierten Sachen und dem Ersatz der gezogenen Früchte — noch einmal den Wert des Beschlagnahmten aus eigener Tasche zu ersetzen. Sind keine Gegenstände des säumigen Richters auffindbar, so soll der auffordernde Richter bei irgendeinem Einwohner im Gerichtssprengel des säumigen Kollegen Sachen requirieren und sie dem Kläger zuweisen. Er kann den Kläger auch durch ein Schreiben ermächtigen, bis zum Betrag der Streitsumme die Requisition bei einem beliebigen Einwohner selbst vorzunehmen. Beschwert sich dieser Einwohner darauf beim König

[518]) L. Vis. VI, 5, 14. Über die Widersprüchlichkeit dieser Bestimmung vgl. *Cohn*, a. a. O., S. 148 f. und *Zeumer*, Geschichte (II), S. 76.

[519]) L. Vis. VI, 5, 14. Das Wergeld des Freien war nach dem Alter abgestuft. Für einen Mann zwischen 20 und 50 Jahren betrug es 300 sol., L. Vis. VIII, 4, 16.

[520]) L. Vis. IV, 5, 6.

[521]) Vgl. zum Einschreiten von Amts wegen *Dahn*, a. a. O., S. 265 f.

[522]) L. Vis. VII, 6, 2: teilweise Vermögenskonfiskation.

[523]) L. Vis. III, 5, 2; III, 4, 17.

[524]) L. Vis. II, 2, 7.

[525]) Vgl. *Opet*, Prozeßeinleitungsformen, S. 114. Wegen aller Einzelheiten vgl. die sehr ausführliche und umfangreiche Aera II, 2, 7, sowie *Dahn*, Studien, S. 253.

oder Herzog, dann muß der säumige Richter ihm vierfachen Ersatz leisten, es sei denn, der Beschwerdeführer sei der Schuldner des Klägers. Prüft aber der zunächst säumige Richter nun sogleich den Anspruch des Klägers und weist er ihn ab, dann muß der abgewiesene Kläger, wenn er ein Freier ist, die beschlagnahmten Sachen zurückgeben und zusätzlich eine Summe in Höhe des Wertes dieser Sachen an den in Anspruch Genommenen entrichten. Ein Knecht braucht nichts zusätzlich zu zahlen, erhält jedoch 100 Hiebe und erleidet Dekalvation[526]).

Felix *Dahn* hielt die Aera II, 2, 7 für eine Antiqua und für ein „Überbleibsel aus einer Zeit, da der Staatsgedanke noch wenig entwickelt war“[527]), während nach heute herrschender Ansicht die Bestimmung unzweifelhaft aus der Zeit des Königs Chindasvind stammt[528]). Merkwürdig und rätselhaft bleibt freilich, daß ein Königtum, das so ins Absolutistische gesteigert war wie das westgotische, an Stelle einer einfachen Beschwerde über den säumigen Richter beim König oder Herzog ein so verwickeltes und umständliches Verfahren zur Erzwingung der Rechtspflege einführte[529]).

3. *Falschurteilen*[530])

Die grundlegende allgemeine Bestimmung über die Folgen eines Falschurteils ist II, 1, 21, eine Antiqua, deren Inhalt in etwas anderer Form bereits in Eurichs Gesetzbuch vorhanden gewesen sein dürfte[531]).

Hat ein Richter seines Vorteils wegen ein Falschurteil erlassen und hat

[526]) Streitig ist, ob die Dekalvation mit dem Herausreißen der Kopfhaut verbunden war oder nur völlige Kahlscherung bedeutete, vgl. *Dahn*, Studien, S. 191 f. und *Lear*, Public Law, S. 15.

[527]) *Dahn*, a. a. O., S. 253; ebenso *Cohn*, a. a. O., S. 152.

[528]) Vgl. *Zeumer*, Geschichte (II), S. 93; *ders.*, MGH, Leg., Sectio I, Bd. 1, S. 83, Anm. 1. Zeumer weist darauf hin, wie bedenklich es sei, das Alter der Quellen nach dem vermeintlichen Alter der in ihnen vorausgesetzten Zustände bestimmen zu wollen.

[529]) Nachwirkungen dieser Regelung scheinen sich in einem altspanischen Fuero aus dem 12. Jahrhundert zu finden, vgl. Fuero de Catalayud, 1131, c. 54: Hat jemand aus Catalayud einen Rechtsstreit in einer anderen Gegend, und war er in der Gemeinde, wo der Streit anhängig ist und verhilft man ihm dort nicht zu seinem Recht, so soll er dort Leute nehmen (benennen), und dann kehre er nach Catalayud zurück und pfände diese Leute aus und pfände auf dem Feld (der rechtsweigernden Stadt) und von den genommenen Pfändern empfange er als Sicherheit 60 Schillinge. Und wenn über diesem Pfänden die Leute von Catalayud einen anderen töten, so muß keine Totschlagsbuße bezahlt werden. (Übersetzung nach Wohlhaupter, Altspanisch-gotische Rechte, S. 159.)

[530]) Für die Lex Romana Visigothorum vgl. *Conrat*, Breviarium Alaricianum, S. 575 ff.

[531]) Das ergibt die Übereinstimmung mit L. Bai. II, 16. 17, für die der Codex Euricianus als Vorlage diente, vgl. *Zeumer*, Geschichte (II), S. 76 f. sowie Nr. 1 der aus der Lex Baiuwariorum restituierten Gesetze des Codex Euricianus (Zeumer, MGH, Leg. Sectio I, Bd. 1, S. 28 und S. 68, Anm. 3).

auf Grund dieses Urteils der Gewinner des Prozesses vom Unterlegenen etwas erlangt, so muß er es diesem zurückgeben. Der Richter muß außerdem dem Verlierer den Wert des dem Gewinner zu Unrecht Zugesprochenen noch einmal aus eigener Tasche zahlen. Ist der Richter in dieser Höhe zahlungsunfähig, dann muß er sich mit seinem Vermögen bei dem Benachteiligten in Knechtschaft begeben. Später, unter König Ervig, traten an die Stelle der Verknechtung 50 Hiebe, die dem Richter öffentlich verabreicht wurden[532]).

Kann indessen der Richter einen Eid leisten, daß er nicht aus Freundschaft, Habsucht oder um irgendeines Vorteils willen, sondern vielmehr einfach aus Unwissenheit falsch urteilte, dann wird das Urteil zwar aufgehoben[533]), der Richter aber nicht bestraft[534]). Neben der Unterscheidung von unbeabsichtigtem und eigennützigem Falschurteilen überrascht bei dieser Regelung die sehr gelinde Ahndung der Bestechlichkeit eines Amtswalters. Sie wird zudem, wie schon Aera II, 1, 21 andeutet, nach der Lex Visigothorum nur dann bestraft, wenn durch die Annahme einer Bestechungsleistung ein *ungerechtes* Urteil veranlaßt wurde. Die „einfache" passive Bestechung bleibt ohne Straffolge. — Die Westgoten hatten demnach, verglichen mit den Römern, eine sehr milde Anschauung von der Bestechung[535]), wie sie dann auch in das bayrische Stammesrecht[536]) eingedrungen ist[537]). Das römische Recht bedrohte mit Strafe — selbst bei einer „bona causa" — schon die Hingabe von Geschenken an den Richter zum Zwecke, überhaupt ein Urteil zu erlangen, und ebenso die bloße Annahme von Geschenken durch den Rich-

[532]) Vgl. *Zeumer*, Geschichte (II), S. 77.

[533]) Ähnlich soll auch eine ungerechte Entscheidung, die auf Befehl des Königs oder aus Furcht vor ihm zustande kam, keinen Bestand haben, L. Vis. II, 1, 29. Der Richter wird dann ebenfalls nicht bestraft.

[534]) Auch nach Kapitel 10 der Fragmenta Gaudenziana, MGH, Leg., Sectio I, Bd. 1, S. 470, wird das unbeabsichtigte Falschurteilen nicht mit Strafe bedroht. Ein bestochener Richter muß dagegen den vierfachen Betrag der Bestechungssumme an den Fiskus zahlen. Vgl. zu den Fragmenta Gaudenziana, bei denen es sich vermutlich um eine juristische Privatarbeit handelt, *Zeumer*, Geschichte (I), S. 460 ff.; *Brunner*, S. 494 ff.; *Torres*, Lecciones, S. 122. Nach *de Hinojosa*, Historia general, S. 361 f., hatten die Fragmente offiziellen Charakter. Zum oben erwähnten Kapitel 10 der Fragmente vgl. *Brunner*, S. 495, Anm. 56; Zeumer, MGH, Leg., Sectio I, Bd. 1, S. 470, Anm. 4, 5.

[535]) Vgl. auch Isidor v. Sevilla, Sententiae III, 54 (Migne, PL Bd. 83, Sp. 726) und L. Rom. Vis. Paul. Sent. V, 30, 1 gegenüber Paul. Sent. V, 28; ferner *v. Halban*, Das römische Recht, 1. Teil, S. 223, Anm. 6.

[536]) L. Bai. II, 17. 18.

[537]) Die milde Beurteilung der passiven Bestechung bei Richtern zeigt auch die Vorgeschichte der Bestimmungen II, 1, 21. 26. Karl *Zeumer* hat nachgewiesen, daß nach einem teilweise erhaltenen Prozeßkostengesetz des Königs Theudis aus dem Jahre 546 den Richtern neben den gesetzlichen Sporteln ohne Gefahr noch weitere Leistungen „zur Förderung des Prozesses" gewährt werden konnten. Sie wurden solange nicht als Bestechung angesehen, wie sie nicht die Höhe des Streitwertes überstiegen, vgl. *Zeumer*, Gesetze, S. 91 ff. Damit war die Bestechung innerhalb gewisser Grenzen legalisiert (*Zeumer*, a. a. O., S. 92). Bemerkenswert ist weiter, daß solche

ter[538]). Das burgundische Stammesrecht kannte für jeden Fall der Bestechung sogar die Todesstrafe[539]). Möglicherweise beruhte jene milde Anschauung im westgotischen Recht darauf, daß in den Gesetzen und in der Praxis der römischen Spätzeit, in welcher der Ämterkauf beinahe zu einem erlaubten Geschäft geworden war, die Bestechung mehr getadelt als bestraft wurde[540]). — Die gleiche milde Auffassung von der Bestechung finden wir merkwürdigerweise auch bei den Ostgoten, bei denen ebenfalls die bloße Annahme der Bestechungsleistung ohne Beugung des Rechts den Richter nicht strafbar machte. Für die „schwere" passive Bestechung waren bei ihnen die Straffolgen allerdings härter als bei den Westgoten[541]).

Neben der allgemeinen Bestimmung II, 1, 21 enthält die Lex Visigothorum noch einige andere, kasuistisch abgefaßte Bestimmungen, die Falschurteilen und Bestechlichkeit betreffen. Für die Folgen der Bestechlichkeit des Richters in Statusprozessen verweist das Gesetz auf die Aera II, 1, 21; zur Annahme einer Bestechungsleistung muß auch in diesem Fall die Beugung des Rechts zum Nachteil einer Partei kommen[542]). — Hat ein bestechlicher Richter einen Unschuldigen zum Tode verurteilt, so verliert er sein Leben[543]). Hat er einen todeswürdigen Verbrecher freigesprochen, so hat er dem durch den Freispruch Geschädigten das Siebenfache der Bestechungssumme zu zahlen; außerdem verliert er sein Amt, und sein Nachfolger im Richteramt hat ihn dazu anzuhalten, den Freigesprochenen wieder vor Gericht zu bringen[544]).

Alle diese wenig strengen Vorschriften gegen Falschurteilen und Bestechlichkeit sind nicht nur an sich, sondern besonders auch deswegen überraschend, weil von sauberer Amtsführung der Amtswalter nur selten berichtet wird, während Klagen über Amtsmißbrauch, insbesondere Bestechlichkeit, sehr

---

Zahlungen an die Richter den Prozeßkosten zugerechnet werden konnten, die dem Verlierer des Prozesses auferlegt wurden. Der Richter konnte sich also von beiden Parteien hohe Zahlungen machen lassen und dann der unterlegenen Partei den Ersatz des von der obsiegenden Partei an ihn Gezahlten auferlegen (*Zeumer*, a. a. O., S. 95). Zeumer vermutet, daß es zu dieser sonderbaren Regelung deshalb kam, weil die Juristen des Theudis möglicherweise eine römische Quellenstelle, vielleicht Cassiodors Variae IX, 14 (Auct. antiquiss., Bd. 12, S. 278 f.), falsch verstanden haben. Rekkesswind hat die Regelung nicht übernommen.

538) Vgl. D. 48, 10, 1, 2; 47, 10, 15, 30. Nach D. 48, 8, 1, 1 wird Annahme von Bestechung im Kapitalprozeß als Mord bestraft; vgl. auch *Mommsen*, Strafrecht, S. 674, Anm. 6.

539) Vgl. L. Burg. Pr. Const. 6.

540) Vgl. *Mommsen*, Strafrecht, S. 718.

541) Todesstrafe für bestechliches Richten in Kapitalsachen: Ed. Theod. c. 1; vierfacher Ersatz bei demselben Verstoß in Status- und Vermögenssachen: Ed. Theod. c. 2. Beide Bestimmungen lehnen sich offenbar an Paul. Sent. V, 23, 10 an. Vgl. auch Ed. Theod. c. 3. 4. 55 und *v. Halban*, a. a. O., S. 118.

542) L. Vis. V, 7, 8 (Ervigiana). Nach der Fassung Rekkesswinds sollen Kläger und Richter wie „falsarii" bestraft werden.

543) L. Vis. VII, 4, 5 (Antiqua).

544) L. Vis. VII, 4, 5.

häufig waren; denn „mit dem römischen Ämterwesen bestand auch dessen alter Rost und giftige Fäulnis fort“[545]). Bezeichnend ist, daß bei den Westgoten der König in seinem Krönungseid ausdrücklich auch Schutz gegenüber den Übergriffen seiner Amtswalter geloben mußte[546]).

Wie und von wem in all diesen Fällen die Unrichtigkeit eines Urteils festgestellt wurde, geht aus der Lex Visigothorum nicht hervor. Einen ordentlichen Rechtszug hat es jedenfalls nach der Lex nicht gegeben. Vermutlich konnten die übergeordneten Richter, Graf, Herzog und Richter, eingreifen und die untergebenen Amtswalter zur Rechenschaft ziehen.

Dennoch ist dem Westgotenrecht für den Zivilprozeß eine Art Appellation nicht unbekannt, die allerdings in die Form einer „denuntiatio iudicis suspecti“ gekleidet ist[547]). Wenn ein Richter von einer Partei für „verdächtig“ erklärt wird, weil er ungerecht geurteilt hat oder urteilen will, so soll er gemeinsam mit dem Bischof[548]) die Sache verhandeln und beide sollen gegemeinsam ein Urteil fällen. Gegen dieses Urteil steht dem Unterlegenen die Beschwerde an den König offen, und zwar in Form einer Klage gegen Richter und Bischof, ungerecht geurteilt zu haben[549]). Gibt der König der Beschwerde statt, so erhält der Appellant die bereits dem Prozeßgewinner erbrachten Leistungen zurück, und Richter und Bischof haben ihm zusätzlich einen Betrag in Höhe des Streitwertes zu entrichten. Wird das Urteil vom König aber bestätigt, dann hat der Beschwerdeführer seinerseits einen Betrag in Höhe des Streitwertes an Richter und Bischof zu zahlen; ist er mittellos, so erhält er in Gegenwart des Richters 100 Hiebe.

Die Bestimmung II, 1, 24 ist vermutlich aus einer zweifachen Rezeption römischrechtlicher Vorschriften entstanden. Eine „appellatio a suspecto iudice“ war dem westgotischen Recht von der Lex Romana Visigothorum her bereits bekannt[550]). Im Anschluß an eine Novelle Justinians, durch die dieser die Bischöfe in die staatliche Gerichtsbarkeit einbaute[551]), wurden später auch im Westgotenreich die Bischöfe als Aufsichtsinstanz und „coniudices“ für den Fall der Verdächtigkeit des staatlichen Richters eingesetzt[552]).

---

[545]) *Dahn*, Könige, Bd. 6, S. 354.

[546]) Vgl. *Dahn*, a. a. O., S. 357. Dieser Autor schildert a. a. O., S. 354—358 anschaulich die verworrenen Zustände im westgotischen Ämterwesen.

[547]) L. Vis. II, 1, 24.

[548]) Seit dem Concilium Toletanum von 589 war dem Bischof die Befugnis zur allgemeinen Kontrolle der weltlichen Justiz eingeräumt, vgl. *Dahn*, a. a. O., S. 230, Anm. 11 und S. 388 ff. In diesem Punkt ist auch fränkischer Einfluß — durch das Konzil von Tours (567) — nicht ausgeschlossen, vgl. *Zeumer*, Geschichte (II), S. 87.

[549]) Nach L. Vis. II, 1, 28 ist ein den Parteien nach Erlaß eines ungerechten Urteils abgelockter Verzicht auf Beschwerde unwirksam.

[550]) Die Nov. Valent. 34, 16 war als Nov. Valent. 12, 1, 16 in die Lex Romana Visigothorum aufgenommen worden.

[551]) Nov. 86 vom Jahre 531.

[552]) Siehe Anm. 548. Diese Regelung bedeutet bei dem überaus großen Einfluß

Während die Aera II, 1, 24 davon ausgeht, daß sich Richter und Bischof über ein gemeinsames Urteil einigen können, behandelt II, 1, 30 den Fall, daß eine solche Einigung nicht zustande kommt. Der Bischof kann dann allein entscheiden, und der Richter hat das Urteil zu vollstrecken. Weigert sich der Richter, so hat er dem Bischof ein Fünftel des Wertes des Streitgegenstandes als Buße für den Ungehorsam zu zahlen. Denselben Betrag hat der Bischof dem Kläger zu zahlen, wenn er die Rechtshilfe gegen den verdächtigen „iudex“ verzögert[553]).

Später änderte König Ervig das Verfahren für den Fall, daß sich Bischof und Richter nicht über ein gemeinsames Urteil einigen konnten. Der Bischof fällte dann selbständig ein Urteil und schickte die appellierende Partei mit diesem Urteil und einem Bericht über die Ansicht des weltlichen „iudex“ an den König zur endgültigen Entscheidung[554]).

4. *Mißbrauch der Folter*

Besondere Sicherungen enthält das westgotische Recht gegen den Mißbrauch der Folter durch die richterlichen Amtswalter. Stirbt ein freier Mann in der Folter, so wird der Richter, wenn er dolos handelte oder vom Ankläger bestochen war, der Sippe des Getöteten übergeben, die den Amtswalter mit gleicher Peinigung töten darf. Kann sich der Richter durch einen Eid reinigen und schwören auch die Folterzeugen, daß er nicht böswillig oder bestochen den Gefolterten sterben ließ, dann hat der Richter den Erben 300 sol. zu zahlen, „quod indiscretus iudex superflua non proibuit“[555]). In jedem Fall aber wird der Ankläger, der die Folterung veranlaßte, den Verwandten des in der Folter Gestorbenen zur Tötung verknechtet. Läßt ein Richter dagegen einen Sklaven in der Folter fahrlässig sterben, dann hat er dem Herrn lediglich einen Ersatzsklaven zu stellen[556]): „quod temperamentum in tormento non tenuit“[557]).

---

des Klerus im Westgotenreich gewiß keine tiefgreifende Änderung der Praxis; vgl. auch *Zeumer,* Geschichte (II), S. 84 ff.

[553]) Über die frühere — verfehlte — Erklärung von L. Vis. II, 1, 30 und ihres Verhältnisses zu II, 1, 24 vgl. *v. Bethmann-Hollweg,* Civilprozeß, Bd. 1, S. 225 und *Cohn,* Justizverweigerung, S. 150. In falscher Auslegung des Ausdruckes „pauperes“ in II, 1, 30 nahmen diese Autoren an, jene Bestimmung enthalte eine Spezialvorschrift für Armensachen. Zur Entwicklungsgeschichte der erörterten Bestimmungen vgl. *Zeumer,* a. a. O., S. 79 ff.

[554]) L. Vis. II, 1, 30 (Ervigiana).

[555]) L. Vis. VI, 1, 2.

[556]) L. Vis. VI, 1, 5. Der Fall vorsätzlichen Handelns des Richters ist nicht geregelt.

[557]) Hier scheint eine Bestimmung des römischen Rechts, D. 48, 18, 10, 3, nach der bei der Folterung Maß gehalten werden soll, nachgewirkt zu haben; vgl. auch *Mommsen,* Strafrecht, S. 417.

5. Kapitel

Das Stammesrecht der Burgunder

I. Zur Lex Burgundionum

Mit der Untersuchung des Stammesrechts der Burgunder gelangen wir zu der Rechtsaufzeichnung eines weiteren germanischen Stammes, der ebenfalls schon allein wegen seiner engen räumlichen Beziehungen zu Gebietsteilen und zur Bevölkerung des niedergehenden weströmischen Reiches von diesem eine besonders nachhaltige Beeinflussung seines Rechts und seiner gesamten Kultur hinnehmen mußte. Die Burgunder waren um die Mitte des 5. Jahrhunderts im Gebiet um den heutigen Genfer See auf römischem Provinzialboden in enge Berührung mit römischer oder völlig romanisierter Bevölkerung gekommen. Mehrere Landteilungen nach dem Prinzip der Realteilung[558]) vermischten Römer und Burgunder so stark, daß ein neues politisches Gemeinwesen entstand[559]). Die burgundischen Könige förderten die vorgefundene Kultur und nahmen, wie andere germanische Könige voll Bewunderung für das römische Reich und seine Kultur[560]), römische Würden an[561]). Unter dem berühmten König Gundobad (474—516) wurde am Ende des 5. Jahrhunderts vornehmlich unter Benutzung des Codex Euricianus und älterer burgundischer Königsgesetze ein Gesetzbuch erlassen und später durch Novellen Gundobads und seines Sohnes Sigismund ergänzt[562]). Als amtliche Sammlung der burgundischen Königsgesetze (Liber constitutionum) galt die Lex Burgundionum für alle Burgunder und bei allen Rechtshändeln zwischen Burgundern und Römern. Für die Rechtsbeziehungen der Römer untereinander blieb das römische Recht in Geltung. Noch unter Gundobad wurde aber für die Römer aus römischen Rechtsquellen ein besonderes Rechtsbuch, die Lex Romana Burgundionum, herausgegeben, die allerdings mehr den Charakter einer amtlichen Instruktion als eines neuen Gesetzbuches hatte, da sie nur bereits geltende Rechtssätze zusammenstellte[563]).

Der Einfluß der römischen Rechtskultur auf die Lex Burgundionum zeigt sich deutlich in dem „modernen Gepräge“[564]) der Lex und in der Übernahme mancher Bestimmungen des römischen Rechts[565]).

---

558) Vgl. *v. Halban*, Das römische Recht, 1. Teil, S. 250 ff.; *Kötzschke*, Grundzüge, S. 57.

559) Vgl. *Binding*, Geschichte, S. 36; *Dahn*, Könige, Bd. 11, S. 44.

560) Vgl. *Dahn*, a. a. O., S. 65; *Koschaker*, Europa, S. 11.

561) Vgl. dazu auch *v. Bethmann-Hollweg*, Civilprozeß, Bd. 1, S. 144 ff.

562) Einzelheiten bei *Brunner*, S. 497 ff.

563) Vgl. *Brunner*, S. 507. Die Lex Romana Burgundionum enthält keine für diese Untersuchung wichtigen Amtswaltervorschriften. Ihre Bedeutung war im übrigen zu ihrer Zeit sehr gering, vgl. *Kaser*, Römische Rechtsgeschichte, S. 210.

564) *Brunner*, S. 504.

565) Vgl. *Rüegger*, Einflüsse, passim.

II. Die Gerichtsverfassung

Der Aufbau der Gerichtsverfassung der Burgunder wird in ihrem Stammesrecht nirgends entwickelt oder auch nur durch andeutende Bestimmungen erhellt, so daß sich im Schrifttum eine einheitliche Ansicht über das Verhältnis und die Abgrenzung der verschiedenen in der Lex erwähnten Amtswalterbezeichnungen (comes, iudices deputati) nicht gebildet hat. Je nachdem wie man einzelne Titel der Lex und in ihnen wiederum einzelne Worte auslegt, läßt sich die Ansicht vertreten, daß die häufig genannten „iudices deputati" zwei dem Grafen beigegebene Richter waren, in deren Amt sich die römische Institution des „assessor" und die germanische des Urteilsfinders verschmolzen haben[566]; oder auch, daß „comes" und „iudex deputatus" zwei verschiedene Bezeichnungen für denselben Amtswalter waren, der sowohl die Aufgabe des Gerichtshalters wie auch des Urteilsfinders wahrnahm[567]. Eine Gesamtschau über die einschlägigen Bestimmungen der Lex Burgundionum, die für diese Frage allein als Quelle zur Verfügung steht, bestätigt jedoch allein die zweite der genannten Ansichten[568]. Vermutlich waren demnach vom König eingesetzte Gau- und Ortsgrafen die Gerichtshalter und Urteilsfinder in den ordentlichen Gerichten, und zwar hatte Burgund die „Zweirichterbank"[569], die mit je einem Römer und Burgunder besetzt war. Unsicher ist allerdings, ob die beiden gemeinschaftlich entschieden oder ob die Zuständigkeit des Gerichts irgendwie unter ihnen aufgeteilt war. Das Königsgericht, über dessen Besetzung wir ebenfalls nichts erfahren[570], war bei Justizverweigerung und in allen Rechtsfällen zuständig, die in der Lex nicht geregelt waren[571]. Vermutlich entschied es auch über die Rechtmäßigkeit des als ungerecht angefochtenen Urteils.

III. Die Behandlung der Rechtspflegedelikte

1. Allgemeine Vorschriften zur Rechtspflege

Die Lex Burgundionum enthält als einziges von allen Stammesrechten eine dem Gesetzbuch als „Prima Constitutio" vorangestellte Zusammenfassung

---

[566] Vgl. L. Burg. Pr. Const. 5; 13 und Const. Extravag. XII sowie *Eichhorn*, Staats- und Rechtsgeschichte, Bd. 1, S. 405; *v. Bethmann-Hollweg*, a. a. O., S. 163; *v. Sybel*, Entstehung, S. 384; *v. Halban*, a. a. O., S. 260 f.

[567] So die h. M.: *Rogge*, Gerichtswesen, S. 76, Anm. 91; *Sohm*, Fränkisches Recht, S. 23 ff.; F. *Beyerle*, Entwicklungsproblem, S. 333 ff.; *ders.*, Gesetze der Burgunden, S. 155.

[568] Siehe insbes. L. Burg. Pr. Const. 13: Nullam causam absente altero iudice vel Romanus comes vel Burgundio iudicare praesumat, quatenus studeant, ut sepius expetentes se de legum ordine incerti esse non possint. Vgl. weiter Const. Extravag. XIX; XXI, 11 sowie L. Burg. 49.

[569] L. Burg. Pr. Const. 13; vgl. F. Beyerle, Gesetze der Burgunden, S. 155; *Dahn*, Könige, Bd. 11, S. 123 ff. und S. 151.

[570] Vgl. dazu auch *v. Halban*, a. a. O., S. 282.

[571] L. Burg. Pr. Const. 10.

allgemeiner Richterpflichten und Ermahnungen zur Rechtspflege. Diese „Erste Satzung" zeugt durch Schlichtheit und Eindringlichkeit der Sprache und durch die Beschränkung auf die entscheidenden Punkte von der nicht unbedeutenden — gewiß stark römisch beeinflußten — Rechtskultur der Burgunder und dem Bemühen ihrer Könige, einen untadeligen Richterstand heranzubilden und eine saubere Rechtspflege zu gewährleisten.

Als wichtigste Richtertugenden werden zu Beginn dieser Einleitung des Gesetzbuches Sauberkeit und gleiches Maß im Richten hervorgehoben[572]). Kein Amtswalter soll für ein Urteil von einer Partei Lohn oder einen sonstigen Vorteil annehmen; die Partei, die im Recht ist, soll ihr Recht auch finden[573]). Dann betont der König ausdrücklich — und dieser ungewöhnliche Hinweis findet sich ebenfalls in keinem anderen Stammesrecht —, daß auch für ihn selbst diese Grenze des Gesetzes verbindlich sei; daher möge es niemand unternehmen, die richterliche Integrität (integritas) des Königs durch Bitten oder Geschenke zu versuchen. Der König will sich selbst nicht gestatten, was er jedem Richter seines Reiches verbietet[574]). Schließlich wird nochmals betont, alle Amtswalter des Reiches mögen eingedenk sein, weder Sporteln zu nehmen noch sich etwas geschenkweise versprechen zu lassen[575]).

Für die Schreiber der Richter werden bestimmte Gebührensätze festgesetzt. Bei Sachen über 10 sol. Streitwert darf ein Drittelschilling als Schreibgebühr für die Ausfertigung des Urteils verlangt werden. Liegt der Streitwert darunter, dann erhalten die „notarii" eine geringere Gebühr, deren Höhe allerdings nicht genannt wird[576]).

Den Richtern wird weiterhin eingeschärft, daß sie streng nach den Bestimmungen der Lex zu entscheiden haben; für die Anwendung von Gewohnheitsrecht oder für das Ermessen des Richters bleibt kein Raum. Fälle, die im Gesetz nicht berücksichtigt sind, müssen dem Königsgericht vorgelegt werden[577]), dessen Entscheidungen dann meist als „lex generalis" in Kraft gesetzt werden[578]).

---

572) L. Burg. Pr. Const. 2: Amore iustitiae, per quam Deus placatur et potestas terrenae dominationis adquiritur, ea primum habito consilio comitum et procerum nostrorum studuimus ordinare, ut integritas et aequitas iudicandi a se omnia praemia vel corruptiones excludat.

573) L. Burg. Pr. Const. 3: . . . ut nullus aliquid de causis et iudiciis praemii aut commodi nomine a qualibet parte speret aut praesumat accipere, sed iustitiam cuius pars meretur, obteneat . . .

574) L. Burg. Pr. Const. 4.

575) L. Burg. Pr. Const. 5: Sciant itaque obtimates . . .: nihil se de causis his, quae actae aut iudicatae fuerint accepturos aut litigantibus promissionis vel praemii nomine quaesituros; . . . Diese Bestimmung diente zusammen mit Pr. Const. 6 als Vorlage bei Abfassung von Titel 91, 1 der Lex Ribvaria; vgl. vorn S. 17.

576) L. Burg. Pr. Const. 7.

577) L. Burg. Pr. Const. 10.

578) Auf Urteile des Königsgerichts gehen z. B. L. Burg. 51—53 zurück.

Da private Fehdebeilegungen zurückgedrängt und gewisse Delikte der Bestrafung nicht entzogen werden sollen[579]), wird es den Richtern bei Strafe von 12 sol. verboten, zwischen den Parteien, insbesondere bei Diebstahlssachen, einen Vergleich zu betreiben[580]).

2. *Justizverweigerung*

Das Königsgericht kann erst dann mit der Behauptung, im Gau- oder Stadtgericht sei die Justiz verweigert worden, angegangen werden, wenn zuvor der ordentliche Richter dreimal vergeblich angerufen wurde und nicht zur Sache verhandelt hat. Wird im Königsgericht Justizverweigerung des Amtswalters festgestellt, so muß er 12 sol. an den Fiskus zahlen, für den die verwirkten Strafgelder durch die Witteschalken eingezogen werden[581]).

Ebenso zahlt derjenige 12 sol., der ohne dreimaligen Anruf seines Richters den König wegen Justizverweigerung angeht[582]). Später wurde diese Regelung durch Einführung einer Frist geändert, da offenbar die Voraussetzung der dreimaligen Bitte um rechtliches Gehör ohne Festsetzung einer Frist, innerhalb deren entschieden sein mußte, zu Unzuträglichkeiten geführt hatte: Da das dreimalige Anbringen der Klage und die nachfolgende Klage im Königsgericht innerhalb kurzer Zeit erfolgen konnten, kam es anscheinend zu häufigen Klagen im Königsgericht, die die Abwesenheit der beschuldigten Richter vom Gerichtsort zur Folge hatten und ihre gerichtliche Tätigkeit behinderten[583]). — Nach der später eingeführten Regelung muß der Richter jede vor ihn gebrachte Klage innerhalb von 3 Monaten erledigen. Zögert er eine Entscheidung über 3 Monate hinaus, verwirkt er 12 sol.[584]). Dennoch bleibt die Streitsache bei ihm anhängig und muß von ihm entschieden werden; das Königsgericht spricht offenbar nur die Strafe der Justizverweigerung aus.

Der Grund der Justizverweigerung wird in der Lex Burgundionum nicht berücksichtigt. Allerdings ist eine unverschuldete oder gar unbeabsichtigte Justizverweigerung bei den genannten Bedingungen praktisch kaum möglich gewesen, insbesondere wenn man berücksichtigt, daß die Burgunder für ihren

---

[579]) Vgl. Gál, Prozeßbeilegung, S. 40; F. *Beyerle*, Entwicklungsproblem, S. 73.

[580]) L. Burg. Pr. Const. 5; L. Burg. 71, 1—2; Const. Extravag. XXI, 11. Außerdem gingen bei heimlichen Vergleichen dem König Strafgelder verloren, vgl. *Dahn*, Könige, Bd. 11, S. 101.

[581]) L. Burg. Pr. Const. 12. Zum Aufgabenbereich der Witteschalken vgl. L. Burg. 76; *Dahn*, a. a. O., S. 130; *Mensching*, Strafrecht, S. 67 ff.

[582]) L. Burg. Pr. Const. 12. Vorlage dürfte eine nicht erhaltene Bestimmung aus Eurichs Gesetzbuch gewesen sein, vgl. *Zeumer*, Geschichte (II), S. 76.

[583]) Vgl. auch *Zeumer*, Textkritik, S. 263.

[584]) L. Burg. 81, 2: Quod si ultra tres menses causa cognita interpellati iudices distulerint iudicare, XII solidorum multam eos iubemus exsolvere, causa ab his nihilominus legibus iudicanda. — Vgl. hierzu auch *Dahn*, Könige, Bd. 11, S. 162; *Zeumer*, Textkritik, S. 263.

Justizbetrieb offensichtlich das wohlorganisierte römische Kanzleiwesen übernommen hatten[585]).

3. *Falschurteilen und Bestechlichkeit*

Die Annahme von Bestechungsleistungen durch einen richterlichen Amtswalter ist in der Lex Burgundionum zu einem selbständigen Delikt ausgestaltet. Der bestechliche Richter, ob er nun gerecht urteilt oder das Recht beugt, wird „ad exemplum omnium“ mit dem Tode bestraft. Das Vermögen des Hingerichteten wird jedoch nicht zugunsten des Fiskus eingezogen, sondern bleibt den Erben erhalten[586]).

Der Richter, der, ohne bestochen zu sein, entgegen den Bestimmungen der Lex urteilt, verwirkt eine Strafe von 36 sol.; wenn er aus Einfältigkeit oder Nachlässigkeit nicht nach dem Gesetzbuch entschieden hat, zahlt er 30 sol. an den König[587]). In diesem letzten Fall soll nach erneuter Verhandlung derselbe Richter noch einmal entscheiden.

Leider enthält die Lex Burgundionum keine Anhaltspunkte darüber, wo und wie der Nachweis der Bestechlichkeit und des Falschurteilens sowie der Ausspruch des Todesurteils erfolgten. Immerhin ist es unwahrscheinlich, daß ein anderes als das Königsgericht imstande gewesen ist, die mächtigen Vertrauensleute des Königs und höchsten Amtswalter eines Bezirks der Bestechlichkeit und der Ungerechtigkeit zu überführen und dann gar zum Tode zu verurteilen.

6. Kapitel

Das alamannische Stammesrecht

I. Die Gerichtsverfassung der Alamannen

Das Gericht der Alamannen war nach der Lex Alamannorum, dem vermutlich unter Herzog Lantfrid (709—730) entstandenen Stammesrecht der Alamannen[588]), der „conventus“, ein ungebotenes Ding, das nach alter Ge-

---

[585]) In den Bestimmungen über die Justizverweigerung ist immerhin entgegen *v. Halban*, Das römische Recht, 1. Teil, S. 283, ein „weitgehender römischer Einfluß“ nicht zu erkennen.

[586]) L. Burg. Pr. Const. 6: Quod si quis memoratorum corruptus contra leges nostras, aut etiam iuste iudicans, de causa vel iudicium praemium convictus fuerit accepisse, ad exemplum omnium probato crimine capite puniatur . . . Vgl. auch *Dahn*, Könige, Bd. 9, S. 147, nach dem diese Bestimmung über den Codex Euricianus vom römischen Recht beeinflußt worden ist.

[587]) L. Burg. 90, 2: Si vero iudices a nobis deputati iniuste iudicaverint, sciant se ter duodenos solidos multae nomine nobis esse inlaturos sine dubio.
L. Burg. Pr. Const. 11: Si quis sane iudicum, tam barbarus quam Romanus, per simplicitatem aut neglegentiam praeventus, forsitan non ea quae leges continent

wohnheit alle 14 Tage „in omni centena" stattfand[589]). Die in einem Ding unerledigt gebliebenen Fälle sollten auf der nächsten Gerichtsversammlung erledigt werden[590]).

Zwar verblieb den Frankenkönigen „eine mehr oder weniger anerkannte Oberhoheit"[591]) über den jeweiligen Stammesherzog, mit der auch eine gewisse oberste Gerichtshoheit verbunden war[592]); aber der Herzog war doch weitgehend selbständiger Herrscher über seinen Stamm, hatte die Gerichtshoheit und hielt selbst Hofgericht, das dem Königsgericht nachgebildet war[593]) und für fast alle Rechtsfälle das höchste Gericht des Stammes darstellte[594]). Nach der Beseitigung des Stammesherzogtums durch Karl Martell (um 730)[595]) wurde vermutlich das fränkische Königsgericht zur höchsten Gerichtsinstanz der Alamannen[596]).

So einheitlich jedoch die Ansichten der Forscher über das Dingwesen der Alamannen sind, so unsicher und umstritten sind Stellung und Aufgaben der im Zusammenhang mit der Rechtspflege in der Lex Alamannorum genannten Amtswalter: comes (missus comitis), centenarius und iudex[597]).

Nach Titel 36, 1 der Lex Alamannorum trat die Gerichtsversammlung „coram comite aut suo misso et coram centenario" zusammen[598]). Unklar ist nun, ob der Zentenar nur den Mitvorsitz neben dem Grafen oder dessen

---

iudicabit . . . XXX solidos se noverit soliturum, causa denuo discussis partibus iudicanda. Nach *Zeumer*, Textkritik, S. 283, ist L. Burg. 90, 2 eine Berichtigung zu Pr. Const. 11, durch die die „multa" von 30 auf 36 sol. erhöht wurde. Es liege auch besonderer Nachdruck darauf, daß die 36 sol. dem König und nicht der geschädigten Partei gezahlt werden sollen. Jedoch fielen alle Strafgelder, auch die 30-sol.-Multa, an den König; zum Problem vgl. auch *Dahn*, a. a. O., S. 157.

588) Bereits gegen Ende des 6. oder zu Beginn des 7. Jahrhunderts muß ein altalamannisches „Volksrecht" entstanden sein, das uns als Pactus Alamannorum in 5 Fragmenten erhalten ist. Etwa ein Jahrhundert später ist dann auf einer Stammesversammlung die Lex Alamannorum erlassen worden, bei deren Redaktion auch der Codex Euricianus benutzt worden sein dürfte. Einzelheiten bei *Brunner*, S. 449 ff.; *Rennefahrt*, Grundzüge, S. 16; *Schröder-v. Künßberg*, S. 269; *Buchner*, Rechtsquellen, S. 31 f.

589) L. Alam. 36, 1; vgl. auch *v. Schwerin*, Hundertschaft, S. 149; *Glitsch*, Zentenar, S. 6 f.

590) L. Alam. 36, 3.

591) *Schröder-v. Künßberg*, S. 142. Diese und die folgenden Bemerkungen gelten — von geringen Unterschieden abgesehen — für alle Stammesherzogtümer, die sich im Laufe des 7. Jahrhunderts aus den sog. „Amtsherzogtümern" entwickelten.

592) Vgl. *Schröder-v. Künßberg*, ebenda; *Brunner-v. Schwerin*, S. 213 f.

593) Vgl. *Sickel*, Wesen, S. 442; *Dahn*, Könige, Bd. 9, 1. Abt., S. 734.

594) Ausnahme siehe L. Alam. 43.

595) Vgl. *Brunner-v. Schwerin*, S. 214.

596) Siehe auch hinten S. 87.

597) L. Alam. 36, 1; 41, 1—2.

598) Conventus autem secundum consuetudinem antiquam fiat in omni centena coram comite aut suo misso et coram centenario. Ipsum placitum fiat de sabbato in sabbatum aut quali die comes aut centenarius voluerit a septem in septem noctes,

Vertreter hatte[599]) oder ob er allein und selbständig vorsitzender Richter sein konnte[600]). Für die zweite im Schrifttum herrschende Meinung spricht, daß nach der Lex der Zentenar selbständig prozeßleitende Anordnungen treffen und sogar Gerichtstermine bestimmen konnte[601]). Vermutlich wurde der Zentenar nur dann im Vorsitz des Gerichts der „centena" verdrängt, wenn der Graf oder dessen „missus" zum Ding erschienen war[602]).

Unsicher ist weiterhin, ob der Zentenar neben dem Vorsitz im Gericht auch noch die Funktion eines Urteilers hatte[603]), ob also der in Titel 36 erwähnte Zentenar und der „iudex" des Titels 41 identisch waren; nach herrschender Meinung war dieser „iudex" nämlich ein Urteilsfinder, der den Urteilsvorschlag einbrachte, welchem das Dingvolk die Vollbort geben oder verweigern konnte[604]). Es spricht nicht gegen die vornehmlich von *Glitsch* vertretene Auffassung von der Identität von „iudex" und Zentenar[605]), daß nach ihr der Zentenar Gerichtshalter und Urteilsfinder zugleich gewesen wäre; denn wir finden diese Regelung auch bei den Langobarden und anderen Stämmen[606]). Eine überzeugende Lösung des Problems ist jedoch noch nicht erfolgt, und es muß vorerst dahingestellt bleiben, ob Zentenar und „iudex" bei den Alamannen identisch waren, oder ob es sich um zwei verschiedene Amtswalter handelte[607]). Sicher dürfte nur sein, daß es einen besonderen Urteilsfinder oder Rechtsprecher gegeben hat, dem — vielleicht wegen herausragender sozialer Stellung und guten Rechtskenntnissen — die Abgabe von Urteilsvorschlägen übertragen war[608]).

II. Rechtspflegedelikte in der Lex Alamannorum

Die grundlegenden Vorschriften über Art und Weise der Rechtspflege enthält Titel 41 der Lex, der sich ausschließlich an den „iudex" wendet und weder Grafen noch Zentenar erwähnt. Dies deutet darauf hin, daß die Entscheidung über den Ausgang eines Prozesses hauptsächlich beim „iudex" lag,

---

quando pax parva est in provincia; quando autem melior, post 14 noctes fiat conventus in omni centena, sicut superior diximus.

599) Vgl. *Sohm*, Reichs- und Gerichtsverfassung, S. 405, 418.

600) So die h. M.: *Bluntschli*, Staats- und Rechtsgeschichte, S. 35; *v. Wyss*, Freiämter, S. 292; *v. Schwerin*, Hundertschaft, S. 143; *Glitsch*, Zentenar, S. 24; *Brunner-v. Schwerin*, S. 234, Anm. 7.

601) Vgl. L. Alam. 36, 1. 2.

602) Vgl. *v. Schwerin*, a. a. O., S. 149; *Glitsch*, a. a. O., S. 24.

603) Vgl. die ausführliche Erörterung bei *Sickel*, Beiträge, S. 507 ff.

604) Vgl. *Schröder*, Gesetzessprecheramt, S. 225; *v. Schwerin*, a. a. O., S. 148; *Brunner*, Herkunft, S. 253; a. A. *Dahn*, Könige, Bd. 9, 1. Abt., S. 289 f.

605) *Glitsch*, a. a. O., S. 20; vgl. weiter *Bluntschli*, a. a. O., S. 36; *Gförer*, Volksrechte, Bd. 1, S. 202; *v. Amira*, Grundriß, S. 255; *Waitz*, Verfassungsgeschichte, Bd. 2, 2. Abt., S. 150; *v. Schwerin*, a. a. O., S. 148.

606) Siehe dazu vorn S. 40 f. Das widerlegt die Argumentation von *Gförer*, a. a. O., S. 202.

607) Ebenso *Brunner-v. Schwerin*, S. 234, Anm. 7.

608) Vgl. *Sickel*, Beiträge, S. 508, Anm. 1.

der daher auch für das Urteil verantwortlich gemacht wird. Graf und Zentenar — falls letzterer nicht mit dem „iudex" identisch war — nahmen offenbar nur die Gerichtsleitung wahr.

Nach Titel 41 soll nur der Streitsachen entscheiden, „qui a duce per conventionem populi constitutus sit, ut causas iudicet". Dieser „iudex" soll nicht verlogen und meineidig sein und keine Geschenke annehmen, sondern gottesfürchtig und ohne Ansehen der Person getreu nach dem Gesetzbuch entscheiden. Ein solcher Richter dürfe überzeugt sein, von Gott belohnt zu werden und bei den Menschen großes Ansehen zu gewinnen[609]).

Dann folgt in Titel 41 eine Buß- und Schadensersatzvorschrift: Der Richter, der aus Habsucht, Feindschaft oder Furcht „contra legem" urteilt, muß dem Benachteiligten 12 sol. zahlen und den durch das Falschurteil entstandenen Schaden ersetzen[610]). Aus der Formulierung des Titels ergibt sich allerdings nicht eindeutig, ob nur die bewußte und absichtliche Beugung des Rechts die genannten Folgen haben soll oder ob auch das fahrlässige, jedenfalls unbeabsichtigte Falschurteilen unter diese Bestimmung fällt. Die Anführung einiger Motive kann in diesem Zusammenhang nicht entscheidend sein, da sie vielleicht nur der Verdeutlichung des Tatbestandes dienen sollte.

Unter den Folgen des richterlichen Falschurteils fällt die Anerkennung eines Schadensersatzanspruches der benachteiligten Partei auf. Ein solcher Anspruch ist uns bis jetzt bei Amtswaltervergehen im Bereich der Rechtspflege noch nicht begegnet.

Die Lex Alamannorum ist auch das einzige aller Stammesrechte, das einen ausdrücklichen Hinweis darauf enthält, wie und von wem über den Vorwurf, ein falsches Urteil gesprochen zu haben, entschieden wurde. Nach § 2 des Titels 41 soll nämlich, wenn eine Partei dem „iudex" vorhält, er habe falsch geurteilt, die Angelegenheit von anderen Richtern untersucht werden[611]). Stellen diese fest, daß der „iudex" richtig entschieden hat, dann muß der Beschwerdeführer dem „iudex" 12 sol. zahlen, weil die Behauptung des Falschurteils den Rechtssprecher beleidigt hat[612]).

Unsicher ist freilich, aus welchen Richtern dieses Kollegium zusammen-

---

[609]) L. Alam. 41, 1: . . . nec mentiosus nec periurator nec munera acceptor sit, sed causas secundum legem veraciter iudicet sine acceptione personarum et timens Deum sit. Et si iustum iudicaverit, credat se apud Deum mercedem recipere et laudem apud hominibus bonam possedere.

[610]) L. Alam. 41, 1: . . . Si autem per cupiditatem aut per invidiam alicuius aut per timorem contra legem iudicaverit, cognoscat se deliquisse et 12 solidos sit culpabilis, cui iniuste iudicavit, et quod per illum damnum passus est iniuste ille iudex restituat ei.

[611]) L. Alam. 41, 2: . . . et dedignat eum audire et spernit eum et arguit coram aliis et dicit: „Non rectum iudicas", dum ille rectum iudicat, et si hoc ab aliis iudicibus inquisitum, quod ille iuste iudicavit, ille contemptor, qui iudici iniuriam fecit, solvat 12 solidos ad iudicem illum, et post haec non contempnat audire iustum iudicium, . . .

[612]) Vgl. auch *Dahn*, Könige, Bd. 9, 1. Abt., S. 306; *v. Schwerin*, Hundertschaft, S. 146.

gesetzt war und welche Stellung es überhaupt im Rahmen der alamannischen Gerichtsverfassung einnahm. *Gförer* glaubte, es habe sich bei diesen „iudices" um die Gesamtheit der Rechtsprecher der verschiedenen Zentenen des Gaues gehandelt[613]), konnte jedoch keine überzeugende — schon gar nicht eine quellenmäßige — Begründung seiner Ansicht liefern. Unwahrscheinlich ist auch, daß immer mehrere „iudices" bei der Gerichtsversammlung anwesend waren, um sogleich über eine Urteilsbeschwerde zu entscheiden[614]); denn es werden in der Lex nirgends mehrere „iudices" an einer Gerichtsstelle erwähnt, und nach dem klaren Wortlaut der Lex ist nur *ein* „iudex" vom Herzog eingesetzt, um Streitfälle zu entscheiden. Weiter ist auffällig, daß nach der Lex Alamannorum die Partei, die einen Urteilsvorschlag des „iudex" für ungerecht hielt, nicht — wie sonst nach herrschender Meinung bei Urteilsschelte erforderlich — einen besseren Urteilsvorschlag machen mußte[615]). Der Beschwerdeführer brauchte lediglich zu erklären: Non rectum iudicas. Das deutet darauf hin, daß das Beschwerdeverfahren[616]) nicht an Ort und Stelle abgewickelt wurde, sondern von jenem Kollegium von „iudices" vermutlich nach einer gesonderten Untersuchung und neuer Verhandlung entschieden worden ist.

Über dieses Kollegium und die Art seines Verfahrens sind freilich keine Einzelheiten überliefert; doch dürfte eine Theorie *v. Künßberg's* den Vorzug vor den anderen Ansichten verdienen. Dieser Forscher nahm an, Titel 41, 2 der Lex Alamannorum zeige die Weiterentwicklung der Schelte zu einer Art Rechtszug an ein anderes Gericht. In diesem vermutet er das herzogliche Gericht[617]). Hierfür spricht, daß nach herrschender Meinung bei anderen Stämmen das Scheltеverfahren im Königsgericht ausgetragen wurde, bei den Alamannen das Königsgericht aber weitgehend durch das Herzogsgericht ersetzt war.

7. Kapitel

Das bayrische Stammesrecht

I. Die Gerichtsverfassung der alten Bayern

Wie das alamannische Stammesrecht gibt uns auch die Lex Baiuwariorum, die vermutlich um die Mitte des 8. Jahrhunderts unter starker Benutzung

---

[613]) Volksrechte, Bd. 1, S. 208.

[614]) Vgl. *v. Schwerin,* a. a. O., S. 147; *Pertile-del Giudice,* Storia, Bd. 6, Teil 2, S. 266, Anm. 6.

[615]) In einem anderen Zusammenhang kennt die L. Alam. das Finden eines Gegenurteils, vgl. L. Alam. 44 (in der karolingischen B-Fassung mit einer erläuternden Anmerkung, siehe MGH, Leg., Sectio I, Bd. 5, Teil 1, S. 104); *v. Schwerin,* a. a. O., S. 145.

[616]) Nach *Dahn,* a. a. O., S. 306, war es ein richtiges Scheltеverfahren. Zur Schelte siehe hinten S. 135 ff.

[617]) *Schröder-v. Künßberg,* S. 400.

des westgotischen und alamannischen Rechts entstanden ist[618]), keinen vollständigen Aufschluß über Gerichtsverfassung und Rechtspflege der alten Bayern.

Wir erfahren, daß monatlich, wenn nötig auch alle 14 Tage, Grafschaftsdinge stattfinden sollten, zu denen alle Freien zu erscheinen hatten[619]). Der Graf, der vermutlich in seinem Bezirk umherreiste und Gerichtsversammlungen abhielt, sollte einen „iudex" bei sich haben, „qui ibi constitutus est iudicare"[620]). Die herrschende Meinung betrachtet den Grafen als den eigentlichen Gerichtshalter[621]), der mehrere „iudices" unter sich hatte, die auf seine Grafschaft verteilt waren[622]). Der „iudex" dürfte ein Rechtsprecher von vornehmer Herkunft[623]), etwa vergleichbar mit dem friesischen „asega", gewesen sein[624]), der vermutlich nach Beendigung der Verhandlungen in einer Sache auf Befragen des Gerichtshalters einen Urteilsvorschlag zu machen hatte, dem der Umstand zustimmen oder widersprechen konnte[625]). Weiter hatte der „iudex" nach der Lex z. B. darauf zu achten, daß Eide nicht voreilig geleistet wurden. Zunächst sollte der Fall gut erforscht und erst, wenn dies ergebnislos blieb, zum Eid geschritten werden[626]). Der „iudex" gab auch den Befehl zur Pfändung und konnte Zwangsmittel gegen solche festsetzen, die auf Ladung nicht erschienen[627]). In allen richtig entschiedenen Bußsachen erhielt er nach der Lex ein Neuntel des Bußbetrages als Urteilssportel[628]). Im

---

[618]) Einzelheiten bei *Dahn*, Könige, Bd. 9, 2. Abt., S. 182 ff.; *Buchner*, Rechtsquellen, S. 29. Über die inhaltlichen Beziehungen zwischen bayrischem, alamannischem und langobardischem Recht vgl. *Mayer*, Volksrechte, S. 46 ff.

[619]) L. Bai. II, 14; vgl. auch *Mayer*, Verfassungsgeschichte, S. 373; *v. Schwerin*, Hundertschaft, S. 152.

[620]) L. Bai. II, 14. Auf diesem Titel beruht im wesentlichen unsere Kenntnis der altbayrischen Gerichtsverfassung.

[621]) Vgl. *v. Schwerin*, a. a. O., S. 151; *Brunner*, S. 204; *v. Amira*, Grundriß, S. 255; *Schröder-v. Künßberg*, S. 184; a. A. *Wohlhaupter*, Hoch- und Niedergericht, S. 24 f.

[622]) Vgl. auch *Sickel*, Wesen, S. 414.

[623]) Vgl. *Brunner*, S. 204, Anm. 4.

[624]) Vgl. *Dahn*, a. a. O., S. 211.

[625]) Vgl. *Schröder*, Gesetzessprecheramt, S. 225; *Dahn*, Urgeschichte, S. 152; *ders.*, Könige, Bd. 9, 2. Abt., S. 211, 239.

[626]) L. Bai. IX, 18. Diese dem germanischen Prozeßrecht fremde Regelung beruht auf westgotischem Einfluß, vgl. L. Vis. II, 1, 23. (Antiqua) und *Zeumer*, Geschichte (II), S. 78.

[627]) L. Bai. XIII, 1. 2. Vgl. *Merkel*, Iudex, S. 137.

[628]) L. Bai. II, 15. Vorlage für diese Bestimmung war nach *Zeumer*, Gesetze, S. 90, ein westgotisches Sportelgesetz; vgl. auch L. Vis. II, 1, 26. Nach *Glitsch*, Zentenar, S. 43, dagegen ist der Bußanteil des „iudex" als Belohnung für gerechtes Urteilen, nicht als Urteilsgebühr aufzufassen. Diese Ansicht ist aber kaum haltbar; denn das Neuntel der Buße entspricht dem dritten Teil des „fredus", den bei den Franken der Gerichtshalter erhielt, und stellt m. E. nichts anderes als die bei nahezu allen Stämmen übliche Urteils- oder Gerichtsgebühr dar.

übrigen ist jedoch die Stellung des „iudex“ im Rechtsgang der alten Bayern nicht eindeutig geklärt[629]).

Außer dem Grafengericht hat es auch bei den Bayern ein Herzogsgericht gegeben, über dessen Zuständigkeit und Besetzung wir aber aus der Lex Baiuwariorum nichts erfahren[630]). Vermutlich war es dem Königsgericht der Stämme mit Königsverfassung nachgebildet[631]). Als Karl der Große 788 den Bayernherzog Tassilo III. absetzte und damit das letzte Stammesherzogtum beseitigte[632]), wurde das fränkische Königsgericht höchste Gerichtsinstanz für die Bayern.

II. Die Behandlung der Rechtspflegedelikte

1. Falschurteilen und Bestechlichkeit

Der „iudex“ soll nach der Lex Baiuwariorum weder parteiisch noch geldgierig sein. Auch soll er genau nach dem Gesetzbuch entscheiden; daher muß dieses bei den Gerichtsversammlungen immer zur Hand sein[633]). Derjenige soll als „iudex“ eingesetzt werden, der die Gerechtigkeit mehr liebt als das Geld[634]). Ähnliche andere Wendungen über die Rechtspflege verraten übrigens deutlich, daß bei der Redaktion der Lex der Einfluß von Geistlichen groß gewesen ist, die manchen Rechtssätzen eine belehrende und predigthafte Form gaben[635]).

Derjenige Amtswalter, der die erwähnten allgemeinen Ermahnungen nicht beherzigt, hat erhebliche nachteilige Folgen zu erwarten. Der aus Bestechlichkeit falsch urteilende „iudex“ muß nach Titel 17 des 2. Buches der Lex Baiuwariorum der benachteiligten Partei den doppelten Wert des Streitobjektes bezahlen, während das falsche Urteil keinen Bestand haben soll und

---

629) Der Ausdruck „iudex“ hat in der L. Bai. wechselnde Bedeutung, was die Unsicherheit im Hinblick auf diesen Amtswalter noch vergrößert, vgl. *Merkel,* Iudex, S. 165; *Beseler,* Iudex, S. 253; *Waitz,* Verfassungsgeschichte, Bd. 2, 2. Teil, S. 153.

630) Vgl. die Hinweise bei *Dahn,* Könige, Bd. 9, 2. Abt., S. 241; *Sickel,* a. a. O., S. 442; *Mitteis-Lieberich,* S. 49.

631) Im übrigen siehe vorn S. 82.

632) *Mitteis-Lieberich,* S. 49.

633) L. Bai. II, 14.

634) L. Bai. II, 16.

635) Vgl. L. Bai. II, 16: Perit lex cupiditas amore. Praemia et dona legibus vires tulerunt, inpunita male vivendi licentia. — Auffällig sind auch die Wortanklänge und die inhaltliche Übereinstimmung mit L. Alam. 41, 1. Vermutlich war ihre gemeinsame Quelle Isidor, der seinerseits wieder aus dem 5. Buch Mose 16, 19 geschöpft haben dürfte, vgl. *Dahn,* Könige, Bd. 9, 2. Abt., S. 212. Der Einfluß der Geistlichkeit auf die Rechtspflege ergibt sich auch daraus, daß Richtern, die Zauberer und Wahrsager ohne genaue Untersuchung gegen Bestechungsleistungen freilassen, mit Kirchenzucht durch den Bischof gedroht wird, Capit. Synodi Aschaimensis, c. 15 (MGH, LL. Bd. 3, S. 459).

der zu Unrecht begünstigte Prozeßsieger das durch den falschen Spruch Erlangte wieder herausgeben muß[636]). Die Redaktoren der Lex haben sich insoweit eng an die Aera II, 1, 21 der Lex Visigothorum gehalten, die ihnen als Vorlage gedient hat[637]). Nach der Lex Baiuwariorum muß der bestochene Richter außerdem noch 40 sol. an den Fiskus zahlen, was bei den Westgoten nicht vorgesehen war.

Unsicher ist, ob Titel II, 17 des bayrischen Gesetzbuches nur für bestechliches Richten gelten oder ob trotz der Worte „si accepta pecunia" jedes absichtliche Falschurteil unter diese Bestimmung fallen sollte. Vermutlich soll hier durch den Hinweis auf das typische Motiv des Falschurteilens *jede* bewußte Rechtsbeugung erfaßt werden, da das juristische Begriffsvermögen der Schöpfer der Lex noch nicht so geschult war, daß sie in der Lage gewesen wären, alle Motive für absichtlich falsches Urteilen in allgemeinen Wendungen — wie: vorsätzlich, bewußt, absichtlich — zusammenzufassen. Für die Redaktoren waren eben die Bestechlichkeit die typische Ursache und Gewinnsucht das typische Motiv für absichtliches Falschurteilen, und so drückten sie das Allgemeine durch den typischen Fall aus.

Diese Auslegung könnte durch den folgenden Titel 18 des 2. Buches der Lex Baiuwariorum bestätigt werden[638]). Anders als das alamannische Stammesrecht unterscheidet hier die Lex Baiuwariorum bewußtes und irrtümliches Falschurteilen. Um diesen Gegensatz in Titel 18 schärfer herauszuheben, wird hier nach dem Motiv Gewinnsucht noch ein weiteres (gratia) alternativ genannt und diesen beiden möglichen Beweggründen dann das „per errorem iniuste iudicare" gegenübergestellt. Es ist nun nicht einzusehen, warum ein Falschurteil „per gratiam" nicht auch unter Titel 17 fallen sollte[639]). Das auf einem Irrtum beruhende Falschurteil soll nach der Lex keinen Bestand, für den „iudex" aber auch keine nachteiligen Folgen haben[640]).

Wie die Unrichtigkeit eines Urteils und die Bestechlichkeit oder der Irrtum eines „iudex" festgestellt wurden und welches Gericht dann den Amtswalter gemäß Titel II, 17 verurteilte, geht aus der Lex Baiuwariorum und den anderen Quellen ihres Geltungsbereiches nicht hervor.

---

[636]) L. Bai. II, 17: . . . Nam iudex qui perperam iudicaverit, in duplum ei cui damnum intulerat cogatur exsolvi, quia ferre sententiam contra legum nostrarum statuta praesumpsit: et in fisco cogatur XL sol. persolvere.

[637]) Vgl. *Zeumer,* Geschichte (II), S. 76. Zum Begriff des „damnum" in L. Bai. II, 17 vgl. *Lehmann,* Rechtsschutz, S. 97.

[638]) L. Bai.: Si vero nec per gratiam nec per cupiditatem, sed per errorem iniuste iudicaverit, iudicium ipsius in quo errasse cognoscitur, non habeat firmitatem, iudex non vocetur ad culpam.

[639]) Vgl. jedoch zu dieser Argumentation hinten S. 114 ff.

[640]) Zu vermuten ist auch hier westgotischer Einfluß, vgl. L. Vis. II, 1, 20. Jedoch kennt die L. Bai. nicht den Reinigungseid des Richters. *Kaufmann,* Erfolgshaftung, S. 17 f., zitiert diese Bestimmung als augenscheinlichste Widerlegung des angeblich germanischen Erfolgshaftungsprinzips, offenbar ohne den römischen Einfluß über die Lex Visigothorum zu berücksichtigen.

2. *Begünstigung*

Das Gesetzbuch enthält zwar keine Bestimmungen, die die Begünstigung von Missetätern durch richterliche Amtswalter betreffen. Diese Lücke wurde aber für den wichtigen Bereich der Diebesbegünstigung durch ein Dekret des Bayernherzogs Tassilo III., das auf der Synode von Neuching (774/775) erlassen wurde, ausgefüllt[641]). Nach diesem Gesetz muß der Richter, der einen Dieb nach dem ersten oder zweiten Rückfalldiebstahl nicht bestraft, sondern für Geld entkommen läßt, dem Betohlenen den Verlust wie eine eigene Schuld bezahlen; denn der pflichtvergessene Amtswalter ist gewissermaßen ein „Teilnehmer an der Beraubung der Armen" (conparticeps pauperum spoliis) geworden[642]).

3. *Sonstige Delikte der Amtswalter*

Ebenso wie die Alamannen haben auch die Bayern keine Bestimmungen über Justizverweigerung der Gerichte in ihr Gesetzbuch aufgenommen. Es werden lediglich ganz allgemein in einer Bestimmung, die übrigens weniger die öffentliche Rechtspflege als vielmehr die Tätigkeit des Grafen als Militärrichter betrifft, dem „comes" Nachteile für Nachlässigkeit im Amt angedroht. Wenn ein Soldat während der Heerfahrt innerhalb des Landes stiehlt oder brandschatzt, so ist er vom Grafen zu belangen; wenn der Graf in der Ermittlung des Täters säumig ist, hat er den von seinem Soldaten angerichteten Schaden aus eigener Tasche zu bezahlen[643]).

Dagegen wendet sich die Lex mit Nachdruck gegen einen Mißbrauch der richterlichen Strafgewalt, durch den wirtschaftlich schwächere Freie (pauperes) um Vermögen und Freiheit gebracht werden. Der Richter darf keinen Freien verknechten, wenn dieser nicht ein todeswürdiges Verbrechen begangen hat. Wer gegen diese Vorschrift verstößt — „sive dux sive iudex sive aliqua persona" —, hat an den Fiskus 60 sol. zu zahlen. Dem ungerecht zu Knechtschaft Verurteilten ist sofort die Freiheit wiederzugeben, und er erhält vom schuldigen Amtswalter 40 sol. Buße. Bei ungerechtfertigtem Vermögensentzug muß der Richter dem Geschädigten das zu Unrecht Weggenommene und noch einmal soviel erstatten[644]).

---

[641]) Zur Fortbildung der Lex Baiuwariorum auf kirchliche Synoden vgl. *Dahn*, Könige, Bd. 9, 2. Abt., S. 200 ff.

[642]) Synodi Niuhingensis decreta, c. 16 (MGH, LL. Bd. 3, S. 467).

[643]) L. Bai. II, 5.

[644]) L. Bai. VII, 5; vgl. auch *Brunner*, S. 462, Anm. 36; *v. Schwind*, Studien, S. 632 ff. In der Straffolge des „duplum" zeigt sich wiederum römischer Einfluß, ohne daß eine direkte Vorlage nachweisbar wäre.

Zweiter Teil

ZUSAMMENFASSENDE UNTERSUCHUNG DER TATBESTÄNDE DER RECHTSPFLEGE-DELIKTE IN DEN STAMMESRECHTEN DES FRÜHEN MITTELALTERS

8. Kapitel

Verbreitung und Herkunft der Bestimmungen über Rechtspflegedelikte in den frühen Rechtsquellen

I. Verbreitung

Es enthalten keineswegs alle Stammesrechte der fränkischen Zeit Bestimmungen zur Ahndung von Rechtspflegedelikten der richterlichen Amtswalter. Keine einschlägigen Bestimmungen finden sich in der Lex Saxonum, der Lex Thuringorum (Angliorum et Werinorum), der Ewa Chamavorum und in der sog. Lex Frisionum[645]). Das dürfte — mindestens teilweise — auf den besonderen Charakter dieser Leges zurückzuführen sein, die kaum als umfassende Aufzeichnungen des Rechts der genannten Stämme angesehen werden können: Die sog. Lex Frisionum besteht aus ganz unterschiedlichen Bestandteilen (Privatarbeiten, Satzungen, Weistümern) von verschiedener Entstehungsart und Entstehungszeit und erweckt den Eindruck einer Privatkompilation[646]). — Ebenfalls unsicher ist der rechtliche Charakter der Lex Saxonum, die vermutlich 802 auf dem Reichstag zu Aachen zustande gekommen ist[647]). Dort dürfte auch die Aufzeichnung des Rechts der Angeln und Warnen, der vermutlich Weistümer zugrunde liegen[648]), sowie die der Ewa Chamavorum erfolgt sein, die desgleichen Niederschrift eines Weistums sein könnte[649]). — Andere Gründe für das Fehlen von Bestimmungen über Rechtspflegedelikte in den 4 Rechtsaufzeichnungen könnten darin liegen, daß

---

645) Vgl. auch *Cohn*, Justizverweigerung, S. 6, Anm. 30.

646) Vgl. *Brunner*, S. 477 ff., 481; *v. Amira*, Grundriß, S. 32; Patetta, Lex Frisionum, S. 64.

647) Vgl. *Brunner*, S. 466 f.; *v. Amira*, a. a. O., S. 26.

648) Vgl. *Brunner*, S. 470 ff.

649) Vgl. *Brunner*, S. 474 f.

diese Leges überhaupt nur sehr wenige Vorschriften enthalten, die sich mit dem Gerichtswesen und dem Rechtsgang beschäftigen, und daß sie sämtlich in der karolingischen Zeit — vermutlich um 800 — entstanden sind, als die Stämme, für die diese Aufzeichnungen bestimmt waren, längst dem fränkischen Reich eingegliedert und damit auch dem königlichen Kapitularienrecht unterworfen waren; dort aber war der Bereich der Rechtspflegedelikte, wie wir gesehen haben, durchaus behandelt.

II. Herkunft und Beeinflussung

1. Einfluß des römischen Rechts

Wichtig für eine Gesamtbeurteilung der Rechtspflegedelikte im frühen Mittelalter ist eine Untersuchung darüber, wieweit ihre Behandlung in den Stammesrechten vom römischen Recht beeinflußt ist, mit dem alle germanischen Stämme in mehr oder weniger starke Berührung gekommen waren.

Einfluß römischen Rechtsdenkens und römischer Rechtsnormen zeigt sich vornehmlich in den einschlägigen Bestimmungen des westgotischen Rechts und der oberdeutschen Stammesrechte. Zwar läßt sich die unmittelbare Vorlage entsprechender Bestimmungen des spätrömischen Rechts bei der Redaktion der stammesrechtlichen Rechtspflegenormen nur für wenige Stellen nachweisen; aber der allgemeine Einfluß des römischen Rechts auf Geist und Inhalt vieler Bestimmungen ist doch erkennbar. Er ist, wie überhaupt[650]), so auch in unserem Untersuchungsbereich überwiegend vom Codex Theodosianus und dem römischen Vulgarrecht ausgegangen, also — wenigstens zunächst — nicht vom Corpus iuris Justinians. Noch eindeutiger ist festzustellen, daß allgemeine römischrechtliche Vorstellungen über *andere Leges* in einzelne Stammesrechte eingedrungen sind, da die Redaktoren zur Erleichterung ihrer Arbeit eine oder mehrere der schon geltenden Leges als Vorlage benutzten[651]). Vornehmlich das frühe Recht der Westgoten auf den verschiedenen Stufen seiner Entwicklung wurde zum wichtigsten Vermittler römischer Rechtsvorstellungen an die anderen Stammesrechte[652]), war doch die Übernahme römischer Einrichtungen und römischen Gedankengutes bei den Westgoten am nachhaltigsten[653]) und ihr Justizapparat am vollkommensten dem spätrömischen nachgebildet[654]). Besonders muß der frühe, leider nur bruchstückhaft überlieferte sog. Codex Euricianus samt seinen

---

[650]) Vgl. *v. Schwerin*, Germanische Rechtsgeschichte, S. 152; *Levy*, Vulgarrecht, S. 12.

[651]) Vgl. *Brunner*, S. 423.

[652]) Vgl. *v. Halban*, Das römische Recht, 1. Teil, S. 197 f.; *Brunner*, S. 423, 488.

[653]) In der Antiqua der Lex Visigothorum wird der Anteil römischen Rechts auf etwa ein Drittel des gesamten Rechtsstoffes geschätzt, vgl. *v. Halban*, a. a. O., S. 198; *Buchner*, Rechtsquellen, S. 8; *Dahn*, Studien, S. 196 ff.

[654]) Vgl. *Dahn*, Könige, Bd. 6, S. 292 f.

späteren Bearbeitungen als vermutlich erste eigenständige gesetzgeberische Leistung der Germanen den Redaktoren anderer Stämme in vielen Punkten nachahmenswert erschienen sein[655]).

Auf einem nicht überlieferten Titel[656]) des Codex Euricianus beruht vermutlich die von römischen Rechtsgedanken geprägte Vorschrift im bayrischen Stammesrecht, daß der bestochene Richter bei einem Falschurteil der benachteiligten Partei das Abgesprochene doppelt ersetzen muß[657]). Etwas modifiziert dürfte die Bestimmung Eurichs samt ihrem römischrechtlichen Gehalt auch in den Liber Judiciorum[658]) und in die Lex Alamannorum[659]) eingedrungen sein[660]). So erklärt sich auch, daß die milde Bestrafung des bestechlichen Richters außer im westgotischen auch im bayrischen Recht auftaucht.

Dagegen scheint die Androhung der Todesstrafe für bestechliches Richten im burgundischen Recht[661]) auf unmittelbaren römischen Einfluß zurückzugehen[662]). Im römischen Recht war für die Annahme von Bestechungsleistungen im Kapitalprozeß die Todesstrafe vorgesehen[663]). Ebenso wie im römischen ist auch im burgundischen Recht „einfache" passive Bestechung für die Bestrafung ausreichend und ungerechtes Judizieren darüber hinaus nicht erforderlich. Durch die burgundische Regelung dürften später die Redaktoren der Lex Ribvaria zu ihrer scharfen Strafdrohung gegen bestechliche Amtswalter angeregt worden sein[664]); die Bestimmungen zeigen in beiden Stammesrechten sogar einige formale Übereinstimmungen[665]). Dahingestellt muß bleiben, ob auch die 30 sol.-Folge für Falschurteilen aus Einfältigkeit in der Lex Burgundiorum dem römischen Recht entlehnt ist[666]).

Die von römischen Rechtsvorstellungen beeinflußten Bestimmungen sind zumeist leicht daran zu erkennen, daß sie bestimmte, für das römische Straf-

---

[655]) Vgl. *Brunner*, Königsgesetz, S. 605; *v. Halban*, a. a. O., S. 198, Anm. 1; vgl. auch *Levy*, Vulgarrecht, S. 12.

[656]) Vgl. Zeumers Rekonstruktionsversuch auf Grund L. Bai. II, 17. 18 in MGH, Leg. Sectio I, Bd. 1, S. 28.

[657]) L. Bai. II, 17. Vgl. dazu auch *Conrat*, Römisches Recht, S. 15.

[658]) L. Vis. II, 1, 21. Vgl. Zeumer, MGH, Leg. Sectio I, Bd. 1, S. 28, Anm. 1; *ders.*, Geschichte (II), S. 76 f.

[659]) L. Alam. 41, 1.

[660]) Vgl. noch Zeumer, MGH, Leg. Sectio I, Bd. 1, S. 68, Anm. 3.

[661]) L. Burg. Pr. Const. 6.

[662]) Vgl. *v. Halban*, a. a. O., S. 283 f.; *Rüegger*, Einflüsse, S. 97. Aus derselben römischen Quelle (Marcianus D. 48, 8, 1, 1?; *Rüegger*, a. a. O., S. 156, vermutet C. Theod. 1, 16, 7) dürften auch L. Vis. VII, 4, 5 und Ed. Theoderici c. 1 entstanden sein, die einzigen Bestimmungen, in denen im gotischen Recht die strenge Ahndung der Bestechung, wie sie die Römer kannten, Eingang gefunden hat.

[663]) Bereits im Zwölftafelrecht, vgl. *Mommsen*, Strafrecht, S. 668. Später dann Marcianus D. 48, 8, 1, 1.

[664]) L. Ribv. 91, 1 ist zusammengesetzt aus L. Burg. Pr. Const. 5. 6; Vgl. F. Beyerle, MGH, Leg. Sectio I, Bd. 3, Teil 2, S. 179.

[665]) Vgl. besonders L. Ribv. 91, 1 mit L. Burg. Pr. Const. 5.

[666]) L. Burg. Pr. Const. 11. *Rüegger*, a. a. O., S. 96, vermutet Paulus D. 2, 2, 2 als Vorbild.

recht typische Deliktsfolgen enthalten[667]), die im germanisch-fränkischen Recht nicht auftauchen. Zu diesen Folgen gehören insbesondere die Prügelstrafe (Geißelung)[668]) und die Vermögenskonfiskation[669]). Die sehr häufigen Multiplarstrafen, die meist in der Weise gebildet sind, daß der pflichtwidrig handelnde Amtswalter den Betrag der Streitsumme oder einer anderen Ausgangssumme *mehrfach* an den Benachteiligten zahlen muß[670]), scheinen ebenfalls aus dem römischen Recht, nämlich der „poena dupli", entwickelt worden zu sein[671]). In unserem Untersuchungsbereich reichen die Multiplarfolgen in der Lex Visigothorum, wo sie am häufigsten anzutreffen sind, ausgehend von der einfachen[672]) Erstattung des Streitwertes über doppelten[673]) und vierfachen[674]) Ersatz bis zur Zahlung des siebenfachen Betrages der Bestechungssumme im Falle, daß der Richter einen Todeswürdigen „quolibo beneficio corruptus" freigesprochen hat[675]).

Im Gegensatz zu den bisher erörterten Stammesrechten scheinen die einschlägigen Bestimmungen des langobardischen Rechts von römischrechtlichen Bestandteilen freigeblieben zu sein. Zwar dürfte westgotisches Recht in der Redaktion Leovigilds (569—586) bei der Abfassung des Edictus Rothari vorgelegen haben[676]), und auch die Kapitel 25—28 der Gesetze Liutprands enthalten einige undeutliche Berührungspunkte mit westgotischem Recht[677]); aber es ist kaum sicher nachzuweisen, daß die Langobarden ein bestimmtes Rechtsinstitut in den erwähnten Gesetzen von den Westgoten übernommen haben[678]). Obwohl also die Langobarden mitten im römischen Kernland angesiedelt waren, scheinen sie dennoch römischen Einfluß auf ihre frühe Rechtsentwicklung erfolgreich zurückgedrängt zu haben[679]).

---

[667]) Vgl. *v. Halban,* a. a. O., S. 224 f.

[668]) L. Vis. III, 4, 17.

[669]) L. Vis. VII, 6, 2; Vgl. auch *v. Bethmann-Hollweg,* Civilprozeß, Bd. 1, S. 229. Über die Strafen im einzelnen vgl. *Mommsen,* a. a. O., S. 983 ff. und S. 1005 ff.

[670]) Vgl. *Dahn,* Studien, S. 182 f.

[671]) Vgl. *v. Halban,* a. a. O., S. 225.

[672]) L. Vis. II, 1, 20; II, 1, 21; II, 1, 24. Vgl. auch L. Bai. VII, 5.

[673]) L. Vis. IV, 5, 6: Prozeßverschleppung bei Klage wegen verschleuderten Kirchengutes.

[674]) L. Vis. II, 2, 7 (Requisitionsverfahren). Vgl. auch Ed. Theoderici c. 2: vierfacher Ersatz bei Bestechung in Status- oder Vermögenssachen.

[675]) L. Vis. VII, 4, 5. Nicht einschlägige Bestimmungen enthalten neunfachen (L. Vis. VII, 1, 1) und elffachen Ersatz (L. Vis. VI, 4, 2). Vgl. auch die Multiplarfolge in L. Burg. 76, 2: dreimal neunfach ist bei Pfandkehr das Entrissene zu erstatten.

[676]) Vgl. *Zeumer,* Geschichte (I), S. 428; *v. Halban,* Das römische Recht, 2. Teil, S. 100 ff.; *Besta,* Fonti, S. 43.

[677]) Vgl. Liutpr. 25. 26 mit L. Vis. II, 2, 7 und Liutpr. 27. 28 mit L. Vis. II, 2, 7; I, 1, 11; II, 1, 21. Vgl. auch *v. Halban,* a. a. O., S. 106, Anm. und *Tamassia,* Westgotisches Recht, S. 158.

[678]) Vgl. *Conrat,* Römisches Recht, S. 19 f.; *Mitteis,* Forschung, S. 212 ff.

[679]) Vgl. *v. Halban,* Das römische Recht, 2. Teil, S. 12.

Keine Spuren einer Beeinflussung durch römisches Recht oder durch andere Stammesrechte enthalten die einschlägigen Bestimmungen der fränkischen[680]) Stammesrechte sowie der Kapitularien, während sich im sonstigen stammesfränkischen Rechtsstoff immerhin einige, wenn auch nur schwache Spuren des römischen Rechts nachweisen lassen[681]). Ebensowenig sind die Rechtspflegevorschriften des angelsächsischen Rechts vom römischen Recht beeinflußt[682]).

2. *Kirchliche Einflüsse*

Während sich der Einfluß des römischen Rechts zum Teil in grundlegenden Rechtspflegevorschriften, insbesondere bei der rechtlichen Ausgestaltung der Richterbestechlichkeit auswirkte, nahm die Kirche vor allem Einfluß auf die Einführung und Ausgestaltung von Sonderbestimmungen, durch welche kirchlich-religiöse Interessen geschützt werden sollten[683]). Vor allem wenn es galt, mit Hilfe von richterlichen und polizeilichen Maßnahmen Erscheinungen auszurotten und Handlungen zu unterdrücken, die den christlichen Glauben gefährden konnten oder in denen Anklänge an frühere heidnische Bräuche zutage traten, dürften die entsprechenden Strafbestimmungen für Unterlassungsdelikte der Amtswalter auf Drängen der Kirche erlassen worden sein[684]). Solche Bestimmungen, die nachteilige Folgen für die Nichterfüllung bestimmter Amtspflichten wie Verfolgung von Hexen und Wahrsagern[685]) und Ahndung von Unzuchtsdelikten[686]) androhen, finden sich indessen nur im langobardischen und westgotischen Recht; bei der Redaktion dieser beiden Leges muß überhaupt der kirchliche Einfluß sehr stark gewesen sein[687]). Abgesehen von den allgemeinen Ermahnungen in Stammesrechten und Kapitularien[688]) hat sich in den grundlegenden Bestimmungen über Justizverweigerung und Falschurteilen kirchlich-religiöser Einfluß anscheinend nicht unmittelbar ausgewirkt. Obwohl also der Einfluß der Kirche und des kirchlichen Rechts auf die allgemeine Ausprägung der Rechtsnormen, ja überhaupt auf den ganzen Geist der frühmittelalterlichen Rechtspflege unbestritten sehr erheblich gewesen ist[689]), nicht zuletzt auch deshalb, weil

---

680) Ausgenommen L. Ribv. 91, 1 über die Lex Burgundionum.

681) Vgl. *v. Halban*, Das römische Recht, 3. Teil, S. 39 ff.; *Conrat*, a. a. O., S. 20; *Gaudemet*, Survivances Romaines, S. 162.

682) Siehe auch vorn S. 58 ff.

683) Außer den in Teil 1 bereits genannten Fällen vgl. etwa VIII Atr 32: bei Strafe des Huldverlustes sollen die Vögte besonders den Äbten und deren Verwaltern zu ihrem Recht verhelfen; weiter IV Eg 1, 5 (Begünstigung von Zehntverweigerern).

684) Vgl. auch *v. Schwerin*, Germanische Rechtsgeschichte, S. 152.

685) Roth. 276; Liutpr. 85; vgl. auch *v. Halban*, a. a. O., 2. Teil, S. 121.

686) L. Vis. III, 5, 2; 4, 17; Ahist. 8.

687) Vgl. zum westgotischen Recht: *Dahn*, Studien, S. 298, 310 ff.; zum langobardischen Recht: *Calisse*, Diritto ecclesiastico, S. 1 ff.

688) Siehe vorn S. 25 f., 34, sowie hinten S. 95 ff.

689) Vgl. hinten S. 95 ff., sowie *Calisse*, a. a. O., passim; *Brunner-v. Schwerin*,

zahlreiche Redaktoren der Leges vermutlich Geistliche waren[690]), können wir für den Bereich der Rechtspflegedelikte der richterlichen Amtswalter eine Beeinflussung der grundlegenden Vorschriften nicht feststellen.

9. Kapitel

Die Stellung der richterlichen Amtswalter in der frühmittelalterlichen Rechtspflege

I. Eigenschaften und Fähigkeiten der Amtswalter

Für eine zutreffende Beurteilung der frühmittelalterlichen Rechtspflegedelikte muß neben der Herkunft und Beeinflussung der gesetzlichen Tatbestände vor allem auch die Stellung der richterlichen Amtswalter im sozialen Leben und im Rechtsgang des frühen Mittelalters berücksichtigt werden. Diese Betrachtung vom Täter her ist geeignet, das Verständnis der Rechtspflegedelikte und ihrer rechtlichen Behandlung zu erleichtern.

Es dürfte kaum zweifelhaft sein, daß die mit hoher sozialer Geltung ausgestattete Stellung eines öffentlichen Richters in der Praxis des frühen Mittelalters nur den wirtschaftlich bedeutenden und persönlich angesehenen Schichten der Bevölkerung, vornehmlich den Adligen[691]), zugänglich war und oft weniger wegen hervorragender persönlicher Eigenschaften als auf Grund politischen und wirtschaftlichen Einflusses und guter Beziehungen zum Herrscher verliehen wurde; denn der Amtswalter in jener Zeit war weniger Funktionär mit ganz bestimmter Aufgabe, als vielmehr Sachwalter, „Vertrauensmann des Königs“[692]). Dennoch mindert dies nicht die Bedeutung derjenigen Bestimmungen des frühen Rechts, die besondere Eigenschaften und Fähigkeiten der richterlichen Amtswalter verlangen, stellen sie doch die ersten Ansätze eines deutschen richterlichen Standesrechts dar, die im Laufe der weiteren Entwicklung immer mehr erweitert und verfeinert wurden.

Wie das ganze Leben des frühmittelalterlichen Menschen war auch die richterliche Amtstätigkeit in das religiöse Weltbild eingegliedert[693]); daher wird von den bedeutendsten Schriftstellern der Zeit und in den Bestimmungen des geschriebenen Rechts an erster Stelle zumeist gefordert, daß die Richter fromm und gottesfürchtig sein sollen, und nur weil diese Eigenschaf-

---

S. 435; *v. Schwerin*, a. a. O., S. 152. Anderseits wurde z. B. das kirchliche Verfahrensrecht auch von Grundgedanken des germanischen Rechtsganges beeinflußt, vgl. *Feine*, Kirchliche Rechtsgeschichte, S. 197.

690) Vgl. *v. Schwerin*, Germanische Rechtsgeschichte, S. 60.

691) Vgl. Hlotharii capit. miss., 832, c. 5 (Cap. II, 64), wonach „nobiles iudices“ eingesetzt werden sollen; *Pertile-del Giudice*, Storia, Bd. 6, 1. Teil, S. 31.

692) *Mitteis*, Staat, S. 44 f.

693) Vgl. *Döhring*, Rechtspflege, S. 88.

ten eigentlich selbstverständliche Voraussetzungen eines jeden Amtes waren, finden wir sie nicht in allen Stammesrechten ausdrücklich erwähnt[694]).

Wir dürfen hier zwar nicht allein den Einfluß des Christentums vermuten, sondern auch ein Nachwirken jenes alten germanischen Weltbildes, in dem Recht und Gesetz selbst noch „Religion" waren[695]). Immerhin spiegeln die Ausdrücke Frömmigkeit und Gottesfurcht spezifisch christliche Anschauungen wider. Ebenso erhält die Forderung, daß der Richter gerecht sein müsse[696]), im frühen Mittelalter eine typisch christliche Ausprägung, obwohl diese Eigenschaft gewissermaßen zeitlos mit der Vorstellung von der Person des Richters und der richterlichen Tätigkeit verbunden ist. Ausgangspunkt der Vorstellung vom gerechten Richter im christlichen Sinne ist nunmehr das Alte Testament[697]), das in den karolingischen Kapitularien verschiedentlich unmittelbar zitiert wird[698]). Auffällig ist, wie häufig sich der Zusatz „iuste" bei den Ausdrücken „iudicare", „iudicium", „deliberatio" usw. findet[699]); die übliche Wendung „iustitiam facere" enthält ja ebenfalls einen Hinweis auf die gerechte Entscheidung.

Sehr deutlich kommt auch zum Ausdruck, daß die Urteile Gott gefällig sein sollen[700]) und daß Gott selbst über die Tätigkeit der Richter einmal zu Gericht sitzen werde[701]). Diese Vorstellung, die sogar in die Märchenerzählungen eingedrungen ist[702]), hat sich noch lange in der mittelalterlichen Rechtspflege erhalten[703]), wie überhaupt die Vorstellung von der gerechten Vergeltung im Jenseits ein wichtiger Bestandteil des mittelalterlichen Denkens war[704]).

Völlig auf christlichen Anschauungen beruht auch die zuweilen erhobene

---

[694]) Vgl. L. Alam. 41, 1; Capit. Aquisgran., 809, c. 11 (Cap. I, 149); Hlotharii capit. miss., 832, c. 5 (Cap. II, 64); Iudex 9; Alcuin, De virtutibus et vitiis liber ad Widonem comitem (Migne, Pl. 101, Sp. 613 ff).

[695]) Vgl. *Baetke*, Geist, S. 11. Einzelheiten über die Beziehungen zwischen Recht und Religion bei den Germanen ebenda, S. 11 f.

[696]) L. Burg. Const. Extravag. 21, 11; L. Alam. 41, 1; L. Bai. II, 16; I Ew Prol.; III Eg 1, 1.

[697]) Insbesondere 5. Mose 1, 17; 16, 18—20; Sacharja 7, 9.

[698]) Admon. gener., 785, c. 63 (Cap. I, 58); vgl. auch *Scheyhing*, Eide, S. 8, der ebenfalls die starke Bezogenheit der Richterpflichten auf das Religiöse betont.

[699]) Capit. miss. gener., 802, c. 26 (Cap. I, 96); Capit. Aquisgran., 801—813, c. 14 (Cap. I, 172); Capit. miss., 829, c. 5 (Cap. II, 10).

[700]) Guntchramni reg. edict., 585 (Cap. I, 12); Admon. general., 785, c. 63 (Cap. I, 58); Ratchis 1; vgl. auch *Fehr*, Geist, S. 40.

[701]) L. Alam. 41, 1; Capit. a miss. dom. ad comit. directa, 801—813, c. 2 (Cap. I, 184).

[702]) Vgl. *Ludwig*, Richter und Gericht, S. 25.

[703]) Vgl. *Scheyhing*, Eide, S. 187 f.; *Döhring*, Rechtspflege, S. 88. Nach diesem Autor geht sie auf Matthäus 25, 31—34 zurück; vgl. jedoch auch 5. Mose 1, 17. Auf die letzte Stelle geht vermutlich das Rechtssprichwort „Der Richter sitzt an Gottes Statt" zurück (Graf-Dietherr, Rechtssprichwörter, S. 403).

[704]) Vgl. *Fehr*, Vergeltung, S. 591 ff.

Forderung, daß der Richter zwar gerecht, aber dennoch milde und barmherzig sein solle[705]).

Stehen also typisch christliche Tugenden unter den bei den Richtern erwarteten Eigenschaften im Vordergrund[706]), so fehlt in den Quellen doch auch nicht die Forderung nach mehr „neutralen" Eigenschaften wie Wahrheitsliebe[707]), Unparteilichkeit[708]), Weisheit[709]), Eidesehrlichkeit[710]), Genauigkeit in der Ermittlung und Verhandlung[711]) und nicht zuletzt Unbestechlichkeit[712]). Oft werden alle diese Eigenschaften in dem etwas schillernden Ausdruck „bonus" zusammengefaßt. Doch spielt gerade bei diesem Ausdruck, der den Gegensatz zu „pravus" und „malus" darstellt[713]), auch die Vorstellung des Vornehmen und Angesehenen mit hinein[714]).

Weniger häufig und mit geringerem Nachdruck werden gegenüber den erwähnten Eigenschaften besondere Fähigkeiten der richterlichen Amtswalter gefordert. Immerhin wird verschiedentlich darauf hingewiesen, daß solche Männer als Amtswalter ausgewählt werden sollen, die gesetzeskundig seien[715]). Diese Forderung aber dürfte angesichts des weitverbreiteten Analphabetentums auch in den adligen Schichten oft nicht erfüllt worden sein[716]); denn den gesamten, durch zahlreiche Kapitularien vermehrten Rechtsstoff auswendig zu beherrschen, war eine kaum erreichbare Kunst.

Insgesamt ergibt sich aus zahlreichen Quellenstellen, daß Kaiser, Könige und Herzöge im frühen Mittelalter durchaus bemüht waren, die von ihnen weiterzuverleihende richterliche Gewalt würdigen und fähigen Amtswaltern anzuvertrauen, soweit es die tatsächlichen Verhältnisse zuließen. Die

---

[705]) Vgl. den angelsächsischen Krönungseid 1, 7 (Liebermann, Bd. 1, S. 217); L. Vis. XII, 1, 1; Capit. miss. Aquisgran. prim., 809, c. 22 (Cap. I, 151).

[706]) In diesem Punkt besteht Übereinstimmung mit den späteren nordischen Rechten. Das Stadtrecht des Königs Magnus Hakonarson spricht von dem „Maß der 4 Schwestern", Mitleid, Wahrheit, Gerechtigkeit und Friedfertigkeit, die bei jeglichem Richten dabei sein müssen, vgl. Stadtrecht IV, 18 (Meißner, S. 93).

[707]) L. Alam. 41, 1; Capit. miss. Aquisgran. prim., 809, c. 22 (Cap. I, 151).

[708]) L. Vis. XII, 1, 1; L. Bai. II, 16; später Ssp. Ldr. III 30 § 2.

[709]) Hlotharii capit. miss., 832, c. 5 (Cap. II, 64).

[710]) L. Alam. 41, 1.

[711]) L. Vis. XII, 1, 1; L. Bai. II, 16.

[712]) L. Alam. 41, 1; L. Bai. II, 16.

[713]) Vgl. Capit. omn. cogn. facienda, 801—806, c. 3 (Cap. I, 144); Capit. miss. Wormat., 829, c. 2 (Cap. II, 15).

[714]) Im Sinne der „boni homines", wie sie häufig in den Urkunden erwähnt werden, die hiermit die Rachimburgen (Skabinen) bezeichnen, vgl. etwa Form. Sal. Bignomianae 9 (Zeumer, Form., S. 231); Form. Sal. Merkelianae 27 (Zeumer, S. 251); weiter vgl. Form. Senonenses Recentiores 3, 6 (Zeumer, S. 212, 214).

[715]) Capit. omn. cogn. fac., 801—806, c. 4 (Cap. I, 144); Cap. miss. in Theod. villa dat. secund., o. J., c. 12 (Cap. I, 124); vgl. auch Capit. miss, 802—813, c. 3 (Cap. I, 147). Vgl. weiter die Rechtssprichwörter, die später aufkamen und Richtereigenschaften und -fähigkeiten zum Gegenstand haben, Graf-Dietherr, a. a. O., S. 408 ff., z. B. „Kein Richter kann recht richten, er wisse denn, was Recht sei".

[716]) Vgl. Asserius de rebus gestis Alfredi, c. 106 (Stevenson, S. 93).

Herrscher wollten auf diese Weise die ihnen von Gott mit dem Königsamt übertragene Aufgabe, als Richter zugleich Friedensstifter zu sein[717]), und den Auftrag des christlich-mittelalterlichen Staates als einer „Rechts- und Friedensanstalt“[718]) möglichst vollkommen erfüllen[719]). Auch hierin zeigen sich deutlich die Wandlungen in der Auffassung von Gerechtigkeit und Rechtswesen, deren Pflege jetzt unter christlichem Einfluß gewissermaßen als Gottesdienst und damit auch als Staatsaufgabe angesehen werden[720]).

II. Schriftliche Verpflichtungen und Richtereid

Ein weiteres Mittel in diesem Bemühen um saubere Rechtspflege bestand darin, daß die Herrscher verschiedentlich ihre Amtswalter ein besonderes Gelöbnis zu korrekter Amtsführung ablegen ließen. Es genügt, insbesondere in karolingischer Zeit, nicht mehr das allgemeine Treuegelöbnis, das jeder Amtswalter von Rang, ja seit Karl dem Großen jeder Untertan des Kaisers[721]) abzulegen hat[722]), sondern man beginnt, die besonderen Erfordernisse und Verpflichtungen gerade des Richteramtes zu berücksichtigen. Schrittmacher dieser Entwicklung waren — selbständig und unbeeinflußt von römischen Gedanken[723]) — die Langobarden und Franken.

Eine eidliche Verpflichtung erscheint zunächst nur im Zusammenhang mit besonders dringlichen Aufgaben[724]). Der Langobardenkönig Liutprand gebietet seinen Richtern, ihre untergebenen Amtswalter durch einen Eid auf die Bibel zu besonderem Eifer bei der Suche nach Wahrsagern zu verpflichten[725]).

Eine Neuerung stellt später die Schriftlichkeit der Amtswalterverpflich-

---

[717]) Vgl. *Bögl*, Auffassung, S. 23, 47; *Ewig*, Zum christlichen Königsgedanken, S. 19.

[718]) *Kern*, Gottesgnadentum, S. 124; vgl. auch *Bögl*, a. a. O., S. 23.

[719]) Vgl. noch L. Vis. I, 1, 7: Qualis erit in iudicando artifex legum. Erit iudicans in indagando vivax, in preveniendo fixus, in decernendo non anxius, in percutiendo parcus, in parcendo adsiduus, in innocente vindex, in noxio temperatus, in advena sollicitus, in indigena mansuetus. Personam tantum nesciat accipere, quanto et contemnet eligere. Vgl. auch eine englische juristische Privatarbeit über Richterpflichten aus der 1. Hälfte des 11. Jahrhunderts: Item de iudicibus (Quales debeant esse iudices) (Liebermann, Bd. 1, S. 474 ff.), in der die genannten Eigenschaften und Fähigkeiten noch einmal zusammengestellt sind.

[720]) Vgl. Ratchis 1: ... ut omnis iudex hoc faciat, ut in deo non perveniamus offensa. Vgl. auch Capit. miss. gen., 802, c. 25 (Cap. I, 96).

[721]) Vgl. *Scheyhing*, Eide, S. 18.

[722]) Dasselbe gilt für den Treueid der Vasallen; vgl. dazu *Brunner-v. Schwerin*, S. 109, 359 ff.

[723]) Das weströmische Recht kannte keine eigentlichen Amtseide, sondern nur einen Eid beim Rücktritt vom Amt, vgl. *Mommsen*, Staatsrecht, S. 625; *Scheyhing*, a. a. O., S. 6, Anm. 4.

[724]) Vgl. *Scheyhing*, a. a. O., S. 24. Üblich war auch ein Eid der Rügegeschworenen, vgl. III Atr 3, 1; Capit. miss. Silvacense, 853 (Cap. II, 274).

[725]) Liutpr. 85; siehe vorn S. 48.

tung dar. Erste Ansätze dazu finden wir — ebenfalls bei den Langobarden — bereits in den Bestimmungen, die König Ratchis dem Edikt der Langobarden hinzufügte. Dieser Herrscher läßt sich von seinen Richtern schriftlich versprechen[726], daß sie persönlich Gericht halten, jedem zu seinem Recht verhelfen und keine Geschenke annehmen würden, und verlangt von ihnen, sich ein gleiches Versprechen von ihren untergebenen Amtswaltern geben zu lassen. In diesem Versprechen sind bereits unverkennbar alle typischen Bestandteile eines richterlichen Eides enthalten.

Vollkommen ausgebildet erscheint ein Eid der Schöffen schließlich in den karolingischen Kapitularien. Eine Missalinstruktion von 829 weist die Königsboten an, untaugliche Schöffen aus dem Amt zu entfernen, alsdann unter Zustimmung der Bevölkerung geeignete auszusuchen und sie schwören zu lassen, daß sie keine ungerechten Entscheidungen absichtlich fällen werden[727]. Nach einer drei Jahre jüngeren für Italien bestimmten Botenanweisung Lothars[728] sollen die Richter[729] schwören: „ut iuxta intelligentiam recte iudicent et pro muneribus vel humana gratia iustitiam non pervertant nec differant et, quod iudicaverint, confirmare sua subscriptione non dissimulent"[730]. Dieser Richtereid gehört nach Inhalt und Form zu den schönsten und eindringlichsten Zeugnissen der frühmittelalterlichen Rechtspflege[731].

Diese wenigen Quellenstellen zum Eid des Richters und des Schöffen stellen die überlieferten Anfänge dieses Rechtsinstitutes in der Geschichte der deutschen Rechtspflege dar[732]. Die Rechtsquellen des Hochmittelalters, vor allem die Rechtsbücher und zahlreiche Stadtrechte sowie alle bedeutenden späteren Prozeßgesetze, übernahmen in Weiterentwicklung dieser Ansätze den Eid des Richters in mannigfacher Ausgestaltung[733].

---

[726]) Ratchis 1.

[727]) Capit. miss. Wormat., 829, c. 2 (Cap. II, 15): . . . et cum electi fuerint, iurare faciant, ut scienter iniuste iudicare non debeant. Daß die Amtsdelikte der Schöffen als Bruch dieses Eides aufgefaßt wurden, wie *Scheyhing*, Eide, S. 22, annimmt, ist quellenmäßig nicht belegt.

[728]) Hlotharii capit. miss., 832, c. 5 (Cap. II, 64).

[729]) Nach *Scheyhing*, Eide, S. 26, gab es in Italien daher nur einen Richter- und sonst im fränkischen Reich nur einen Schöffeneid. Diese Auslegung dürfte zu sehr auf den durchaus unsicheren Sprachgebrauch des Ausdrucks „iudex" abstellen.

[730]) Deutlich klingt schon die später und heute übliche Wendung „nach bestem Wissen" an.

[731]) Auch einige nordgermanische Rechte kennen einen Richtereid, meist um der Bestechung entgegenzuwirken; vgl. den herrlichen Eid der Graugans II, 47: Und nicht hab' ich mir Geld bedungen in diesem Gericht, noch werd' ich's bedingen, auch hab ich keines genommen, noch werd' ich's nehmen, weder zu gesetzlichem noch ungesetzlichem Ende (Übersetzung nach Heusler, S. 78).

[732]) *Scheyhing*, Eide, S. 7 f., vermutet, daß der Schöffeneid schon früher zusammen mit der neuen Schöffenverfassung von Karl dem Großen eingeführt worden ist. Quellenzeugnisse sind nicht vorhanden!

[733]) Vgl. Ssp. III 56 § 1; KGO §§ 4—7; CCC Art. 3—5; Kap. 4 des „Roten

III. Aufsichtsgewalten

Von Bedeutung für die Beurteilung von Rechtspflegedelikten sowie der sozialen und prozessualen Stellung der richterlichen Amtswalter ist auch, ob und wieweit diese Richter im Hinblick auf ihre richterliche Tätigkeit besonderen Aufsichtsgewalten unterstellt waren.

Die letzte und höchste Aufsichtsgewalt über alle richterlichen Amtswalter lag bei allen germanischen Stämmen beim König. Dies war die notwendige Folge der Vorstellung, daß der König nicht nur der höchste Richter, sondern im Grunde überhaupt der einzige Richter war, von dem sich jegliche übrige Gerichtsgewalt ableitete[734]) und der daher auch die gesamte Rechtspflege zu beaufsichtigen hatte[735]).

Den deutlichsten Ausdruck hat dieses Aufsichtsrecht des Königs, das zugleich eine Aufsichtspflicht bedeutete, im westgotischen Recht gefunden. Dort hat der König die gesamte Rechtspflege zu beaufsichtigen[736]). Er überwacht alle Amtswalter und die Kompetenz und die Tätigkeit der Gerichte bis hin zu den Gerichtsferien und den Dienststunden[737]). Muten solche minutiösen Äußerungen der Gerichtshoheit auch ungermanisch an, so hat Felix *Dahn* doch mit Recht darauf hingewiesen, daß im Gerichtsbann des westgotischen Königs „die germanische Idee vom Rechtsfrieden und dessen Schutz durch den König unverkennbar lebendig, wenn auch durch christliche, kirchliche Vorstellungen modifiziert"[738]) sei.

Weniger einheitlich wird das Bild, wenn wir uns der Frage zuwenden, ob nach den Stammesrechten und Kapitularien weitere allgemeine, dem König untergeordnete Aufsichtsgewalten in das öffentliche Gerichtswesen eingeschaltet waren.

Bei den Franken bestand eine echte Aufsichtsgewalt des Grafen über den Zentenar und Vikar[739]); ihr wurde in der karolingischen Zeit die Aufsichtsgewalt der Königsboten über beide Amtswaltergruppen und die Skabinen hinzugefügt[740]). Dagegen gab es kein Aufsichtsrecht der Bischöfe über die genannten Amtswalter kraft weltlichen Rechts. Wenn König Chlothar den Bischöfen einschärft, gegen ungerecht handelnde Richter einzuschreiten[741]),

---

Buches" von Rottweil. Zum ganzen Problem vgl. jetzt die grundlegende und sehr instruktive Arbeit von Robert *Scheyhing*, Eide, Amtsgewalt und Bannleihe. Eine Untersuchung zur Bannleihe im hohen und späten Mittelalter, Köln-Graz 1960.

[734]) Vgl. *Skedl*, Nichtigkeitsbeschwerde, S. 15; *Fustel de Coulanges*, L'organisation judiciaire, S. 521, 527.

[735]) Diese Vorstellung erscheint auch in vielen Märchen des späteren Mittelalters, vgl. *Ludwig*, Richter und Gericht, S. 18.

[736]) Vgl. L. Vis. I, 1, 7 und *Dahn*, Könige, Bd. 6, S. 228.

[737]) Vgl. *Dahn*, a. a. O., S. 228 f.

[738]) *Dahn*, a. a. O., S. 229.

[739]) Vgl. *Brunner-v. Schwerin*, S. 229.

[740]) Vgl. *Brunner-v. Schwerin*, S. 257 ff.; *Schröder-v. Künßberg*, S. 153 ff.

[741]) Chlotharii II. Praeceptio, 584—628, c. 6 (Cap. I, 19).

so will er sie an die Erfüllung ihrer kirchlichen Pflichten und an ihre Macht, kirchliche Strafen zu verhängen, erinnern[742]).

Ein ähnliches Verhältnis wie zwischen Graf und Zentenar scheint bei den Angelsachsen zwischen „ealdorman" und Sheriff bestanden zu haben, während bei den oberdeutschen Stämmen der Bayern und Alamannen eine Aufsichtsgewalt des Grafen über den „iudex" und den Zentenar nicht scharf hervortritt und bei den Burgundern eine Aufsichtsinstanz außer dem König überhaupt nicht erscheint[743]).

Vollkommener war die untere Aufsichtsgewalt vermutlich bei den Langobarden, bei denen — zumindest noch unter Rothari — Herzog und Gastalde eine Art gegenseitiger Kontrolle ausübten[744]). Ihnen wiederum unterstanden in den Skuldasien Schultheißen mit niederer Gerichtsgewalt, die ihrerseits die hauptsächlich mit polizeilichen Aufgaben betrauten „degani" und „saltarii" überwachten[745]). Im langobardischen Recht ist das Aufsichtsverhältnis bereits soweit ausgestaltet, daß der Schultheiß an den von den „degani" und „saltarii" verwirkten Bußen, der „iudex" an den Bußen des Schultheißen und der König wiederum an den vom „iudex" verwirkten Bußen beteiligt ist[746]). Der Vorgesetzte erhält auch einen Teil der durch gute Amtsführung gewonnenen „Prämien" seiner Untergebenen[747]).

Folgende Skizze möge das Verhältnis der Aufsichtsgewalten bei den Langobarden am Inhalt der Bestimmung Liutpr. c. 44 über die Versäumung bestimmter Pflichten beim Aufspüren flüchtiger Knechte veranschaulichen:

Säumnis beim	saltarius deganus	— 2 sol. ⟶	Partei
	↓ 2 sol.		
Säumnis beim	sculdahis	— 4 sol. ⟶	Partei
	↓ 4 sol.		
Säumnis beim	iudex		
	↓ 12 sol.		
	König		

Sehr verschachtelt und aus den verfügbaren Quellen nicht genau ersichtlich[748]) ist die Regelung der unteren Aufsichtsgewalten bei den Westgoten, bei denen den „iudices locorum" der „dux provinciae" und der „comes civitatis"

[742]) Vgl. *Loening*, Geschichte, S. 536; *Waitz*, Verfassungsgeschichte, Bd. 2, 2. Teil, S. 67, Anm. 5.

[743]) Siehe auch vorn S. 78, 82 f., 86.

[744]) Vgl. Roth. 23; 24; *Pabst*, Geschichte, S. 451; *Pertile*, Storia, Bd. 1, S. 108.

[745]) Liutpr. 44.

[746]) Liutpr. 25, 26, 28, 44.

[747]) Liutpr. 85.

[748]) Vgl. *Merea*, Estudos, S. 186 ff.

übergeordnet waren[749]). Daneben hatten allein bei den Westgoten auch die Bischöfe, zwar auf Grund ihrer kirchlichen Stellung, aber kraft *weltlichen* Rechts, Aufsichts- und Mitwirkungsrechte in der Rechtspflege[750]). Das war eine notwendige Folge des übermächtigen Einflusses der Geistlichen auf das gesamte staatliche Leben im Westgotenreich, der bei der Königswahl, bei der Gesetzgebung und der Verwaltung des Reiches noch stärker hervortrat[751]).

IV. Stellung gegenüber den Parteien

„Der altgermanische Prozeß war nach seinem Grundcharakter und seinem Verlauf Kampf zwischen den Parteien, ein rechtlich geordneter Krieg mit Angriff und Gegenwehr."[752]) Mit diesem Satz hat Otto von *Zallinger* ein entscheidendes Prinzip der ältesten staatlichen Rechtspflege gekennzeichnet, die ja ihrem Wesen nach Strafrechtspflege war[753]) und in der frühen Zeit vermutlich nur subsidiären Charakter hatte, weil der nächste und gewöhnliche Weg des Verletzten zur Erlangung einer Genugtuung die Selbsthilfe durch Fehde war[754]).

Ihren rechtlich geordneten Kampf führten die Parteien auf einer gewissermaßen vertraglichen Grundlage ganz unter sich lediglich vor den Augen des Richters durch[755]). Vertraglich regelten sie das Erscheinen im Gericht (Terminsgedinge)[756]), den Beweis und die Beweismittel, so daß das Gericht im Grunde nur als „eine Instanz für die vertragsmäßige Erledigung von Streitigkeiten"[757]) erscheint. Lange hielt sich noch die Ansicht, daß der Beweis nicht dem Gericht, sondern dem Gegner als eine diesem schuldige Leistung erbracht werde[758]). Selbst die Unterwerfung der Widersacher unter den Spruch des Gerichts mußte zuvor vertraglich durch ein von Partei zu Partei abgelegtes Urteilserfüllungsversprechen[759]) begründet werden, und bei einer Weigerung hatte das Gericht nicht die Macht, dem Widerstrebenden seinen Willen aufzuzwingen[760]); es blieb nur die Möglichkeit, ihn aus der Rechtsgemeinschaft auszustoßen[761]). Wahrscheinlich beruhte ursprünglich sogar das Verhältnis der Parteien zum Richter und den Urteilern auf unmittelbaren

---

749) Vgl. auch vorn S. 68.

750) Vgl. *Dahn*, a. a. O., S. 388; *García Gallo*, Curso, S. 108.

751) Vgl. *Dahn*, a. a. O., S. 388 ff.

752) *v. Zallinger*, Formalismus, S. 26; ähnlich *Brunner*, S. 253.

753) Vgl. *Brunner-v. Schwerin*, S. 436; *Schröder-v. Künßberg*, S. 390; *Declareuil*, Histoire générale, S. 105.

754) Vgl. *v. Zallinger*, a. a. O., S. 24.

755) Vgl. *Brunner-v. Schwerin*, S. 436; *Schröder-v. Künßberg*, S. 91, 390.

756) Vgl. *Beyerle*, Entwicklungsproblem, S. 333; *Brunner-v. Schwerin*, S. 442.

757) *v. Zallinger*, a. a. O., S. 29.

758) Vgl. *v. Zallinger*, a. a. O., S. 28.

759) Vgl. *Beyerle*, a. a. O., S. 333; *Brunner-v. Schwerin*, S. 494.

760) Vgl. *v. Zallinger*, a. a. O., S. 28.

761) Vgl. *v. Zallinger*, a. a. O., S. 29; *Brunner*, S. 253.

vertraglichen Rechtsbeziehungen, die auf die Verwandtschaft der Richterstellung mit einer vertraglich bedungenen Schiedsrichterrolle hindeuten[762]), aus der sich das organisierte Gerichtswesen entwickelt haben mag[763]).

Diese Grunderscheinungen des germanischen und frühfränkischen Gerichtswesens — geringer Einfluß des Gerichts und beherrschende Stellung der selbständigen Parteihandlungen — erklären auch den strengen Formalismus des altdeutschen Rechtsganges. Der Zwang der Form bildete das Gegengewicht gegen die Selbständigkeit der Streitteile und die mangelnde Machtfülle des Gerichts[764]).

Noch in der spätfränkischen Zeit, ja bis ins hohe Mittelalter, hatten diese charakteristischen Erscheinungen des germanischen Prozesses Nachwirkungen im Rechtsgang, obwohl mittlerweile das Erstarken der königlichen Zentralgewalt und das Vordringen des Christentums zu mancherlei Änderungen geführt hatten. Der mit heidnisch-religiösen Vorstellungen durchsetzte prozessuale Formalismus wurde zwar christianisiert und der Zwang, der von der strengen Förmlichkeit aller gerichtlichen Handlungen ausging, teilweise durch den Zwang des richterlichen Bannes ersetzt; aber viele heidnische Prozeßbräuche lebten unter einem christlichen Mantel fort[765]), und die Formstrenge beherrschte noch immer das Verfahren vor Gericht. Die Selbsttätigkeit der Parteien im Prozeß wurde eingeschränkt, indem gewisse Parteihandlungen durch den Befehl des Richters ersetzt wurden[766]). Der Richter gewann so immer mehr das Recht der gesamten Prozeßleitung und dadurch auch an Autorität[767]). Da er ein königlicher Amtswalter war, der ein „ministerium" ausübte, standen hinter ihm auch die Machtfülle und das Ansehen des Herrschers.

Dennoch war selbst in der fränkischen Zeit die Autorität des Richters, soweit sie nur Ausfluß seiner richterlichen Gewalt war, gering[768]); entscheidend war vielmehr seine soziale Geltung als reicher Grundbesitzer und Adliger. Dasselbe gilt für die Schöffen, deren Ansehen auch mehr auf ihrer sozialen Stellung als auf ihrer Amtsstellung beruhte[769]).

Wie jedoch bei allen Bereichen der fränkischen Rechtsgeschichte ist auch hier die Einschränkung anzubringen, daß die angedeutete Entwicklung nicht bei allen Stämmen völlig gleichartig verlaufen ist. Bei den Langobarden, Westgoten und Burgundern dürfte unter römischem Einfluß die Stellung des Richters weit mächtiger gewesen sein als bei den vom Römertum weniger

---

762) Vgl. *Beyerle*, a. a. O., S. 333.

763) Vgl. dazu auch *Brunner*, S. 253, und *Beyerle*, a. a. O., S. 333.

764) Vgl. *Brunner*, Zeugen- und Inquisitionsbeweis, S. 88 f.; *v. Zallinger*, a. a. O., S. 30.

765) Vgl. *Brunner-v. Schwerin*, S. 439.

766) Vgl. *Brunner-v. Schwerin*, S. 440.

767) Vgl. *Brunner-v. Schwerin*, S. 440; *Schröder-v. Künßberg*, S. 390.

768) So auch *Schönfeld*, Grundlegung, S. 194.

769) Vgl. *Wieacker*, Rechtsbewußtsein, S. 24.

stark berührten Stämmen Zentraleuropas[770]), obwohl auch bei jenen romanisierten Stämmen die Gesamtentwicklung in der oben skizzierten Weise verlaufen sein dürfte.

Die im Grunde schwache prozessuale Stellung des frühmittelalterlichen Richters zeigt sich auch darin, daß nach einigen Stammesrechten den Richtern nicht zugemutet wird, gegen mächtige Leute (potenti homines) vorzugehen oder zu verhandeln[771]). Die Amtswalter sollen sich in solchen Fällen an ihren Vorgesetzten wenden oder die Angelegenheit an den König (Herzog) verweisen oder zu dessen Kenntnis bringen[772]), wenn sie nicht Gefahr laufen wollen, schadensersatzpflichtig zu werden[773]).

Auf Fortwirken sehr früher Vorstellungen beruht es wohl auch, wenn in älteren Stammesrechten noch jene unmittelbare Rechtsbeziehung zwischen Parteien und Urteiler anklingt, die weniger auf „hoheitlicher" als auf vertraglicher Grundlage beruht[774]). Am deutlichsten kommt diese Entwicklung, die das Urteileramt noch im Laufe der merowingischen Zeit von einer „privatrechtlich-vertraglichen" zu einer „hoheitlich-staatlichen" Einrichtung gewandelt hat, in der Wandlung der Urteilsfrage zum Ausdruck. Noch in der Lex Salica sind es die Parteien, die die Urteilsbitte unmittelbar an die Urteilsfinder richten. Seitdem aber der Amtswalter des Königs, der Graf, die entscheidende Stellung als Gerichtsvorsitzender im Rechtsgang einnimmt, ist er es, der von den Urteilsfindern das Urteil heischt[775]).

V. Schutz der richterlichen Tätigkeit

Wie wenig gefestigt die Autorität der richterlichen Amtswalter offenbar noch in der fränkischen Zeit war, wenn der Richter nur die Amtsgewalt und keine einflußreiche soziale Stellung als Rückhalt hatte, ergibt sich u. a. daraus, daß die frühmittelalterliche Rechtsordnung die richterliche Tätigkeit durch strenge Strafbestimmungen gegen Übergriffe der Parteien sichern mußte.

Bei den Burgundern mußten die Gerichtsvollzieher, die „Witteschalken",

---

[770]) Für die Langobarden vgl. *Schönfeld,* Rechtsbewußtsein der Langobarden, S. 21. Dagegen führt *Solmi,* Storia, S. 193 f., die größere Autorität des langobardischen Richters auf die Wanderzeit zurück, in der eine gestärkte richterliche Gewalt erforderlich gewesen sei. Bemerkenswert ist, daß nach Ratchis 4 der Arimanne dem „iudex" gewisse Ehrenbezeugungen zu leisten hat.

[771]) L. Vis. II, 2, 8; VII, 1, 1; L. Bai. II, 5. Vgl. auch Asser, De rebus gestis Alfredi, c. 106 (Stevenson, S. 92 f.).

[772]) L. Vis. VII, 1,1; L. Bai. II, 5 (Diebstahl beim Militär): Et si talis homo potens hoc fecerit, quem ille comis destringere non potest, tunc dicat duci suo et dux illum distringat secundum legem.

[773]) L. Vis. VII, 1, 1.

[774]) Pactus Leg. Sal. 57 (Tanganierung der Rachimburgen).

[775]) Vgl. z. B. eine rhäto-alamannische Urkunde von 806/807 (Wartmann, St. Galler Urkundenbuch I, Nr. 187): Ut autem haec finita sunt, interrogavit ipse comes illos scabinos, quid illi de hac causa iudicare voluissent. Vgl. weiter *Beyerle,* Ent-

vor Tätlichkeiten geschützt werden, denen sie laut den Klagen des Königs bei der Eintreibung der Strafgelder sehr häufig ausgesetzt waren. Ihnen gegenüber ist jeder Schlag, der sonst 1 sol. kostet, mit dem dreifachen Satz zu büßen[776]). Bei Pfandkehr ist das ihnen gewaltsam Entrissene von dem Täter mit dem dreimal neunfachen Wert zuzüglich Strafgeld zu erstatten[777]).

Aufschlußreich sind auch die einschlägigen Bestimmungen des langobardischen Edikts. Wenn mehrere sich zusammenrotten und gegen ihren Richter Aufruhr anzetteln oder ihn zu vertreiben suchen, dann soll der Anführer der Bande mit dem Tode bestraft und sein Vermögen konfisziert werden, während die übrigen Bandenmitglieder ihr Wehrgeld an den König zu zahlen haben[778]). Ratchis schärfte später die Bestimmungen Liutprands noch einmal ein[779]). Offenbar hatten es also die Richter sehr schwer, sich gegen widerspenstige, mächtige Parteien durchzusetzen, und Aufruhr gegen den zuständigen Richter muß zeitweise sehr verbreitet gewesen sein[780]).

Für das karolingische Imperium enthält dasselbe Kapitular Ludwigs I., in dem zum erstenmal die Sitzungs- und Leitungsgewalt des Richters allgemein anerkannt wurde, auch die Bestimmung, daß ein Querulant, der auf Aufforderung des Richters hin die Gerichtsstätte nicht verläßt, den Königsbann verwirkt[781]). Nach einem anderen Kapitular ist derjenige, der einem Grafen beim rechtmäßigen Betreten eines Immunitätsbezirkes mit geballter Faust Widerstand leistet, dem König zu melden; außerdem hat er den zehnfachen Königsbann zu zahlen (600 sol.)[782]).

Die Königsboten waren nach einem in der Kapitulariensammlung des Ansegis überlieferten Kapitular Karls des Großen gegen tätliche Angriffe besonders geschützt. Wer gegen einen Königsboten mit geballter Faust und Waffen angeht und ihm den Zugang zu seinem Inspektionsbezirk verwehren will, büßt den Widerstand mit dem Leben. Wenn er die Tat abstreitet, muß er sich mit 12 Eideshelfern reinschwören[783]).

Bei all diesen Bestimmungen fällt auf, wie empfindliche Strafen die Herrscher androhen mußten, um die Sicherheit ihrer richterlichen Amtswalter zu gewährleisten. Es steht diese Seite der Rechtspflege des frühen Mittelalters

---

wicklungsproblem, S. 338 f.; *Brunner-v. Schwerin,* S. 481. Die angedeutete Wandlung ist vermutlich weit älter als die Urkunde, da spätestens im 7. Jahrhundert der Graf den Gerichtsvorsitz übernommen haben dürfte, vgl. *Brunner-v. Schwerin,* S. 222.

[776]) L. Burg. 76, 1.

[777]) L. Burg. 76, 2.

[778]) Liutpr. 35.

[779]) Ratchis 10: . . . Cognovimus enim, quod per singulas civitates mali hominis zauas et adunationes contra iudicem suum agendum faciebant.

[780]) Siehe auch Liutpr. 374 (Fesseln und Verprügeln des Schultheißen). Zu den genannten Vorschriften vgl. auch *Pertile,* Storia, Bd. 5, S. 486.

[781]) Capit. de iust. facienda, ca. 820, c. 4 (Cap. I, 295).

[782]) Capit. legi add., 803, c. 2 (Cap. I, 113).

[783]) Capit. Caroli apud Anseg. serv., ca. 810, c. 1 (Cap. I, 160).

auch im Gegensatz zu den zahlreichen Schilderungen über Unterdrückungen, unter denen die „pauperes" oft zu leiden hatten und über die, wie wir noch sehen werden, in den literarischen Quellen so sehr geklagt wird. Dieser Gegensatz dürfte seine Erklärung darin finden, daß die Amtswalter zwar oft die wirtschaftlich schwachen Bevölkerungsschichten drangsalierten, daß sie aber gegenüber sozial und wirtschaftlich Gleichrangigen oder Stärkeren einen schweren Stand hatten, wenn gerichtliche Entscheidungen wichtige Interessen dieser Kreise berührten. Das richterliche Amt als solches hatte eben noch nicht unabhängig von seinem jeweiligen Inhaber jenen unantastbaren Rang, den es erst in den folgenden Jahrhunderten allmählich erhalten hat. Das Gericht war als unangreifbare „staatliche" Institution noch nicht anerkannt und seine sich ausbildende „hoheitliche" Funktion bedurfte immer wieder des sichernden Schutzes des Herrschers.

10. Kapitel

Vergleichende Betrachtung der Tatbestände und Straffolgen der Rechtspflegedelikte

I. Die einzelnen Deliktstatbestände

1. Justizverweigerung

a) Bei „Offizialdelikten"

Wir haben im 1. Teil der Arbeit gesehen, daß alle Leges außer dem bayrischen und alamannischen Recht die Justizverweigerung mehr oder weniger ausführlich behandeln. Die Bestimmungen der Stammesrechte betreffen sowohl die Justizverweigerung gegenüber einer Partei, die um richterliche Entscheidung nachgesucht hat, als auch die Fälle, in denen der Amtswalter ein Einschreiten „von Amts wegen" verweigert. Diese letzte Gruppe ist allerdings gegenüber der der zuerst genannten Fälle weniger bedeutsam; denn im frühen Mittelalter wird selbst bei schweren Delikten der Prozeß überwiegend durch die private Initiative einer Partei ausgelöst[781]), und die Fälle richterlichen Einschreitens von Amts wegen sind selten und decken sich meist mit den polizeilichen Aufgaben der Amtswalter. Allein im westgotischen Recht, das auch in diesem Punkt römischem Einfluß ausgesetzt war, haben Bestimmungen über Justizverweigerung bei „Offizialdelikten" — auch nach der Anzahl der einschlägigen Vorschriften — eine größere Rolle gespielt[785]). In

---

[784]) Vgl. *Brunner-v. Schwerin*, S. 637.

[785]) Vgl. zum westgotischen Recht *Dahn*, Studien, S. 265 ff.; *v. Halban*, Das römische Recht, 1. Teil, S. 225 f. Die wichtigsten dieser Delikte sind bei *Dahn*, a. a. O., S. 266, genannt.

der spätfränkischen Zeit wird dann der Kreis der Delikte, die von Amts wegen abzuurteilen sind, immer größer[786]).

Betrachten wir zunächst die Justizverweigerung in dem weniger wichtigen Bereich der Offizialdelikte, so ergibt sich, daß in keinem Stammesrecht allgemeine Bestimmungen für dieses Rechtspflegedelikt entwickelt worden sind; allenthalben finden wir nur kasuistische Regelungen, die keinerlei Übereinstimmung untereinander zeigen und nur wenige Besonderheiten hervortreten lassen.

Bei den Westgoten wird Justizverweigerung in Münz- und Unzuchtsachen mit erheblichen Geld- und Leibesstrafen geahndet[787]). Die Zahlungen gehen jeweils an den Fiskus, ein Zeichen dafür, daß in solchen Justizverweigerungsfällen Delikte gegenüber der Allgemeinheit, gegenüber dem „Staat", gesehen wurden. Ähnlich ist es bei den Langobarden, bei denen die Buße des Richters, der in Knechts- und Wahrsagersachen säumig ist, ebenfalls an den Fiskus, die Königspfalz, zu zahlen ist[788]). In Diebstahlssachen dagegen, in denen der Richter zwar gleichfalls sofort tätig werden mußte, aber nur auf Anzeige hin, dringt wiederum die privatrechtliche Beziehung zwischen Amtswalter und „Partei" stärker durch: Wenn der Richter bei der Ermittlung der gestohlenen Sachen säumig ist, büßt er es so, als wenn er selber den Diebstahl begangen hätte; er muß also je nach Art des Diebstahls[789]) eine verschieden hohe Buße an den Bestohlenen zahlen[790]). Diese Folge zeigt, daß die Justizverweigerung in solchen Fällen als Begünstigung des Diebes aufgefaßt wird[791]); denn der Begünstiger wird meist ebenso bestraft wie der Täter[792]). Damit kommt das langobardische Recht unserer heutigen Regelung nahe, nach welcher Nichteinschreiten bei Offizialdelikten als Begünstigung bestraft wird[793]).

b) Beim „Privatverfahren"

Weniger kasuistisch sind die Bestimmungen gegen Justizverweigerung im normalen, durch private Klage in Gang gebrachten Prozeß. Zwar tritt auch

---

[786]) Vgl. *Brunner-v. Schwerin*, S. 637 ff.; *Conrad*, Rechtsgeschichte, S. 198. Wichtig wurde vor allem dann das Rügeverfahren, vgl. dazu *Brunner-v. Schwerin*, S. 639 ff.

[787]) L. Vis. IV, 4, 17; III, 5, 2; VII, 6, 2. Auffällig ist die Verwandtschaft vieler Offizialdelikte der Westgoten mit denen der römischen Spätzeit, vgl. *Mommsen*, Strafrecht, S. 350 f.

[788]) Siehe vorn S. 48.

[789]) Das langobardische Recht unterscheidet den nach der Tat entdeckten und den handhaften Diebstahl, bei letzterem wiederum nach dem Wert des Gestohlenen großen und kleinen Diebstahl, vgl. F. *Beyerle*, Gesetze der Langobarden, S. 482.

[790]) Liutpr. 81 mit der Möglichkeit des Reinigungseides; siehe auch vorn S. 49.

[791]) Vgl. *Beyerle*, a. a. O., S. 484. Ebenso später im Sachsenspiegel, Ldr. II, 13, § 8.

[792]) Vgl. *Brunner-v. Schwerin*, S. 750 ff.; *Conrad*, a. a. O., S. 233 f. Für die Langobarden vgl. auch Ahist. 9.

[793]) § 346 StGB; vgl. *Schönke-Schröder*, Kommentar, S. 942.

hier teilweise noch die Vorliebe für die Kasuistik hervor[794]), so auch in Bestimmungen durch die gewissen Bevölkerungsschichten ein gewissermaßen privilegierter Schutz gegenüber Justizverweigerung der Amtswalter eingeräumt wird[795]). Im übrigen aber enthalten die frühen Rechte mehr oder weniger weit entwickelte Ansätze eines allgemeinen Deliktstatbestandes der Justizverweigerung.

Die ursprünglichste und einfachste dieser Vorschriften, in der vielleicht noch germanische Zustände nachwirken, dürfte in der Lex Salica überliefert sein[796]). Die Regelung, daß die das Urteil verweigernden Rachimburgen an den Kläger eine Buße verwirken, als hätten sie gewissermaßen die Erfüllung einer gewöhnlichen privatrechtlichen Schuld verweigert, zeigt Partei und Urteiler noch in einer unmittelbaren Rechtsbeziehung zueinander, in der eine Anlehnung an das vertraglich bedingte Schiedsverhältnis unverkennbar ist[797]). Aus dieser „vermittelnden Funktion“[798]) dürfte sich auch das echte Urteileramt entwickelt haben, und es erscheint hier noch „weit entfernt davon, als ein ausschließlicher Ausfluss staatlicher Gerichtshoheit“[799]) zu gelten[800]).

Ähnlich scheint auch in den einschlägigen Bestimmungen der anderen Stammesrechte das vertragsrechtliche Element nachzuwirken, obwohl bei ihnen eine königliche Gerichtshoheit schon früh ausgebildet war. Bei den Langobarden dürfte es sich darin zeigen, daß die benachteiligte Partei die Hälfte der vom Amtswalter verwirkten Bußen erhält, während die andere Hälfte an den vorgesetzten Amtswalter oder an den König geht[801]). Wenn man bedenkt, daß bei dieser Aufteilung der Vorgesetzten- oder Königsanteil dem „fredus“ der Franken entspricht[802]), so besteht in diesem Punkt zwischen Titel 57 des Pactus legis Salicae und den Bestimmungen Liutprands kein Unterschied. Bei den Burgundern fällt dagegen die 12-sol.-Buße des Justizverweigerers ganz an den König[803]); aber die Voraussetzung des dreimaligen Anrufens des säumigen Richters, die später durch eine Dreimonatsfrist ersetzt wurde[804]), dürfte noch daran erinnern, daß in ältester Zeit um das Urteil rechtsförmlich angegangen und — durch das „tangono“ — gemahnt werden mußte[805]). Ebenso fällt bei den Angelsachsen, die allerdings nur eine „mittel-

---

794) Vgl. Roth. 150 (Säumnis in Mühlenangelegenheiten).

795) Vgl. Roth. 25 (Schutz des Soldaten); VIII Atr 32 (Schutz der Äbte); siehe vorn S. 41 f.

796) Pact. leg. Sal. 57, 1—2; vorn S. 8 ff.

797) Vgl. F. *Beyerle*, Entwicklungsproblem, S. 333.

798) *v. Zallinger*, Formalismus, S. 30.

799) F. *Beyerle*, a. a. O., S. 335 f.

800) Vgl. *v. Zallinger*, a. a. O., S. 31 f.

801) Liutpr. 25—27; vgl. auch F. *Beyerle*, a. a. O., S. 334, Anm. 17, der allerdings die wichtigen Bestimmungen Liutpr. 25—27 offenbar übersehen hat.

802) Vgl. *Brunner-v. Schwerin*, S. 807.

803) L. Burg. Pr. Const. 12.

804) L. Burg. 81.

805) Vgl. F. *Beyerle*, a. a. O., S. 334.

bare" Justizverweigerung kannten[806]), die Buße von 120 sol. ganz an den König[807]).

Den Gedanken des Schadensersatzes nimmt erst das jüngere westgotische Recht auf, indem es den Richter, der sich böswillig weigert, eine Klage anzunehmen oder die Vorladung des Gegners auszufertigen, dem Kläger das ersetzen läßt, was dieser erstritten hätte, unbeschadet des klägerischen Anspruchs auf nachträglichen Rechtsschutz[808]).

Aufschlußreich ist, daß der Richter, der zögert, eine peinliche Klage wegen Tötung aufzunehmen, nach westgotischem Recht die Hälfte des Wergeldes des Getöteten zu zahlen hat[809]), weil hier wiederum — wie bei den schon erwähnten Diebstahlsfällen im langobardischen Recht — der Gedanke der Begünstigung des Täters mitspielt.

c) Das Requisitionsverfahren, seine Verbreitung und seine Varianten

Eine Sonderstellung in der Behandlung der Justizverweigerung nimmt das westgotische Requisitionsverfahren ein, bei dem vor allem auffällt, daß ein so straff organisiertes Königreich wie das westgotische nur mittelbar über das Vermögen des justizverweigernden Richters denselben zur Tätigkeit zwingen will[810]). Auch bei diesem Verfahren scheinen privatrechtliche Vorstellungen nachzuwirken, nach denen die „geschuldete" richterliche Tätigkeit durch den Zwang einer Pfändung erwirkt werden kann, ebenso wie der Gläubiger nach vergeblichen Mahnungen des Schuldners mit richterlicher Erlaubnis[811]) zur außergerichtlichen Pfandnahme schreiten kann, um Zahlung zu erzwingen[812]); denn es galt ursprünglich auch im allgemeinen Vollstreckungsrecht der Grundsatz, daß der Gläubiger nicht pfändete, um sich bezahlt zu machen, sondern damit der Schuldner zahle[813]).

Kaum zu erklären ist aber, daß auch bei Gerichtseingesessenen des säumigen Richters gepfändet werden konnte, wodurch wegen des drohenden Vier-

---

[806]) Im Sachsenspiegel sind übrigens beide Arten von Justizverweigerung zusammengefaßt, Ldr. III 87 § 3: Recht verweigert der Richter, wenn er nicht richten will oder seine rechten Gerichtstage nicht abhält.

[807]) Vgl. II Ew 8; II Ew 2.

[808]) L. Vis. II, 1, 20; vgl. auch F. *Beyerle,* a. a. O., S. 334, Anm. 17.

[809]) L. Vis. VI, 5, 14.

[810]) L. Vis. II, 2, 7.

[811]) Vgl. *Brunner-v. Schwerin,* S. 586; *v. Schwerin-Thieme,* Grundzüge, S. 100. Ursprünglich galt dieses Erfordernis vermutlich nicht *(Brunner-v. Schwerin,* ebenda). Neben der außergerichtlichen Pfandnahme oder als ihr Ersatz hat sich bei den meisten Stämmen im Laufe der Zeit eine richterliche Pfändung entwickelt, vgl. *Planitz,* Vermögensvollstreckung, S. 151; L. Vis. II, 2, 7 scheint sowohl Elemente der gerichtlichen wie der außergerichtlichen Pfandnahme zu enthalten.

[812]) Vgl. *Brunner-v. Schwerin,* S. 588 f.

[813]) Vgl. *Brunner-v. Schwerin,* S. 593; daher darf der Schuldner nach manchen Rechten mehr wegnehmen als nur den Betrag der Schuld, vgl. *Brunner-v. Schwerin,* S. 591.

fachersatzes ein Druck auf den Richter ausgeübt wurde. Es liegt darin vielleicht eine gewisse Verwandtschaft mit dem alten Institut der Sippenpfändung; denn einst „scheint es erlaubt gewesen zu sein, nicht nur den eigentlichen Schuldner, sondern auch gewisse Sippegenossen desselben zu pfänden"[814]).

Die westgotische Aera II, 2, 7 ist keineswegs die einzige frühmittelalterliche Bestimmung, in der der Gedanke der Requisition gegenüber dem säumigen richterlichen Amtswalter Ausdruck gefunden hat. Er findet sich auch in den Bestimmungen zweier staatsrechtlicher Verträge wieder, die uns aus der ersten Hälfte des 9. Jahrhunderts überliefert sind: In einem im Jahre 840 zwischen Kaiser Lothar und dem Dogen Peter von Venedig geschlossenen Vertrag[815]), der unter anderem auch die Klagemöglichkeit von Untertanen eines Vertragspartners vor einem Richter des anderen gewährleisten soll, ist ausdrücklich die Requisition beim säumigen Amtswalter vorgesehen. Im Falle der Justizverweigerung darf der Kläger, nachdem die zweimalige Aufforderung zur Rechtsprechung durch den Richter seines eigenen Bezirks vorausgegangen ist, den „iudex rei" bis zum Betrag seiner Forderung pfänden[816]) — Eine ähnliche Regelung findet sich bereits in dem 4 Jahre früher geschlossenen Vertrag zwischen Sicard von Benevent und Andreas von Neapel[817]), dessen Kapitel 8 ein Requisitionsverfahren gegen beliebige Untertanen des anderen Vertragspartners, ausgenommen Kaufleute, vorsieht[818]).

Eine Parallelerscheinung im Bereich der Rechtsverweigerung des Beklagten und dem Requisitionsverfahren durchaus nachgebildet ist der Repressalienarrest, wie er sich in den Stadtrechtsquellen des hohen Mittelalters zuweilen findet[819]). Wenn der Schuldner sich weigert, vor Gericht zu erscheinen oder die Schuld zu bezahlen, kann der Gläubiger einen Gerichtsgenossen des Schuldners festnehmen und ihn solange in Arrest halten, bis die Schuld bezahlt ist. Auch hier hat sich die Vorstellung erhalten, daß die ganze Gerichtsgemeinde für das Delikt der Rechtsverweigerung eines ihrer Mitglieder haftet[820]).

Die rechtliche Möglichkeit, mittels Zwangsmaßnahmen gegen Person und Vermögen auf säumige Amtswalter Druck auszuüben, um sie zu „amtlicher" Tätigkeit zu veranlassen, beruht offenbar auf gemeingermanischen Vorstellungen; denn die gleichen Grundgedanken liegen auch dem von Karl dem Großen in die Rechtspflege eingeführten Einlager zugrunde; nur geht in

---

[814]) *Brunner-v. Schwerin*, S. 589.

[815]) Pactum inter Lotharium Imperatorem et Dominum Petrum ducem Venecie, 840 (Cap. II, S. 130 ff.).

[816]) Pactum, c. 19 (Cap. II, 134); Vgl. dazu *Wach*, Arrestprozeß, S. 27.

[817]) Sicardi principis pactio cum Neapolitanis anno 836 facta (MGH, LL. Bd. 4, S. 216 ff.); vgl. dazu *Hartmann*, Geschichte Italiens, Bd. 3, 1. Hälfte, S. 205.

[818]) Sicardi pactio, c. 8 (a. a. O., S. 219); vgl. *Wach*, a. a. O., S. 234; *Cohn*, Justizverweigerung, S. 97, Anm. 32.

[819]) Vgl. *Planitz*, Grundlagen, S. 15 f.

[820]) Vgl. *Planitz*, a. a. O., S. 15.

diesem letzten Fall der Zwang nicht von der Partei selbst, sondern von der Aufsichtsgewalt aus. Das Institut des Einlagers sollte später weitreichende Bedeutung als Mittel zur Erzwingung von Handlungen und Unterlassungen erlangen[821]). Bemerkenswert ist vor allem, daß es nicht nur zu einem häufigen gesetzlichen Exekutionsmittel gegen Bürgen und Schuldner wurde, sondern am häufigsten gerade als Mittel zur Erzwingung „öffentlich-rechtlicher Pflichten"[822]) diente und auch der Obrigkeit zur Erzwingung unvertretbarer Handlungen zu Gebote stand[823]). Zum Beispiel konnte auf diese Weise die Übernahme von Schöffen- und Schulzenämtern erzwungen werden[824]); die Anklänge an das Verfahren bei Justizverweigerung sind also sehr deutlich. Wie zur Zeit Karls des Großen wurde auch später beim Einlager der Zwang weniger durch Entziehung der Bewegungsfreiheit als durch die drohenden beträchtlichen wirtschaftlichen Nachteile ausgeübt[825]).

d) „Justizgewährung" als Grundidee des frühen Rechts

Insgesamt hat also das frühe Recht eine erstaunlich große Zahl von Vorschriften zur Sicherung der Rechtspflege gegen die Verweigerung und Verzögerung des richterlichen Schutzes entwickelt. Diese Mannigfaltigkeit der Sicherungsmaßnahmen wird man nur dann zutreffend erklären können, wenn man die unvollkommene und lockere Organisation des Gerichtswesens im frühen Mittelalter und die zumeist selbstherrliche Stellung der Amtswalter berücksichtigt. Hinzu kommt die zentrale Bedeutung gerade der Gerichtsgewalt und ihrer ordnungsgemäßen Handhabung für die Friedens- und Herrschaftsaufgabe des mittelalterlichen Herrschers. Während in den einschlägigen Vorschriften der Stammesrechte manche Nachwirkungen vermutlich vertragsrechtlicher Beziehungen zwischen Partei und Amtswalter nachweisbar sind, erweist sich daneben und insbesondere im späteren Kapitularienrecht der Schutz vor Justizverweigerung bereits als ein Ausfluß „hoheitlicher" Gerichtsgewalt des Königs, der eingreifen muß, wenn der „Richter als Hoheitsträger"[826]) versagt.

Wenn auch hin und wieder die Justizverweigerung von anderen Rechtspflegedelikten nicht scharf geschieden wird, so ist dieses Delikt doch überwiegend selbständig ausgestaltet worden. Unabhängig von der Ausbildung im einzelnen kann man — mit Sicherheit für die karolingische Zeit — der Feststellung Rudolf *Gneists* zustimmen, es sei eine Grundidee des frühen Rechts gewesen, daß bei Weigerung der niederen Gewalt, Recht zu gewähren, die höhere eintrete, um die Rechtsgewährung zu erzwingen oder selbst Recht

---

[821]) Vgl. *Gierke*, Schuld und Haftung, S. 55; *Rintelen*, Schuldhaft und Einlager, S. 132 ff.

[822]) *Gierke*, a. a. O., S. 55.

[823]) Vgl. Rintelen, a. a. O., S. 217.

[824]) Vgl. *Rintelen*, a. a. O., S. 220; *Gierke*, a. a. O., S. 55, Anm. 24.

[825]) Vgl. *Rintelen*, a. a. O., S. 140.

[826]) *Wieacker*, Privatrechtsgeschichte, S. 53.

zu gewähren[827]); denn „in der höheren Gerichtsgewalt ist die niedere stets eingeschlossen“[828]). Diese Grundidee beherrscht sowohl die umständlichen Requisitionsvorschriften der Lex Visigothorum als auch die modern anmutenden Vorschriften Liutprands gegen Justizverweigerung, die wir als die reifste Leistung des frühmittelalterlichen Rechts in diesem Bereich anzusehen haben.

e) Die weitere Entwicklung des Delikts und seiner Behandlung

In den Rechtsquellen des hohen und späten Mittelalters wurde die Behandlung der Justizverweigerung weiter ausgestaltet[829]). Seit der Einführung des Reichskammergerichts bildete sich eine besondere Justizverweigerungsbeschwerde aus[830]). Zwar wurden infolge der zunehmenden Institutionalisierung der Rechtspflege und ihrer straffen Organisierung im späteren absolutistischen Staat Justizverweigerungsfälle seltener und entsprechende Strafvorschriften entbehrlicher. Aber noch Art. 4 des Code Civil erwähnt ausdrücklich den „déni de justice“[831]) und § 185 des Code Pénal bedroht ihn mit empfindlichen Strafen[832]). — Erst unsere Zeit mit ihrer lückenlosen Organisierung der Rechtspflege, in der der Richter Beamter und als solcher dem Staat als seinem Dienstherrn gegenüber zu richterlicher Tätigkeit verpflichtet ist, konnte auf selbständige strafrechtliche Verfolgung der Justizverweigerung verzichten und ihre Ahndung in den Bereich des Begünstigungsstrafrechts und des Disziplinarrechts verweisen.

2. *Falschurteilen*

a) Die Bedeutung des Ausdrucks „lex“ in den Deliktstatbeständen

Im Gegensatz zur Justizverweigerung wird der Tatbestand des Falschurteilens in sämtlichen Stammesrechten behandelt, und die Art seiner rechtstechnischen Erfassung stimmt im Kernpunkt in allen Leges überein.

Das Falschurteilen wird bei manchen Abweichungen in der übrigen Ausgestaltung der Tatbestände in den Rechtsaufzeichnungen der Stämme einheitlich in Verbindung mit dem Ausdruck „lex“ bezeichnet. Die Wendung „non secundum *legem* iudicare“ der Lex Salica[833]) findet sich sinngemäß in

[827]) *Gneist*, Geschichte, S. 25. Notfalls griff sogar der König selbst ein, um Abhilfe zu schaffen; vgl. auch *Solmi*, Storia, S. 192 f.

[828]) *Planck*, Gerichtsverfahren, S. 113.

[829]) Vgl. Ssp. Ldr. II 13 § 8; III 87 § 3 sowie *Planck*, a. a. O., S. 113. Die Magdeburger Fragen bezeichnen sie als Eidbruch und strafen sie mit Amtsverlust und Gewedde, vgl. *His*, Strafrecht, 2. Teil, S. 70. Grundlegend zur Justizverweigerung seit 1495: *Perels*, Justizverweigerung, S. 1 ff.

[830]) Vgl. zur „querela protractae vel denegatae iustitiae“ *Perels*, a. a. O., S. 10.

[831]) Wegen der geistesgeschichtlichen Einordnung dieser Bestimmung vgl. *Koschaker*, Europa, S. 186. Vgl. auch Art. 505 Ziff. 4 Code Civil de Procédure.

[832]) Vgl. auch Anselm *von Feuerbach*, Würde, S. 10. Für das gemeine Recht siehe *Feuerbach-Mittermaier*, Lehrbuch, S. 773.

[833]) Vgl. Pact. leg. Sal. 57, 3.

den meisten anderen Rechten wieder und kennzeichnet auch dort die fehlerhafte und falsche Entscheidung eines Amtswalters. „Secundum *legem* Ribvariam dicere noluerint“ formulieren die ribvarischen Franken, wenn die Rachimburgen falsch urteilen[834]), während die Langobarden und Alamannen von ihrem Richter sagen: „contra *legem* iudicaverit“[835]). Noch genauer den Kernpunkt des Problems treffen die Bayern und die Burgunder in ihren einschlägigen Bestimmungen, wenn sie dem Richter Nachteile androhen, der „contra *legum* statuta praesumpserit (sententiam ferre)“[836]) oder der „non ea, quae *leges* continent iudicavit“[837]).

Da der Ausdruck „lex“ in allen diesen Fällen unzweifelhaft die Bedeutung „Gesetzbuch“, „aufgezeichnetes Recht“, hat, wie einige der angeführten Stellen unmittelbar erkennen lassen[838]), wird die Fehlerhaftigkeit eines Urteils also entscheidend darin gesehen, daß es nicht der „lex“, nicht dem Wortlaut des Gesetzbuches, entspricht. Das lassen auch einige weniger grundlegende Bestimmungen über Falschurteilen erkennen, in denen der Ausdruck „lex“ bei der Beschreibung des Tatbestandes nicht verwendet wird[838a]). Falsch ist somit das Urteil, das nicht nach dem Wortlaut des Gesetzbuches gesprochen ist; strafwürdig ist nach den Anschauungen der Zeit ein Richter, der vom Wortlaut einer Norm des aufgezeichneten Rechts abgewichen ist[839]).

Ein solches Urteil „contra legem“ ist jedoch nach dem Empfinden jener Zeit nicht nur falsch im Hinblick auf die angewendete Norm, es ist auch ungerecht in dem Sinne, daß einer Partei ihr Recht nicht zuteil geworden, daß ihr unrecht geschehen ist[840]), daß also eine bestimmte Gerechtigkeitserwartung nicht erfüllt wurde. Die einschlägigen Bestimmungen der Stammesrechte verwenden in diesem Zusammenhang allerdings nur selten Wendungen wie „iniuste, male iudicare“, die andeuten, daß allgemeine Rechtsvorstellungen verletzt sind und einer Partei Unrecht zugefügt wurde[841]). Daß jedoch ein entgegen dem Wortlaut der Lex ergangenes Urteil auch als ungerechtes Urteil aufgefaßt worden ist, ergibt sich mit besonderer Deutlichkeit aus einer Bestimmung des burgundischen Rechts, die vermutlich die allgemeine Auffassung jener Zeit in diesem Punkt widerspiegelt: In Kapitel 6 der Prima Constitutio der Lex Burgundionum ist bestimmt, daß ein Richter, der

---

834) L. Ribv. 56.

835) L. Alam. 41, 1; Liutpr. 28. Vgl. auch Ratchis 10: . . . et legem non iudicaverit.

836) L. Bai. II, 17.

837) L. Burg. Pr. Const. 11 (Sperrungen in allen Fällen vom Verfasser).

838) Vgl. auch *Glasson*, Histoire du droit, Bd. 3, S. 263 f.; *Brunner*, S. 417; *Kaufmann*, Aequitatis iudicium, S. 42, Anm. 95; *Ebel*, Geschichte, S. 34, Anm. 18.

838a) Vgl. L. Ribv. 56 (sententiam contrariam dixerint); Admon. ad omnes regni ordines, 823—825, c. 8 (Cap. I, S. 304): ab statu rectitudinis deviare.

839) Vgl. auch hinten S. 114 ff.

840) Vgl. in diesem Zusammenhang auch *Skedl*, Nichtigkeitsbeschwerde, S. 26.

841) Vgl. Praeceptum Chlotharii, 584—628, c. 6 (Cap. I, 19); L. Vis. II, 1, 21; L. Burg. 90, 2.

überführt wird, für eine Sache oder ein Urteil „praemium“ genommen zu haben, seinen Kopf verlieren soll „contra *leges* nostrae aut etiam *iuste* iudicans“[842]). Diese ungezwungene und selbstverständlich wirkende Gegenüberstellung von „contra leges“ und „iuste iudicare“ macht deutlich, daß nach den Rechtsanschauungen der fränkischen Zeit der Richter, der „secundum legem“ urteilte, auch gerecht urteilte, während der Richter, der „contra legem“ eines Stammes entschied, ein ungerechter Amtswalter war.

Gerecht sein bedeutet also — nach den Aussagen der Stammesrechte — im frühen Mittelalter nichts anderes als in Übereinstimmung mit dem Wortlaut der Bestimmungen der jeweiligen Lex sein; eine falsche, mit dem Wortlaut der Lex nicht übereinstimmende Entscheidung war immer auch eine ungerechte Entscheidung. Für die Beurteilung der Richtigkeit und der Gerechtigkeit einer Entscheidung war somit allein die Einhaltung der Norm der Lex, nicht aber irgendwie das Ermessen des richterlichen Amtswalters oder irgendein unbestimmtes Gerechtigkeitsgefühl entscheidend.

b) Urteilsfindung und Prozeßformalismus

Diese sich aus den Quellen zwingend ergebende Vorstellung jener Zeit vom gerechten Urteil und von der Aufgabe des Richters steht im Gegensatz zu einer idealisierenden Anschauung über Rechtsfindung und Richterstellung, wie sie in manchen rechtshistorischen Arbeiten anzutreffen ist. Diese Arbeiten gehen zumeist davon aus, daß in den Schöffen des Mittelalters das „Rechtsgefühl der Gesamtheit“[843]) lebendig gewesen sei und ihr Rechtsspruch „Auskunft über das im Gewissen der Menschen lebende Recht“[844]) gegeben habe. Max *Weber* hat diese Art der Rechtsfindung, die auf den persönlichen Eigenschaften und Tugenden der Urteilsfinder beruht und bei der ein Richterspruch daher keiner Begründung und keiner rationalen Fixierung im geschriebenen Wort bedurft habe[845]), als „charismatische Rechtsfindung“ bezeichnet[846]), im Gegensatz zur rationalen, auf der Herrschaft der Gesetze beruhenden[847]). Schon vorher hatte August *Schultze*, der die von *Laband* zuerst entwickelte Scheidung von Rechtsinhalt und Rechtsbefehl auf das frühe Recht übertrug, die Ansicht vertreten, das „Wissen vom Recht“[848]) der Urteilsfinder, die nichts anderes als „Rechtsinhaltsfinder“ gewesen seien, sei „für den individuellen Fall zum Recht“ geworden[849]). Das Material aber,

---

[842]) Sperrungen vom Verfasser!

[843]) *Dahm*, Deutsches Recht, S. 86. Vgl. auch *Wieacker*, Privatrechtsgeschichte, S. 55; *Kern*, Recht und Verfassung, S. 25.

[844]) *Dahm*, a. a. O., S. 86; vgl. auch *Kern*, Gottesgnadentum, S. 127.

[845]) Vgl. *Dahm*, a. a. O., S. 86.

[846]) *Weber*, Wirtschaft und Gesellschaft, S. 403.

[847]) Vgl. auch *Dahm*, a. a. O., S. 86.

[848]) Vgl. dazu *Schönfeld*, Grundlegung, S. 202 f.; *Schultze*, Privatrecht und Prozeß, S. 109.

[849]) *Schultze*, a. a. O., S. 180 f.; vgl. auch *Stintzing*, Rechtswissenschaft, S. 50:

aus welchem die Schöffen ihre Überzeugung geschöpft hätten, sei ein „Conglomerat von Erinnerung, Hörensagen, Anschauung, Übung und mehr oder minder klarem Rechtsgefühl" gewesen[850]).

Es mag dahingestellt bleiben, ob diese Ansichten für die germanische Zeit oder das hohe und spätere Mittelalter Gültigkeit beanspruchen können. Für unseren Untersuchungszeitraum jedenfalls ergeben die wichtigsten Quellen, die Stammesrechte, ein genau entgegengesetzes Bild[851]). Die Starrheit des Rechts, die sich in zahlreichen Erscheinungen des Rechtsganges zeigt, finden wir auch bei der Rechtsfindung. Nicht irgendein Rechtswissen der Urteilsfinder oder des Richters, eine auf Rechtsgefühl, Hörensagen und Überlieferung gegründete Rechtsüberzeugung führte den Amtswalter zu einer Entscheidung[852]), sondern gerade die „Herrschaft der Gesetze", der Zwang des aufgezeichneten Rechts in Verbindung mit dem Zwang des ganzen Rechtsganges.

Der Urteilsspruch mußte genau nach dem Wortlaut einer Bestimmung des aufgezeichneten Rechts abgefaßt sein. Es war nicht dem Ermessen des Richters anheimgestellt zu bestimmen, welche Bestimmung als Urteilsgrundlage zu dienen hatte, sondern dies ergab sich aus der Klagebehauptung des Klägers, falls dieser das Beweisverfahren zu seinen Gunsten entschieden hatte. Auch bei dem in der Regel gefällten zweizüngigen Urteil mußte sich aus dem sachentscheidenden Teil die Übereinstimmung mit der Lex ergeben. In diesem Zusammenhang ist zu beachten, daß der germanische und frühmittelalterliche Prozeß zunächst nicht mit dem Ziel eines staatlichen Befehls an den Beschuldigten geführt wurde[853]), sondern daß das Gericht als vermittelnde Instanz nur die Aufgabe hatte, den „Kampf der Parteien" als Schiedsrichter zu lenken und die Rechtsfolgen auszusprechen, die sich — entsprechend der Neigung des frühen Rechts zur Sinnfälligkeit[854]) — aus bestimmten förmlichen und augenfälligen Handlungen und Unterlassungen der Parteien ergaben. Im frühmittelalterlichen Prozeß mußte in „gesetzlichen Worten" geredet werden, und jede Rede hatte ihr „unveränderliches Formular", welches buchstäblich interpretiert wurde[855]). Jeder Angriff mußte daher Wort für Wort erwidert werden; der geringste Verstoß gegen die Form, ein einfacher „Versprecher", bedingte einen Nachteil, weil man sich gefallen lassen mußte, beim unbedacht gesprochenen Wort genommen zu werden[856]). Für die Ur-

---

„Das Urteilen des Schöffen ist zugleich Rechtsproduktion." Weiter finden sich grundlegende Bemerkungen zur Rechtsfindung bei *Wackernagel*, Grundlagen, passim.

850) *Schultze*, a. a. O., S. 104.

851) Vgl. auch *Pertile*, Storia, Bd. 5., S. 389 f.

852) Vgl. *Merk*, Wachstum und Schöpfung, S. 139.

853) Vgl. *v. Schwerin*, Freiheit, S. 17.

854) Vgl. *Haff*, Rechtsprecher, S. 368; *v. Amira-v. Schwerin*, Rechtsarchäologie, S. 4, 31 ff.

855) *v. Amira*, Grundriß, S. 267; *Kaufmann*, Erfolgshaftung, S. 41.

856) Vgl. *v. Amira*, a. a. O., S. 267; *Siegel*, Erholung, S. 6, sowie die treffenden Beispiele bei *Brunner*, Wort und Form, S. 336, und *Siegel*, Gefahr, S. 7 f.

teilsfinder hatte dies zur Folge, daß sie nicht im Hinblick auf den tatsächlichen Vorfall entscheiden sollten, „ob etwas so oder anders gewesen“[857]) war. Zu ihrem Amt gehörte nicht die Prüfung und Beurteilung irgendwelcher tatsächlicher Geschehnisse, die den Prozeß ausgelöst hatten, und sie hatten schließlich auch nicht die Aufgabe, „sich von dem inneren Bild eine Vorstellung zu machen, etwa wie der römische Iudex ex sententia animi sui zu entscheiden“[858]). Vielmehr hatten sie aus dem tatsächlichen Geschehen des förmlichen Parteienkampfes (Klagebehauptung, Widerrede, Gelingen oder Mißlingen eines Eides, Ausgang eines Gottesurteils) beinahe schematisch die entsprechenden rechtlichen Folgerungen abzuleiten und auszusprechen, „was da werden soll“[859]). Ganz im Einklang mit der formalistischen Grundstruktur des Prozesses galt bei dieser Tätigkeit für die urteilsfindenden Amtswalter nur das, was förmlich von der Partei oder ihrem Vorsprecher gesagt wurde, „nicht was die Partei sagen wollte und vernünftigerweise auch nur zu sagen die Absicht haben konnte“[860]). In *diesem* Sinne wurde in der frühen Rechtspraxis der Urteilsspruch mit Beschränkung auf das von den Parteien beigebrachte „Material“[861]) gefällt, und in diesem engen Rahmen, aber auch nur in diesem, suchte sie das „wahre, gute, objektive Recht“[862]).

Wie für nahezu alle Rechtsfragen aus der fränkischen Zeit ist jedoch zu berücksichtigen, daß eine generalisierende, für alle Stämme gültige Aussage nicht möglich ist, daß vielmehr die Rechtsfindung, ja der gesamte Prozeßablauf, bei manchen Stämmen weniger starr gewesen ist und sich auch römischer Einfluß ausgewirkt haben mag. So scheint sich bei den Angelsachsen unter dem Einfluß der Kirche schon frühzeitig die Möglichkeit einer Anpassung des Urteilsspruches an die besonderen Umstände der Tat und die Lage des Täters durchgesetzt zu haben[863]), und auch bei den Westgoten hatte der Richter offenbar die Möglichkeit, die Strafen der Lex in bestimmten Fällen zu mildern[864]). Im Laufe der weiteren Entwicklung ist die Bindung der Urteilsfindung an den Wortlaut der Lex vermutlich noch weiter gelockert worden. Im Kern freilich kann die Feststellung, die Hans *Fehr* mit Bezug auf den alamannischen Richter getroffen hat, daß ihm nämlich „nicht die geringste Freiheit gegönnt war“[865]), auf den frühmittelalterlichen Richter überhaupt ausgedehnt werden. Schon aus dem schematisch-formalistischen

---

[857]) *Siegel,* Geschichte, S. 147 f.

[858]) *Brunner,* Wort und Form, S. 273.

[859]) *Siegel,* Geschichte, S. 147 f.

[860]) *Brunner,* a. a. O., S. 162. Ebenso *Kaufmann,* Erfolgshaftung, S. 35: „Im Prozeß gilt nicht die empirische Wirklichkeit, sondern das abstrakte Wort.“

[861]) Vgl. *Kern,* Recht und Verfassung, S. 44, der die Ansicht vertritt, die mittelalterliche Rechtspraxis habe nicht wie das heutige Zivilrecht einen Spruch mit Beschränkung auf das von den Parteien beigebrachte Material gefällt.

[862]) *Kern,* Recht und Verfassung, S. 44.

[863]) Vgl. VI Atr. 8, 1. 9. 10. 10, 2. 52. 53. Siehe auch vorn S. 62.

[864]) Vgl. L. Vis. VI, 1, 3; XII, 1, 1.

[865]) Volksrechte, S. 44.

Ablauf des ganzen Verfahrens[866]), insbesondere des Beweisverfahrens, ergibt sich, daß für ein Ermessen des Richters in keinem Stadium des Prozesses Raum sein konnte. War in einem bestimmten Tatbestand des Gesetzbuches eine Buße von z. B. 100 sol. für ein bestimmtes Verhalten vorgesehen, so konnte der Amtswalter nur auf diese Buße erkennen, nicht aber auf eine höhere oder geringere, auch wenn ihm die Tat schwerwiegender oder geringfügiger erschien. Eine solche vom Wortlaut der Lex abweichende Entscheidung wäre nicht „secundum legem" und daher falsch und ungerecht gewesen. War für die Klagebehauptung eine Folge im Gesetz nicht vorgesehen, so konnte der Amtswalter nicht von sich aus die Lex ergänzen und einfach eine Ermessensentscheidung fällen, sondern die Parteien allenfalls an das Königsgericht verweisen, wo ja auch sonst eine freie Würdigung der Tatumstände an die Stelle der Anwendung der starren, typischen Tatbestände der Lex treten konnte[867]). Nur bei den Langobarden, die auch in diesem Punkt fortschrittlich dachten, waren dem Richter in solchen Fällen Ermessensentscheidungen gestattet[868]). Er konnte nach Kapitel 28 der Gesetze Liutprands ohne Gefahr den im Gesetzbuch nicht geregelten Fall aus freier Rechtsüberzeugung (per arbitrium) entscheiden und brauchte, wenn seine Entscheidung angefochten und aufgehoben wurde, dem König nur einen Eid zu leisten, daß er nicht aus unrechter Gesinnung oder Bestechlichkeit so entschieden habe, sondern weil es ihm so recht geschienen habe[869]).

c) Rechtsfindung — Recht — Gerechtigkeit

Gerade diese Bestimmung des Königs Liutprands gewährt einen deutlichen Einblick in die frühmittelalterliche Auffassung von Recht, Gerechtigkeit und Rechtsfindung und ist eine grundlegende Erkenntnisquelle für diese Fragen. Schon in der Formulierung, die bei der sorgfältigen Redaktion und sprachlichen Klarheit der langobardischen Rechte durchaus zur Analyse herangezogen werden kann, zeigt diese Stelle den entscheidenden Unterschied zwischen der Rechtsfindung „secundum legem" und „per arbitrium". Deutlich wird durch das „secundum edicti tenore et per legem iudicare" der Wortlaut (tenor) des Edikts als übliche Rechtsgrundlage der richterlichen Entscheidungen herausgestellt und demgegenüber durch das Wörtchen „forsitans" (zufällig, vielleicht) der Ausnahmecharakter des „causam per arbitrium iudicare" angedeutet. Auffällig ist auch, daß beim Erwähnen der Fehlerhaftigkeit eines solchen Ermessensurteils der Gebrauch des Ausdrucks „lex" vermieden wird und einfach die allgemeine Wendung „et iudicium eius *rectum* non conparuerit" erscheint. Erst im Wortlaut des Reinigungseides erscheint der Ausdruck „lex" wieder zur Verdeutlichung des Bekenntnisses des Rich-

---

866) *Achter*, Rezension: Kaufmann, Erfolgshaftung, S. 390 f., spricht mehrfach mit Recht von einer „Automatik" des frühen Rechts und des frühen Prozesses.

867) Vgl. *Mitteis*, Rechtspflege und Staatsentwicklung, S. 76.

868) Vgl. *Pertile*, Storia, Bd. 5, S. 389 f.

869) Den Wortlaut der Bestimmung siehe vorn S. 46, Anm. 338.

ters, daß ihm seine Entscheidung richtig und gerecht erschienen sei, daß es ihm so recht geschienen habe (ei legem conparuisset).

Gerade diese wahlweise Verwendung des Ausdrucks „lex" einmal zur Bezeichnung des Gesetzbuchs als Sammlung des aufgezeichneten Rechts, dann wieder in der Bedeutung von Recht und Gerechtigkeit überhaupt, macht deutlich, daß Rechtsnorm, Recht und Gerechtigkeit im mittelalterlichen Denken nicht unterschieden wurden. „Recht und Gerechtigkeit sind im mittelalterlichen Denken dasselbe. Gerechtigkeit ist sowohl die Idee des Rechts, die objektive Rechtsnorm und der subjektive Rechtsanspruch eines Einzelnen."[870]) Es verschwammen aber auch die „Grenzen zwischen der Iustitia im politisch-zivilen (Rechtswahrung) und im religiös-sittlichen Sinne (Gerechtigkeit)"[871]), und auch Recht und Billigkeit waren identisch[872]). Man muß daher der Feststellung Fritz *Kerns* zustimmen, daß es eine „grundlegende Eigentümlichkeit mittelalterlichen Rechtsdenkens ist, daß es zwischen Recht, Billigkeit, Staatsräson und Sittlichkeit nicht unterscheidet"[873]). Auch das macht deutlich, daß die Entscheidung „contra legem" nach frühmittelalterlicher Auffassung in jedem Fall auch eine von allen Rechtsgenossen als ungerecht und unbillig empfundene Entscheidung war.

d) Der Zwang der „lex scripta"

Die Auffassung, daß für das Delikt des Falschurteilens der Verstoß gegen den Wortlaut einer Norm des Gesetzbuches entscheidend war, wird auch noch durch andere Quellenzeugnisse des frühen Mittelalters erhärtet. Bezeichnenderweise enthalten nämlich fast alle Rechte eine Bestimmung, nach der nur die „lex scripta" bei der Urteilsfindung herangezogen werden soll und jede Ermessensentscheidung verboten ist[874]).

Die fränkischen Amtswalter sollen nach der „lex scripta" urteilen, nicht nach ihrem Ermessen, und deshalb die Lex gut lernen[875]): et in rebus dubiis, non quorumlibet iudicium arbitrium, sed nostrae regiae auctoritas sanctio praevaleret[876]). Auch den burgundischen Richtern ist aufgegeben, Fälle, die im Gesetzbuch nicht geregelt sind, dem König zur Entscheidung vorzulegen[877]). Der westgotische „iudex" soll in keiner Sache auch nur verhandeln,

---

[870]) O. *Brunner*, Land und Herrschaft, S. 134; ähnlich S. 137.

[871]) *Ewig*, Zum christlichen Königsgedanken, S. 20.

[872]) Vgl. *v. Schwerin*, Recht, S. 467; *Kirn*, Billigkeitsjustiz, S. 115 ff.; O. *Brunner*, a. a. O., S. 134, Anm. 6.

[873]) *Kern*, Recht und Verfassung, S. 16.

[874]) Vgl. auch *Kaufmann*, Aequitatis iudicium, S. 22, 56 ff.; *v. Amira*, Grundriß, S. 258.

[875]) Capit. omn. cogn. facienda, ca. 801, c. 4 (Cap. I, 144); Capit. Ital., 801, Prol. (Cap. I, 205); Capit. miss. gen. 802, c. 26 (Cap. I, 96); Capit. sing., o. J., c. 5 (Cap. II, 98); vgl. auch *Ebel*, Geschichte, S. 34 f.

[876]) Capit. Ital., 801, Prolog (Cap. I, 205); vgl. auch Hincmar von Reims: De ordine palatii, c. 21 (Cap. II, 524).

[877]) L. Burg. Pr. Const. 10: Si quid vero legibus non tenetur insertum, hoc

die nicht im Liber Judiciorum enthalten ist, sondern die Parteien sollen in solchen Fällen vor den König gebracht werden, . . . quo facilius et res finem accipiat et potestatem regie discretione tractetur, qualiter exortum negotium legibus inseratur[878]). Es scheint bei den Westgoten sogar üblich gewesen zu sein, daß die klagende Partei dem „iudex" das Gesetzbuch vorlegte und auf die Stelle hinwies, auf die sie sich berief (librum legum iudici offerre)[879]). Aus ähnlichen Gründen ist dem bayrischen „iudex" gesetzlich aufgegeben, zu den Gerichtsverhandlungen immer einen „liber legis" mitzunehmen. Auch bei den Langobarden ist letzten Endes allein der König dafür zuständig, nicht im Edikt geregelte Fälle endgültig zu entscheiden und sie dann als neue Gesetze dem Edikt einzuverleiben[880]). Manche witzigen und spitzfindigen Bestimmungen dieses Stammes zeigen drastisch, zu welchen Auswüchsen Prozeßformalismus und Zwang der „lex scripta" auch bei diesen so besonnenen und geschickten Juristen führten[881]).

Sehr bezeichnend ist auch eine Bestimmung des Westgotenrechts, die nicht an die Amtswalter, sondern an alle Rechtsgenossen gerichtet ist. Aera VI, 4, 5 bedroht das absichtliche Aussinnen von im Gesetz nicht vorgesehenen Delikten mit harter Strafe. Da im frühmittelalterlichen Prozeß dem Beschuldigten lediglich formal vorgehalten wurde, einen der „kasuistisch-typisierten Tatbestände" der Lex erfüllt zu haben[882]), lag ja in der Tat — zumal bei der formalistisch-schematischen Art der Prozeßführung und Urteilsfindung — die Versuchung nahe, die oft ungeschickt genug gezeichneten Einzelzüge eines Delikts in leicht abgeänderter Form zu begehen oder jene Be-

---

tantum ad nos referre praecepimus iudicantes; vgl. auch Pr. Const. 8 und *Dahn*, Könige, Bd. 11, S. 102.

[878]) L. Vis. II, 1, 13; vgl. auch L. Vis. V, 4, 17.

[879]) Vgl. L. Vis. II, 1, 11; *Sohm*, Fränkisches Recht, S. 23.

[880]) Vgl. Liutprand, Prologe des 15. und 22. Regierungsjahres (Beyerle, Gesetze der Langobarden, S. 249, 309).

[881]) Vgl. Liutpr. *125:* Geht jemand — wie wir jüngst von einem Vorfall Kenntnis erhielten — so weit, ein freies Weib oder Mädchen, „sedentem ad necessitatem corporis sui, vel in alium locum, ubi ipsa femina pro sua necessitatem nuda esse vedetur" aus Bosheit oder Übermut zu picken oder zu versohlen, da zahlt er ihrem Muntwalt 80 sol.

Liutpr. *135:* Es wurde uns berichtet, daß ein verdorbener Mensch, indessen eine Frau in einem Flusse badete, all ihr Gewand, das sie am Ufer hatte, wegnahm ... Wir also setzen fest: wer eine solche Frechheit begeht, ...

Liutpr. *141:* Man hat uns folgendes berichtet: Ein paar unsaubere und bösartig-verschlagene Kerle hatten es zwar selber nicht gewagt, mit Waffengewalt eigenmächtig in ein fremdes Dorf oder Haus einzudringen, *aus Furcht vor jener Buße, die im alten Gesetzbuch* darauf gesetzt ist. Sie hießen aber ihre Weiber sich zusammenrotten und schickten sie ... Indem das nun vor uns kam und die schwächeren Leute Klage führten, ließen wir den nachfolgenden Entscheid ins Gesetzbuch aufnehmen: Wenn hinfort Weiber sich vermessen ... (Übersetzung nach F. Beyerle, Gesetze der Langobarden, S. 289, 303, 311).

[882]) *Kaufmann*, Erfolgshaftung, S. 65.

stimmung ganz zu umgehen und dann vor Gericht Straflosigkeit zu fordern, weil die begangene Tat im Gesetzbuch nicht vorgesehen sei[883]). Überhaupt bot der förmliche Rechtsgang des frühen Mittelalters für spitzfindige und nervenstarke Leute viele Möglichkeiten, der Strafe zu entgehen[884]).

Alle diese Stellen, die sich in ihren Aussagen mit den früher behandelten Deliktstatbeständen logisch verbinden, veranschaulichen die Herrschaft des Gesetzes, ja des „Buchstaben des Gesetzes"[885]) im frühen Mittelalter[886]).

Dieses Ergebnis, das sich ohne Widerspruch in die bisherige Lehre vom formalistischen Aufbau des frühen Rechtsganges einfügt und sie in einem wichtigen Punkt ergänzt, sollte man nicht außer acht lassen, wenn man gegenüber der Überbetonung der „Volksrechte" im 19. Jahrhundert neuerdings in das andere Extrem verfällt und den wirklichen Wert der Leges für die tatsächliche Rechtsübung und ihren Geltungsbereich als fragwürdig hinstellt[887]). So berechtigt eine kritische Haltung gegenüber den Leges Barbarorum gerade bei wissenschaftlicher Betrachtung ist[888]), so falsch wird sie, wenn sie die übereinstimmenden Aussagen dieser Quellen hinter spekulativen Erwägungen zurücktreten läßt. Gewiß dürften die meisten Stammesrechte hauptsächlich für die Rechtsverhältnisse der herrschenden und freien Schichten der Bevölkerung, für die „Voll- und Hochfreien"[889]), gegolten haben[890]) und insoweit nur „Teilordnungen"[891]), nicht „*die* Rechtsordnung"[892]) schlechthin gewesen sein; zu weit geht es jedoch, in den Leges nur „Wunschordnungen" zu sehen, die sich nicht zu „bleibend verbindlichen Gesetzen"[893]) entwickelt hätten, und unter ihnen noch eine „den wirklichen Unterbau darstellende Rechtsordnung"[894]) zu vermuten. Wie könnte man sonst die zahlreichen Neuredaktionen mancher Stammesrechte, die übereinstimmenden Vorschriften über die ausschließliche Geltung einer Lex für den

---

[883]) Vgl. *Dahn*, Studien, S. 305.

[884]) Vgl. auch *Kaufmann*, a. a. O., S. 39.

[885]) *Sohm*, Fränkisches Recht, S. 23.

[886]) Dieser Sachverhalt darf nicht mit jenem berühmten Grundsatz „nullum crimen, nulla poena sine lege" in Verbindung gebracht werden, der vornehmlich im vorigen Jahrhundert als rechtsstaatliches Prinzip der Strafrechtspflege ausgebildet wurde und der auch heute noch zu den Grundpfeilern fast aller freiheitlich-demokratischen Strafrechtskodifikationen gehört (für die Bundesrepublik Deutschland siehe Art. 103 Abs. 2 des Grundgesetzes); im übrigen vgl. zu diesem Prinzip *Schmidt*, Einführung, S. 253.

[887]) Vgl. *Beck*, Mittelalter, S. 30. Kritisch, aber zurückhaltender in den Folgerungen: *Bader*, Volk, S. 249 f. Weiter vgl. noch *Brie*, Gewohnheitsrecht, S. 206.

[888]) Vgl. *Mitteis*, Historismus, S. 271; *Ganshof*, Recherches, S. 200 ff.; *Ebel*, Geschichte, S. 35 ff.

[889]) Th. *Mayer*, Nachwort zu Hirsch, Hohe Gerichtsbarkeit, S. 247.

[890]) Vgl. *Rennefahrt*, Twing und Bann, S. 50.

[891]) *Bader*, Aufgaben, S. 12.

[892]) *Bader*, Volk, S. 249.

[893]) *Ebel*, Geschichte, S. 35.

[894]) *Bader*, a. a. O., S. 248; vgl. auch *ders.*, Aufgaben, S. 12.

jeweiligen Stamm, die gesetzlichen Verweisungen in den Kapitularien auf Bestimmungen der Stammesrechte und nicht zuletzt den hartnäckigen Kampf Agobards von Lyon noch im 9. Jahrhundert gegen die Lex Burgundionum erklären! Die frühmittelalterlichen Leges waren unzweifelhaft ernst gemeint und wurden im tagtäglichen Rechtsleben und in der Praxis der Gerichte wohl auch verwirklicht, wenn keine ungleichen Machtpositionen der am Rechtsgang Beteiligten ihre tatsächliche Anwendung vereitelten. Schließlich sprechen die vermutlich stark übertriebenen Schilderungen der literarischen Quellen vom mißlichen Zustand der Rechtspflege in jener Zeit[895]) nicht gegen die effektive Geltung der Stammesrechte; sie geben vielmehr nur Grund zu der Annahme, daß geordnete und gesicherte Zustände in der Justiz und hohes richterliches Berufsethos weithin fehlten. Jedenfalls ist die Forderung, die Edwin *Mayer-Homberg* im Hinblick auf die Stammesrechte erhoben hat, „den Leges Barbarorum mehr Logik und Folgerichtigkeit zuzubilligen, als dies im allgemeinen geschieht"[896]), auch heute noch berechtigt[897]) und muß mit gleichem Nachdruck in Bezug auf den mittelalterlichen Menschen, insbesondere den Gesetzgeber erhoben werden.

e) Das Prinzip der „lex scripta" im Rahmen des allgemeinen Prozeßformalismus

Der Formalismus, der in der rechtlichen Konstruktion des Delikts des Falschurteilens zutage tritt, ist im Gesamtbild des frühmittelalterlichen Prozesses und der Rechtspflege keineswegs eine Ausnahmeerscheinung und überraschend; vielmehr ist er nur die notwendige Folge des Grundcharakters des frühen Rechtsganges und im Zusammenhang mit diesem zu erklären.

Wie der Zwang der Form im prozessualen Kampf der Parteien das Gegengewicht gegen die weitgehende Selbständigkeit der Streitteile und die mangelnde Machtfülle des Richters war, so bildeten vermutlich der Formzwang bei der Urteilsfindung und die strenge Bindung des Richters an das aufgezeichnete Recht ursprünglich nur den notwendigen Ausgleich dafür, daß die Parteien überhaupt geneigt waren, den Ausgleich ihres Streites vor einer mit sippefremden Personen besetzten Instanz zu suchen, die allmählich das vermittelnde Gemeinwesen zu repräsentieren begann[898]). Wo das Gericht anfänglich im Grunde „nur als eine Instanz für die vertragsmäßige Erledigung von Streitigkeiten"[899]) geduldet wurde, mußte ein tiefes Mißtrauen gegen die Versammlung der Urteilsfinder oder den selbsturteilenden Einzelrichter bestehen, die ja wahrscheinlich keine Blutsfreunde, sondern Fremde oder vielleicht sogar Freunde der Gegenpartei waren[900]). Man traute der

---

895) Siehe hinten S. 149 ff.

896) Volksrechte, S. 374.

897) Vgl. auch *Schönfeld*, Rechtsbewußtsein, S. 72.

898) Vgl. *v. Bar*, Geschichte, S. 54.

899) *v. Zallinger*, Formalismus, S. 29.

900) Vgl. *v. Zallinger*, a. a. O., S. 30.

noch so geringen Macht des Richters und seinem Urteil nicht[901]). Hans *Fehr* hat vermutlich recht, wenn er die „unerhörte Starrheit des Rechts" auf eine übertriebene Ängstlichkeit zurückführt, „die Tat des einen könne so, die des anderen anders beurteilt werden"[902]). Daher war Rechtspflege zunächst nur möglich, wenn die Entscheidung einer Sache keinesfalls im Ermessen des Gerichts lag, sondern der Richter bei der Urteilsfindung an allgemein bekannte, schriftlich fixierte und daher objektiv nachprüfbare Normen gebunden war[903]).

Ein anderer Umstand hat diesen Grundzug der frühmittelalterlichen Urteilsfindung noch verstärkt. Der König als höchster Richter und Gesetzgeber war, nachdem sich die königliche Gewalt seit Chlodwig weithin durchgesetzt hatte[904]), zur Stärkung seiner Macht und Wahrung seiner Gesetzgeberstellung daran interessiert, daß seine Amtswalter nur streng nach den unter seinem maßgeblichen Einfluß geschaffenen Normen urteilten und alle Lücken allein von ihm ergänzt würden. Da das Recht begann, „Willenswerk eines Gesetzgebers"[905]), des Königs, zu werden, konnte auch der Herrscher keine Ermessensentscheidungen zulassen, wenn er nicht Gefahr laufen wollte, daß sein Einfluß auf Rechtspflege und Rechtssetzung gemindert würde.

f) Besonders ausgestaltete Tatbestände des Delikts

Der Grundtatbestand des Falschurteilens, wie wir ihn soeben im einfachen „contra legem iudicare" kennengelernt haben, erscheint in den meisten Stammesrechten in verfeinerter Form: danach soll das Falschurteilen bestraft werden, wenn es aus bestimmten Beweggründen erfolgt. Diese besonders ausgestalteten Tatbestände stellen eine Weiterentwicklung der Behandlung dieses Rechtspflegedelikts dar, weil der Gesetzgeber beginnt, die besondere Gefährdung der Rechtspflege durch die Zuwendung von materiellen Vorteilen an Amtswalter zu erkennen und die Willensrichtung der Amtswalter stärker zu berücksichtigen.

Als solche Beweggründe und Tatumstände, die besonders erfaßt sind, erscheinen zumeist die Habsucht der Amtswalter und die aus ihr folgende Annahme von Geschenken und anderen materiellen Vorteilen, die einen Richter zu einer parteiischen Entscheidung veranlassen können. Die üblichen Bezeichnungen in den Quellen für die Bestechungsleistungen und ihre Annahme bei der Urteilsfindung sind Wendungen wie: munera recipere[906]), praemia bzw. munera accipere[907]), propter munera iniuste iudicare[908]),

---

[901]) Vgl. *Fehr,* Volksrechte, S. 45.

[902]) *Fehr,* a. a. O., S. 44.

[903]) Vgl. *v. Zallinger,* Formalismus, S. 30.

[904]) Vgl. *Tellenbach,* Königtum, S. 2 ff.; *Bader,* Volk, S. 246.

[905]) *Mitteis,* Staat, S. 28.

[906]) L. Ribv. 91, 1.

[907]) L. Burg. Pr. Const. 6; Ratchis 1; Capit. de part. Saxon., 775—790, c. 28 (Cap. I, 70); Capit. miss., 819, c. 21 (Cap. I, 291).

[908]) Capit. miss. Wormat., 829, c. 4 (Cap. II, 14).

corruptus a premio[909]), per quodlibet commodum male iudicare[910]), per cupiditatem contra legem iudicare[911]), accepta pecunia male iudicare[912]). — „Munera“ und „praemia“ sind also die bei nahezu allen Stämmen üblichen Bezeichnungen für Bestechungsleistungen. Fast völlige Übereinstimmung unter den frühen Rechten besteht auch darin, daß sie gegen Bestechlichkeit nur im Zusammenhang mit einem Falschurteilen eine Strafe vorsehen. Einzig bei den Burgundern ist für jede Annahme von „praemia“ die Todesstrafe angedroht[913]). Im fränkischen Kapitularienrecht wird an einer Stelle zwischen einfacher Geschenk- oder Vorteilsannahme und Bestechlichkeit mit nachfolgendem pflichtwidrigen Handeln unterschieden; aber der Tatbestand des „iustum iudicium vendere“ ist noch nicht exakt ausgebildet und zu einem selbständigen Deliktstyp entwickelt[914]).

Neben den Tatbeständen mit Straffolgen beweisen auch die zahlreichen — teilweise religiös motivierten[915]) — allgemeinen Ermahnungen, daß man in der Beeinflussung der Richter durch Vorteilszuwendungen eine erhebliche Gefährdung der Rechtspflege sah. Die Straffolgen bei Falschurteilen aus Bestechlichkeit sind auch erheblich schärfer als in Fällen, in denen keine Bestechung mit ihm Spiele war[916]), wenngleich sie verglichen mit entsprechenden Folgen des römischen Rechts immer noch mild erscheinen. Die Bayern und Alamannen haben den vermutlich häufigsten Fall des Falschurteilens, nämlich das Falschurteilen aus Bestechlichkeit, sogar zum Ausgangstatbestand für die Bestrafung des Falschurteilens überhaupt genommen. Auffällig ist, daß in keinem Stammesrecht die *aktive* „einfache“ und „schwere“ Bestechung mit Strafe bedroht ist.

Neben dem Motiv Gewinnsucht — zuweilen auch an dessen Stelle — werden in einigen Tatbeständen und Ermahnungen noch weitere Beweggründe für ungerechtes Urteilen hervorgehoben[917]): Freundschaft[918]), Feindschaft[919]), Furcht[920]), Dankbarkeit[921]), Haß und Rücksichtnahme auf Ver-

---

909) Liutpr. 28.

910) L. Vis. II, 1, 21.

911) L. Alam. 41, 1.

912) L. Bai. II, 17.

913) L. Burg. Pr. Const. 6.

914) Vgl. Capit. miss. Wormat., 829, c. 4 (Cap. II, 14).

915) Gern wurde aus dem Alten Testament die Stelle 5. Mose 16, 19 benutzt, vgl. Admon. gener., 789, c. 63 (Cap. I, 58); Af El 46.

916) Vgl. den auffälligen Gegensatz in L. Burg. Pr. Const. 6 (Todesstrafe) und L. Burg. 90, 2 (36-sol.-Buße); vgl. weiter die scharfen kasuistischen Bestimmungen des Westgotenrechts vorn S. 74.

917) Fast dieselben Motive werden auch im späteren nordgermanischen Recht herausgestellt, vgl. den eindrucksvollen Titel IV, 17, 3 im Landrecht des Königs Magnus Hakonarson (Meißner, S. 123).

918) Capit. miss. Wormat., 829, c. 4 (Cap. II, 14).

919) Capit miss. Wormat., c. 4; L. Alam. 41, 1.

920) L. Alam. 41, 1; Admon. ad omn. regni ord., ca. 823, c. 8 (Cap. I, 304).

921) L. Bai. II, 18.

wandtschaft oder Gefolgschaft[922]). Zuweilen wird auch lediglich verlangt, daß nicht aus ungerechter oder böswilliger Gesinnung heraus falsch geurteilt werde[923]). Die Nennung solcher sich aus dem gesellschaftlichen Verkehr der Menschen ergebenden Beweggründe des Falschurteilens war damals wohl deswegen so wichtig, weil bei der relativ geringen Besiedlung des Landes die Zahl der Rechtsgenossen, die oft auch miteinander verwandt waren, überschaubar war, so daß unter ihnen weit engere Beziehungen herrschten als selbst innerhalb eines räumlich viel kleineren Bezirks in unserer heutigen Massengesellschaft. Man war allgemein miteinander bekannt, befreundet oder auch verfeindet, und es konnte leicht geschehen, daß eine Partei einen Freund oder Feind als Richter oder im Kreise der Urteilsfinder entdeckte. Gerade dieses Problem zeigt deutlich die enge Wechselwirkung zwischen den besonderen sozialen und soziologischen Verhältnissen und der Ausbildung der Deliktstatbestände im frühen Mittelalter.

g) Die weitere Entwicklung des Delikts

Ähnlich wie die Tatbestände der Justizverweigerung haben sich im hohen und späteren Mittelalter auch die zahlreichen Tatbestände des Delikts des Falschurteilens in vielgestaltiger Weise weiterentwickelt. Zahlreiche Stadtrechte, die Rechtsbücher und viele Reichstagsabschiede bis zum bedeutenden Strafgesetz Karls V. enthalten zum Teil ausführliche Bestimmungen, die dieses Delikt betreffen[924]). In sehr vielen Fällen erhält auch noch in jener Zeit der Geschädigte vom ungerechten Amtswalter eine Busse, so daß — wie in der fränkischen Zeit — „das Vergehen noch immer in erster Linie gegen die Einzelperson gerichtet erscheint“[925]).

Die Richterbestechlichkeit ist auch im späteren Mittelalter *das* Problem der Rechtspflege geblieben[926]), und in zahlreichen Rechtssprichwörtern haben die Beschwerden über die bestechlichen und ungerechten Richter bleibenden Ausdruck gefunden[927]). Viele dieser Redensarten verweisen auf „frühere, aber nicht erweisbare (bessere, d. Verf.) Verhältnisse“[928]).

Bedauerlich ist, daß dem mittelalterlichen Amtsdeliktsrecht ein entscheidender Einfluß auf die weitere Entwicklung gerade im Bereich der Rechts-

---

[922]) Ratchis 10 und in Anlehnung daran Pipp. Ital. Regis capit., 782—786, c. 7 (Cap. I, 192).

[923]) Liutpr. 28; Capit. a miss. domin. ad comit. dir., ca. 801, c. 2, 6 (Cap. I, 184).

[924]) Vgl. z. B. die Zusammenstellung der zahlreichen Bestimmungen des Schwabenspiegels bei *Zeller*, Lex Bajuwariorum, S. 71. Eine eingehende Untersuchung fehlt!

[925]) *His*, Geschichte, S. 120.

[926]) Vgl. *Döhring*, Rechtspflege, S. 98.

[927]) Vgl. Graf-Dietherr, Rechtssprichwörter, S. 410, 413 (z. B.: Geld, das stumm ist, macht Recht, das krumm ist).

[928]) Graf-Dietherr, a. a. O., S. 413 (ebenda: Die Alten sahen mehr auf das Recht als auf den Beutel).

beugung versagt blieb. Die zur Herrschaft gelangende gemeinrechtliche Doktrin sah im Anschluß an das spätrömische Recht in den Rechtspflegedelikten nur Anwendungsfälle allgemeiner Deliktsbegriffe, nämlich des „falsum“ und der „iniuria“[929]). Die Verfehlungen bei Ausübung der Rechtspflege haben nach dieser Auffassung nicht einmal den Charakter von Sonderdelikten, also keinerlei Selbständigkeit. Reinhard *Maurach* schreibt daher mit Recht: „Die Rechtsbeugung im germanischen Recht frühzeitig und vollkommen ausgebildet, ist im Gemeinen Recht unter römischem Einfluß verkümmert“[930]). Doch hatten auch die gemeinrechtlichen Anschauungen auf die Weiterentwicklung der Tatbestände der Rechtspflegedelikte keinen entscheidenden Einfluß. Zum Ausgangspunkt der heutigen Systematik dieser Delikte wurde das Preußische Allgemeine Landrecht von 1794[931]) und zum unmittelbaren Vorbild des § 336 StGB der § 314 des Preußischen Strafgesetzbuches von 1851[932]).

3. Begünstigung

Tatbestände, die Begünstigungsvergehen der richterlichen Amtswalter mit Straffolgen bedrohen, sind vom frühen Recht hauptsächlich im Zusammenhang mit Diebstahlssachen entwickelt worden. Vornehmlich die Freilassung von gefaßten Dieben vor oder nach der Verurteilung ist mit Strafe bedroht[933]).

Wenn auch die Straffolgen in den einzelnen Rechten verschieden sind und Todesstrafe, Amtsverlust und Geldbußen umfassen, so zeigt sich doch in allen Tatbeständen einheitlich, daß man den Begünstigungsstraftaten im allgemeinen und den Begünstigungsdelikten von Amtswaltern keine Selbständigkeit und keine Sonderstellung im Strafrecht zuerkannt hat. Überwiegend geht man davon aus, daß derjenige, der einen gemeinschädlichen Missetäter irgendwie begünstigt, die Folgen der Missetat des Begünstigten selbst auf sich nehmen muß[934]). Daher soll der einen Dieb begünstigende Amtswalter nach fränkischen Kapitularien sein Leben verlieren[935]), nach einer Bestimmung des Langobardenkönigs Ahistulf[936]) dem Bestohlenen den Diebstahl ganz und nach dem späteren Capitulare Italicum zu Hälfte büßen[937]). Den gleichen Grundgedanken finden wir im angelsächsischen

---

[929]) Vgl. dazu *Stock*, Amtsverbrechen, S. 46 ff., 60 ff.

[930]) Strafrecht, S. 625. Maurach meint offensichtlich den *Tatbestand* der Rechtsbeugung!

[931]) PrALR II, 20 § 381 ff.

[932]) Vgl. *Maurach*, Strafrecht, S. 625.

[933]) Einige Gründe dafür siehe vorn S. 37, Anm. 258.

[934]) Vgl. auch *Brunner-v. Schwerin*, S. 751.

[935]) Decr. Childeberti II., 571—596, c. 7 (Cap. I, 17); Capit. Aquisgran., 801 bis 813, c. 13 (Cap. I, 172).

[936]) Ahist. 9.

[937]) 801, c. 4 (Cap. I, 205).

Recht, wo der einen Münzfälscher begünstigende Amtswalter dessen Strafe, Verlust der Hand und möglicherweise des Lebens, erleiden soll[938]).

Nach diesen Quellen wird das Begünstigungsvergehen eines Amtswalters nicht anders behandelt als die von irgendeinem anderen Rechtsgenossen begangene Begünstigung; Sonderstellung wird der Begünstigung im Amt nicht zugebilligt. Nur bei zwei Begünstigungsdelikten im fränkischen und angelsächsischen Recht beruht die Strafdrohung auch auf dem Verstoß gegen die untadelige Amtsführung, so daß hier Folge der Begünstigung Amtsverlust ist[939]).

Die überraschende Strenge der Strafen in allen Begünstigungstatbeständen beruht auf der Gleichstellung des Begünstigers mit dem gemeinschädlichen Haupttäter. Diese Strenge entspricht einer „Rechtsordnung, die auf den allgemeinen Polizeidienst der Volksgenossen gegen die Verbrecher angewiesen war"[940]).

4. Sonstige Delikte

Nur die Tatbestände der Justizverweigerung und des Falschurteilens sind im frühen Mittelalter umfassend entwickelt worden. Mehr noch als der Tatbestand der „Begünstigung im Amt", der immerhin in einigen Rechten Ansätze zu übereinstimmender Behandlung zeigt, haben die anderen im 1. Teil erwähnten Tatbestände von Rechtspflegeverstößen den Charakter von kasuistischen Ausnahmeregelungen. — Bemerkenswert sind in diesem Zusammenhang nur die Bestimmungen, die dem Schutz der Urteilsvollstreckung (Pfändung) gegenüber Übergriffen der Amtswalter dienen und in denen eine erst später gemilderte Schärfe in der Strafdrohung besonders deutlich wird[941]). — Ebenfalls rein kasuistisch sind die Bestimmungen gegen den Mißbrauch der Folter bei den Westgoten. Sie erklären sich aus der besonderen Entwicklung des Rechtsganges bei diesem Stamme.

II. Die Folgen der Rechtspflegedelikte[942])

1. Die einzelnen Folgen

a) Buße und peinliche Unrechtsfolgen

Dem bunten Bild der Tatbestände entspricht die Vielfalt an Rechtsfolgen, die das frühe Recht zur Ahndung von Rechtspflegedelikten bereitgestellt hat.

Insgesamt gesehen herrscht in den einschlägigen Bestimmungen aller

---

[938]) IV Atr 5—5, 4; 7, 3; vgl. zur gleichen Straffolge bei Münzdelikten im italienischen Strafrecht des ausgehenden Mittelalters *Dahm*, Strafrecht, S. 533.

[939]) Capitul. de part. Saxon., 775—790, c. 24 (Cap. I, 70); Ine 36, 1.

[940]) *Brunner-v. Schwerin*, S. 751.

[941]) Vgl. Pact. leg. Sal. 50, 4; 51, 3; L. Ribv. 52, 2.

[942]) Wir behandeln in diesem Abschnitt nur diejenigen Folgen, die man als

Stammesrechte die Geldbuße als übliche Unrechtsfolge jener „Bußkataloge" vor. Die Bußsätze sind durchweg niedrig gehalten und erreichen keineswegs die für Totschlag, Diebstahl und andere schwere Delikte, soweit sie mit Geld gesühnt werden konnten, angesetzten Summen. Bei den Franken und Langobarden sind sogar überwiegend die unteren Sätze des Bußtaxensystems als Straffolgen bei Justizverweigerung und Falschurteilen festgesetzt worden. Auch bei den Burgundern, Alamannen und Bayern sind es — im Vergleich mit den sonstigen Strafsätzen dieser Leges — niedrige Bußsummen, die von den Amtswaltern verwirkt werden können[943]). Höher sind dagegen die Sätze bei den Angelsachsen, bei denen regelmäßig die Ungehorsamsbuße von 120 sol. verwirkt wird, während die Westgoten bei Rechtspflegedelikten kaum selbständige Bußen kennen[944]) und meist den Streitwert als Ausgangsbetrag der Unrechtsfolge nehmen, wie es auch die Bayern in einem einzigen Fall tun[945]). Die regelmäßig sehr beträchtlichen Wergeldsätze finden sich als Strafen für Rechtspflegedelikte nur vereinzelt bei Langobarden, Angelsachsen und Westgoten[946]). Die im allgemeinen niedrigen Bußsätze bei Rechtspflegedelikten deuten an, daß man in diesen überwiegend leichte Verstöße gegenüber den Parteien, „Individualvergehen"[947]), nicht aber schwere Vergehen gegen die Ordnung des Gemeinwesens gesehen hat.

Nur allmählich hat sich in diesem Punkt eine andere Anschauung durchgesetzt, deren erste Auswirkungen noch in der fränkischen Zeit auftreten und insbesondere an den veränderten und verschärften Straffolgen bei Rechtspflegedelikten zu erkennen sind. Auch römischer Einfluß hat vermutlich dazu beigetragen, daß neben den Bußen andere Straffolgen im Bereich der Rechtspflegedelikte erschienen. Die Multiplarfolgen in der Lex Visigothorum und die Schadensersatzbestimmung des alamannischen Rechts beruhen mit Sicherheit auf römischrechtlichen Vorstellungen. Vielleicht liegen solche auch der burgundischen Bestimmung zugrunde, die dem bestechlichen Richter die Todesstrafe androht und die wiederum das ribvarische Recht beeinflußt hat; Verlust des Lebens als Straffolge bei Rechtspflegedelikten entspricht jedenfalls nicht *stammesrechtlichen* Vorstellungen; denn die Titel 50,4 und 51,1 des Pactus legis Salicae, in denen die Todesstrafe angedroht wird, sind Bestim-

„materiell-rechtliche" im modernen Sinn bezeichnen würde, und gehen nicht auf die durch pflichtwidriges Verhalten von Amtswaltern ausgelösten Beugeverfahren ein, obwohl sie im Grunde auch „Folgen" der Rechtspflegedelikte sind. Diese Rechtsfolgen sind hauptsächlich unter I 1 c in diesem Kapitel behandelt (Requisitionsverfahren, Einlager).

943) Immerhin hatte nach L. Ribv. 40, 11 *ein* Solidus den Wert einer Kuh (Vaccam cornutam videntem et sanam pro uno solido tribuat); vgl. auch *Radbruch-Gwinner,* Geschichte, S. 25.

944) Ausnahmen bei Vergehen in Kapitalsachen, L. Vis. VI, 1, 2.

945) L. Bai. II, 17.

946) Ratchis 1, 10; Ahist. 8; II As 17; L. Vis. VI, 1, 2; VI, 5, 14: Hälfte des Wergeldes.

947) *Sickel,* Entstehung, S. 9.

mungen, die nach Ansicht von Heinrich *Brunner* durch ein besonderes *Königsgesetz* in die Lex Salica eingefügt worden sind[948]).

Auch die Androhung der Todesstrafe und anderer schwerer Strafen bei einigen Begünstigungsdelikten von Amtswaltern ist nicht auf eine grundsätzlich strenge Einstellung gegenüber Rechtspflegeverstößen zurückzuführen. Sie beruht, wie schon angedeutet, in diesen Fällen vielmehr auf der Vorstellung, daß der einen Friedensbrecher begünstigende Amtswalter ein Mittäter des gemeinen Verbrechens und daher selbst ein Friedensbrecher ist und diesen Friedensbruch als Nachwirkung der alten Friedlosigkeit mit dem Tode oder einer anderen schweren Strafe, meist der des Haupttäters, sühnen muß.

Eine solche Gleichstellung der rechtsbeugenden Urteiler mit dem Täter und Friedensbrecher und ein deutliches Nachwirken der alten Friedlosigkeit finden wir noch in einem altspanisch-gotischen Fuero aus der 1. Hälfte des 13. Jahrhunderts. In ihm ist bestimmt, daß ein Notzuchtverbrecher den Tod erleiden soll und daß die Geschworenen, wenn sie in einem solchen Fall das Recht beugen, als Feinde der Gemeinde die Rechtsgemeinschaft verlassen müssen und alles verlieren, was sie besitzen[949]). Vermögenseinziehung — nach *Brunner* eine „Abspaltung" der Friedlosigkeit[950]) — trifft auch die falsch urteilenden „lagamen" bei den Angelsachsen, wenn sie sich nicht durch einen Reinigungseid entlasten können[951]).

b) Amtsverlust

Besondere Aufmerksamkeit bei der Untersuchung der Straffolgen der Rechtspflegedelikte verdienen Amtsverlust und Huldverlust. Gerade die Entwicklung dieser beiden Straffolgen im frühen Mittelalter zeigt so recht das Vordringen des „Amtsgedankens" in der Rechtspflege und die zunehmende Verantwortlichkeit der Amtswalter der Rechtspflege dem Herrscher als Repräsentanten der ganzen Volksgemeinschaft gegenüber. Fehlerhafte Rechtspflege war nicht mehr nur eine Angelegenheit, die Amtswalter und Parteien weitgehend unter sich ausmachten, sondern Verletzung der „Amtspflicht", die leicht Verlust des Amtes zur Folge haben konnte.

Während ursprünglich die Dauer der Tätigkeit eines königlichen Sachwalters vom Belieben des Königs abhing, der den Vertrauensmann jederzeit ablösen oder versetzen konnte, begann bei den Franken bereits im 7. Jahrhundert die „Amtsaristokratie" sich gegen ihre Absetzbarkeit zu wehren. Es gelang ihr auch, in den ungeordneten Zeiten der untergehenden Merowingerdynastie in vielen Fällen eine faktische Unabsetzbarkeit durchzusetzen[952]). Die Karolinger besetzten einen Teil der höheren Ämter mit Vasal-

---

[948]) Vgl. *Brunner-v. Schwerin,* S. 596, Anm. 10; siehe auch vorn S. 15.

[949]) Fuero de Escalona (1226), c. 10.

[950]) *Brunner,* Antwort, S. 61.

[951]) Dunsaete 3, 3.

[952]) Vgl. *Fustel de Coulanges,* Histoire des institutions, Bd. 3, S. 211; *Olivier-Martin,* Histoire du droit, S. 51.

len, die leichter als andere in Abhängigkeit zu halten waren. Im allgemeinen verliehen sie ein Amt auf unbestimmte Zeit, praktisch also auf Lebenszeit[953]). Obwohl von Anfang an der Herrscher auf Grund seiner Amtshoheit ohne weiteres das Recht hatte, einen Amtswalter bei schlechter Amtsführung oder auch einfach nach Belieben zu entlassen[954]), drangen allmählich auch ausdrückliche Bestimmungen über Amtsverlust in die Kapitularien ein, und zwar gerade im Zusammenhang mit Rechtspflegevergehen der Amtswalter. Für die Amtswalter unterer Ränge (Zentenare, Schöffen) konnte die Amtsenthebung allgemein den Königsboten übertragen werden, die untaugliche Richter und Urteiler einfach ihres Amtes entheben und neue Amtswalter einsetzen konnten[955]). Amtsenthebung eines Grafen durch die Missi kraft deren allgemeiner Vollmacht war dagegen nicht möglich. Angesichts der mächtigen Stellung der Grafen mußte hier der König selbst eingreifen und sie vor sich zitieren. Außerdem mußte ein schwerwiegender Verstoß in der Rechtspflege oder einem anderen Aufgabenbereich des Grafen (z. B. Steuereintreibung) erfolgt sein.

So war es offenbar mindestens zeitweise üblich, im Falle der Justizverweigerung dem Grafen sein Amt zu nehmen[956]). Auch der Graf, der „aus Haß oder schlechter Gesinnung, nicht aber um Gerechtigkeit zu üben“, einen als Dieb verdächtigen Menschen hinrichten ließ, sollte sein Amt verlieren[957]); ebenso der sächsische Graf, der einen Dieb verbarg und nicht vor Gericht stellte oder der sich bestechen ließ[958]).

Noch ausgeprägter als bei den Franken begegnet in den Rechtsaufzeichnungen anderer Stämme der Verlust des Amtes als strenge Folge schlechter Amtsführung in Rechtspflegeangelegenheiten. Der langobardische König Ratchis droht mehrfach seinen Richtern für Justizverweigerung und Falschurteilen Amtsverlust an und betont, daß keine Fürsprache die Entfernung eines solchen pflichtvergessenen Richters aus dem Amt verhindern werde[959]). Die gleiche Strafe war nach angelsächsischem Recht bei Falschurteilen und Bestechlichkeit vorgesehen[960]) und wurde offenbar auch oft ausgesprochen[961]), und auch das westgotische Recht kennt Amtsverlust bei Justizverweigerung und falschem Urteil infolge Bestechlichkeit[962]). Sehr deutlich heißt es schließlich in einer aus Churrätien stammenden Rechtsaufzeichnung, den Capitula

---

[953]) Vgl. *Brunner-v. Schwerin*, S. 109 ff.

[954]) Vgl. *Scheyhing*, Eide, S. 13.

[955]) Capit. omn. cogn. facienda, 801—814, c. 3 (Cap. I, 144); Capit. miss. Wormat., 829, c. 2, 15 (Cap. II, 15, 17).

[956]) Vgl. Pipp. Ital. Regis capit., 782—786, c. 7 (Cap. I, S. 192); Einzelheiten dazu siehe vorn S. 31.

[957]) Capit. Harist., 779, c. 11 (Cap. I, 49).

[958]) Capit. de part. Saxon., 775—790, c. 24, 28 (Cap. I, 70).

[959]) Ratchis 1, 10, 14;ebenso Ahist. 4.

[960]) III Eg 3; V As 1, 3; VI As 11.

[961]) Vgl. Asserius, De rebus gestis Alfredi, c. 106 (Stevenson, S. 96).

[962]) L. Vis. II, 1, 20; VII, 4, 5.

Remedii[963]), von dem seine Pflicht zum „iustitias facere" nicht erfüllenden Amtswalter: Quod si non fecerit, fiat degradatus de suo ministerio et in illius locum alterum constituatur[964]).

c) Huldverlust

Im Zusammenhang mit dem Amtsverlust ist noch eine andere Folge pflichtwidrigen Verhaltens zu erwähnen, die außer dem Verlust des Amtes weitere Nachteile einschloß.

In zahlreichen Fällen drohen die fränkischen Könige ihren Amtswaltern für den Fall von Amtspflichtverletzungen ihre Ungnade, den Entzug der „königlichen Huld"[965]), an. Die Folgen dieses Huldverlustes waren erheblich, da er wie eine Art abgeschwächter Friedlosigkeit wirkte[966]). Der Amtswalter verlor die vom König verliehenen Ämter, Güter und Ehrenstellungen und wurde vom Hofe und dem Angesicht des Königs verbannt, wurde also beinahe wie ein „infidelis" behandelt, der ja ebenfalls friedlos war[967]). Außerdem bedeutete Androhung des Huldverlustes fast immer Drohung mit den dem König zur Verfügung stehenden arbiträren[968]) Strafmitteln[969]), so daß sie sich gut zur abschließenden Bekräftigung konkreter königlicher Anordnungen eignete und nur vereinzelt in allgemeine Gesetze aufgenommen wurde[970]). Daher wurden entsprechende Formeln oft mit bestimmten Anweisungen an einen Richter in einen „indiculus de iustitia facienda"[971])

---

[963]) Vgl. zu dieser Quelle *Brunner*, S. 522 ff.

[964]) Capitula Remedii, c. 12.

[965]) Vgl. K. *Beyerle*, Gnade, S. 7. Huldverlust konnte jeden Untertan treffen, wurde allerdings hauptsächlich über Amtswalter verhängt, vgl. *Mitteis*, Staat, S. 46.

[966]) Vgl. *Brunner-v. Schwerin*, S. 106; O. *Brunner*, Land und Herrschaft, S. 260.

[967]) Der Huldverlust entwickelte sich vermutlich aus der Infidelität, vgl. *Brunner*, Abspaltungen, S. 81 ff. Diese, seit etwa 800 allgemeines Untertanendelikt, war Bruch der dem König geschuldeten Treupflicht. Über das Verhältnis von Amtspflichtverletzung und Infidelität vgl. *Ritter*, Verrat und Untreue, S. 8, Anm. 4; *Scheyhing*, Eide, S. 15 ff.

[968]) Zum Zusammenhang der arbiträren Strafe mit dem Huldentzug vgl. *v. Schwerin*, Germanische Rechtsgeschichte, S. 212.

[969]) Z. B. Todesstrafe oder Blendung, die allerdings regelmäßig durch Geldzahlungen abgewendet werden konnten (Gregor von Tours, Buch VI, 46), vgl. *Cohn*, Strafe des Huldverlustes, S. 22; *Brunner-v. Schwerin*, S. 86; ausführliche Einzelheiten bei *Köstler*, Huldentzug, S. 37 f.

[970]) Vgl. K. *Beyerle*, Gnade, S. 7. Im übrigen vgl. folgende Stellen: Form. Marculfi I, Nr. 11 (MGH, Form., S. 49): Si gratia nostra optatis habere. Dipl. Karol. I, Nr. 66 (S. 97); ebenda Nr. 77 (S. 111). Capit. miss. gener., 802, c. 28 (Cap. I, 96): Missis directis ut comites et centenarii praevideant omni sollicitudine, sicut gratia domini imperatoris cupiunt . . .; weiter Dipl. Karol. I, Nr. 172 (S. 231).

[971]) Vgl. zu dieser Form der königlichen Eingriffsmöglichkeiten in die Rechtspflege den „Indiculus de iustitia facienda" bei Hübner, Gerichtsurkunden, 1. Abt., Nr. 47 (S. 8).

aufgenommen[972]), wenn auch insgesamt die Androhung des Huldentzuges im Bereich der Rechtspflege bei den Franken nicht sehr häufig war[973]), während dagegen bei den Angelsachsen Huldverlust sogar in den Gesetzen der Herrscher als Straffolge für Rechtspflegeverstöße angeordnet wurde[974]).

Bereits in fränkischer Zeit machten auch Stammesherzöge, Bischöfe und Grafen ihren untergebenen Amtswaltern gegenüber von der Androhung des Huldentzuges Gebrauch. Der Bayernherzog droht dem Grafen, der einen mit dem Vorbann Belegten beschützt und nicht vor Gericht stellt, Verlust seiner Huld und des Amtes an[975]). In einer der salischen Formeln Merkels (Merkelianae), die aus der Zeit vor 800 stammt, ermahnt der Graf seinen Vikar in einem „indiculus", sich bei seinen Amtsgeschäften Mühe zu geben, und er beschließt seinen Befehl: ... et nullum honorem nec ulla blandia propter hoc accipere non facias. Et bene provide, ut nullum neclectum exinde habeas. Taliter exinde certamen age, qualiter gratia nostra vellis habere[976]).

Noch größere Verbreitung fand in späterer Zeit die Androhung des Entzugs der königlichen Huld gegenüber Vasallen, Untertanen und Amtswaltern; besonders im Lehensverband bekam sie erhebliche Bedeutung[977]).

2. *Der rechtliche Charakter dieser Folgen*

a) „Strafe" im frühen Mittelalter?

Bedeutsam für das Problem der Rechtspflegedelikte im frühen Mittelalter ist auch, ob und wieweit der Gedanke der Strafe in den Bereich dieser Delikte eingedrungen ist.

Victor *Achter* hat bekanntlich die Ansicht vertreten, daß erst die Menschen des Hochmittelalters zu strafen begannen[978]). Missetat habe im frühen Mittelalter weniger bedeutet, daß ein Mensch aus bösem Willen gehandelt habe, als vielmehr, daß eine Störung, eine Entordnung, eingetreten sei. Sie zu beseitigen, sei der Sinn der Unrechtsfolgen gewesen, die man füglich noch nicht Strafen nennen dürfe[979]). Nach Ansicht des frühmittelalterlichen Men-

972) Vgl. noch den „indiculus regalis" in der Formel Cartae Senonicae Nr. 18 (MGH, Form. S. 193): Taliter agis, si gratia nostra vellis habere. — Aufschlußreich ist auch eine Urkunde Karls des Großen aus dem Jahre 812, in der einigen Grafen im Südwestteil des Reiches aufgegeben wird, spanische Aussiedler nicht zu unterdrücken (Dipl. Karol. I, Nr. 217, S. 289): Et quicquid contra iusticiam eis vos aut iuniores vestri factum habetis aut si aliquid eis iniuste abstulistis omnia in loco restituere faciatis, sicuti gratiam et nostram vultis habere propiciam; vgl. dazu auch *Barchewitz*, Königsgericht, S. 57.

973) Vgl. noch Capit. miss. Wormat., 829, c. 14 (Cap. II, 17).

974) V As 1, 3 in Vbg. mit II As 25; VI As 11; IV Eg 1, 5; Cnut 11.

975) Addit. leg. Baiuw. XIV, c. 4 (MGH, LL Bd. 3, S. 484).

976) Form. Salicae Merkelianae Nr. 51 (MGH, Form. S. 259).

977) Vgl. *Köstler*, Huldentzug, S. 35; O. *Brunner*, Land und Herrschaft, S. 258 ff.

978) Geburt der Strafe (1951), S. 7 (Vorwort).

979) *Achter*, a. a. O., S. 13 f.

schen sei durch Zahlung der festgesetzten Buße auf magische Weise die gestörte Lebensordnung wiederhergestellt worden[980]). Erste Spuren einer echten Strafe seien nach 1150 in Südfrankreich nachzuweisen[981]).

Wir gehen jedoch mit der eindeutig herrschenden Ansicht davon aus[982]), daß auch „die fränkische Zeit bereits ein wirkliches, wenn auch noch unfertiges Strafrecht gekannt hat“[983]). Karl Siegfried *Bader* hat in seiner ablehnenden Besprechung des Werkes von Viktor *Achter* mit Recht darauf hingewiesen, daß es „Strafe als soziale Reaktion“ immer gegeben habe, weil ohne sie eine Rechtsordnung nicht möglich sei[984]).

b) Der Strafgedanke in den Unrechtsfolgen der Rechtspflegedelikte

Die Unfertigkeit des frühmittelalterlichen Strafrechts zeigt sich besonders darin, daß gerade bei der häufigsten Unrechtsfolge des frühen Mittelalters, der Buße, eine scharfe Trennung zwischen „zivilrechtlichen und strafrechtlichen Bußelementen“ nicht möglich ist[985]). Zwar ergibt sich aus den Bußsätzen, daß das frühe Recht stark vom Schadensersatzdenken beherrscht wird[986]), aber die Komposition geht auch „nach Abzug des Fredus nicht gänzlich in dem Gedanken des Schadensersatzes auf“[987]). Die Buße hat vielmehr einen gemischten Charakter[988]), da die im Unrecht liegende Störung der Rechtsordnung und die Beeinträchtigung der Vermögensinteressen noch nicht abstrakt getrennt sind und daher auch keine Trennung der sich aus dem Unrecht ergebenden Rechtsfolgen vollzogen ist[989]). Die Buße ist sowohl „Privatstrafe“[990]), d. h. die für die Auflehnung gegen die Rechtsordnung verhängte Unrechtsfolge, als auch die Summe für den Ersatz des Schadens[991]). Deshalb folgt aus der Häufigkeit gerade der Buße unter den Unrechtsfolgen der Rechtspflegedelikte, daß der Gedanke der (Privat-) Strafe bei der Ahndung dieser Delikte durchaus von Bedeutung war.

Noch stärker hat sich der Gesichtspunkt des Strafens in einschlägigen Deliktstatbeständen des burgundischen und bayrischen Rechts durchgesetzt.

---

980) *Achter*, Geburt der Strafe, S. 15.

981) *Achter*, a. a. O., S. 144.

982) *Mitteis*, Rezension: E. Schmidt, Einführung, S. 484, betont allerdings, daß nach dem heutigen Stand der Forschung jedes Urteil über die Reaktion der Germanen gegen das Unrecht nur hypothetisch sein kann.

983) *Mitteis-Lieberich*, S. 66; vgl. auch *Rehfeldt*, Grenzen, S. 10; E. *Schmidt*, Einführung, S. 24.

984) *Bader*, Rezension: *Achter*, Geburt der Strafe, S. 440; *ders.*, Volk, S. 220, Anm. 28.

985) *Kaufmann*, Erfolgshaftung, S. 83.

986) Vgl. *Kaufmann*, a. a. O., S. 10.

987) *Brunner*, Absichtslose Missetat, S. 505.

988) Vgl. *Löffler*, Schuldformen, S. 34.

989) Vgl. *Löning*, Vertragsbruch, S. 160.

990) Vgl. *Planitz*, Rechtsgeschichte, S. 68; *v. Schwerin-Thieme*, Grundzüge, S. 97.

991) Vgl. *Binding*, Entstehung, S. 26; *Kaufmann*, a. a. O., S. 83.

Die Burgunder, bei denen der Gedanke eines „öffentlichen Strafrechts" stärker als bei anderen Stämmen hervortritt[992]) und die neben der „compositio" das Institut der selbständigen Multen entwickelt haben[993]), belegen den Amtswalter bei Rechtspflegeverstößen nicht mit der zumindest teilweise an den Verletzten fallenden Buße, sondern mit einer an den König zu zahlenden „multa"; in diesen Fällen steht offenbar die Vorstellung eines Verstoßes gegen die Ordnung der Gemeinschaft, eines „Friedensbruches"[994]), im Vordergrund[995]). Wenn dagegen eine Partei, die das Urteil eines Richters mißachtet, dem Richter 6 sol. und außerdem noch 12 sol. als „multa" zahlen muß[996]), so zeigt das nur, daß die Vorstellung eines Anspruchsverhältnisses zwischen Partei und Richter immer noch nicht ganz überwunden war. — Bei den Bayern erscheinen „privatrechtliche" und „öffentlich-rechtliche" Auffassung[997]) des Rechtspflegedelikts und seiner Straffolge nebeneinander. Der falschurteilende „iudex" muß 40 sol. an den Fiskus zahlen und dem Benachteiligten doppelten Ersatz leisten[998]), was gleichfalls als Straffolge aufzufassen ist[999]).

Viel schärfer als bei den Bußfolgen tritt natürlich beim Amts- und Huldverlust und in den peinlichen Folgen der Rechtspflegedelikte die Absicht des Strafens in Erscheinung.

c) Unrechtsfolgen und Schadensersatz

In einem jüngeren Entwicklungsstadium verselbständigt sich auch die Schadensersatzquote[1000]), nachdem sie lange mit dem Strafanteil zusammen in der Buße enthalten war[1001]). Für den Bereich der Rechtspflegedelikte zeigt dies deutlich das alamannische Recht. Der Amtswalter, der falsch urteilt, muß dem Benachteiligten 12 sol. zahlen (Privatstrafe) und „quod per illum damnum passus est ille iudex restituat ei"[1002]).

In einer anderen Rechtsaufzeichnung von allerdings mehr lokaler Bedeutung, der vermutlich im 8. Jahrhundert in Churrätien entstandenen Lex Romana Curiensis[1003]), erscheint sogar eine reine Schadensersatzbestimmung im Zusammenhang mit einem Rechtspflegeverstoß. Der Richter, der einem

---

[992]) Vgl. *Kohler*, Shakespeare, S. 161.

[993]) Vgl. *Schreuer*, Verbrechenskonkurrenz, S. 110 f. An diese Multen und an die salischen Diebstahlsbußen denkt wohl *Brunner*, Antwort, S. 61, wenn er die Ansicht vertritt, daß manche Bußen nur pönalen Charakter hatten; vgl. auch *ders.*, Absichtslose Missetat, S. 505.

[994]) *Schreuer*, a. a. O., S. 110.

[995]) Vgl. L. Burg. Pr. Const. 12; L. Burg. 71, 2; 81, 2.

[996]) L. Burg. 90, 1.

[997]) E. *Schmidt*, Einführung, S. 25, 39.

[998]) L. Bai. II, 17.

[999]) Vgl. *Hitzig*, Antwort, S. 51.

[1000]) Vgl. Brunner, Absichtslose Missetat, S. 506.

[1001]) Emenda = Besserung, vgl. *Binding*, Entstehung, S. 26.

[1002]) L. Alam. 41, 1.

[1003]) Vgl. zu dieser Quelle *Brunner*, S. 517 ff.

Rechtsgenossen Justiz verweigert, muß diesem den aus der Justizverweigerung entstandenen Schaden aus seinem eigenen Vermögen ersetzen[1001]). Außerdem ist Beschwerde an den Grafen möglich[1005]).

3. *Bemerkungen zur Durchsetzung der pönalen Folgen*

a) Bei Justizverweigerung

So reichhaltig an Tatbeständen von Rechtspflegedelikten das aufgezeichnete Recht des frühen Mittelalters ist, so arm ist es an Äußerungen darüber, in welcher Instanz die Verstöße gegen diese Tatbestände festgestellt und wie die in ihnen angedrohten Folgen durchgesetzt wurden.

Nach dem Aufbau der frühmittelalterlichen Gerichtsverfassung und angesichts der beherrschenden Stellung des Königs in der Rechtspflege mußte jedenfalls in erster Linie dem Königsgericht die Aufgabe zufallen, die durch Rechtspflegedelikte verursachte Störung der Rechtsordnung zu beseitigen und die Amtswalter zu bestrafen. Genaue Angaben über das Verfahren, in dem der König als der „Hüter der Rechtsordnung"[1006]) dem Recht zum Siege verhalf, enthalten die Stammesrechte aber nicht. Für die Justizverweigerung beschränken sie sich meistens darauf, den Grundsatz zu betonen, daß derjenige, dem in der unteren Instanz Justiz nicht gewährt wird, zum König kommen kann[1007]).

Bei den Franken dürfte in der karolingischen Zeit das Verfahren in Justizverweigerungssachen ungefähr so abgelaufen sein, wie es im Kapitular von Mantua[1008]) geschildert ist. Dieses Kapitular ist zwar für Italien erlassen worden; aber erhebliche Abweichungen gegenüber der stammesfränkischen Praxis wird es kaum enthalten; vielleicht ist diese Praxis sogar Vorbild beim Erlass des Kapitulars gewesen. Entsprechend seinen Kapiteln 2 und 3 wird ein Kläger zunächst seinen zuständigen Richter unter Zeugen mindestens dreimal anzugehen versucht haben und, wenn das erfolglos blieb, zum Königsgericht gezogen sein, um dort eine Klage wegen Justizverweigerung gegen den säumigen Amtswalter anzubringen[1009]). Den Vorwurf der Justizverweigerung konnte der Amtswalter durch einen Reinigungseid und an Hand eines von ihm zu führenden Verzeichnisses über die angebrachten und erledigten Klagen zurückweisen. Gelang ihm dies, so hatte der Reklamant sein Wergeld zu zahlen. Die Straffolge, die den Grafen bei einer Prozessniederlage traf, ist allerdings nicht genannt. Vermutlich mußte er in Italien

---

[1004]) Si quicumque iudex aut per neglegenciam aut per dilacionem aut per qualemcumque premium hominem de sua causa dilataverit . . . quidquid ille homo de ipsa causa damnum habuerit omnia de ipsius iudicis facultate illi reddatur, qui aput eum iusticiam non potuit invenire.

[1005]) Vgl. auch *Cohn*, Justizverweigerung, S. 102 f.

[1006]) *Kaufmann*, Aequitatis iudicium, S. 37.

[1007]) L. Burg. Pr. Const. 12, Ratchis 1. 2; II As 3; II Cnut 17.

[1008]) ca. 781 (Cap. I, 190).

[1009]) Einzelheiten dazu siehe vorn S. 55 f.

entsprechend den Kapiteln 25 ff. der Gesetze Liutprands büßen und im übrigen Frankenreich möglicherweise sein Wergeld zahlen[1010]), da talionsähnliche Folgen bei falscher Anschuldigung (Kalumnie) zuweilen vorkommen[1011]).

Nach dem Kapitular von Mantua wird das Königsgericht also weniger als Rechtszuggericht denn als Strafgericht erster Instanz gegen den Grafen tätig[1012]). Unsicher ist, ob nach Einleitung des Verfahrens gegen diesen die Klage, die der Reklamant vergeblich anzubringen versucht hatte, nun ebenfalls im Königsgericht erörtert wird oder ob der bestrafte Amtswalter sich wohl oder übel doch noch mit ihr befassen muß. Kraft seiner Allzuständigkeit konnte der König diese Klage sogleich mitentscheiden; oft aber mag er durch einen „indiculus de iustitia facienda" den säumigen Amtswalter aufgefordert haben, dem Beschwerdeführer zu seinem Recht zu verhelfen[1013]).

Indessen ist zu beachten, daß uns das Kapitular von Mantua eine Rechtslage schildert, die sich in der Rechtspraxis des frühen Mittelalters ganz anders ausgenommen haben mag. Abgesehen davon, daß eine Klage gegen den einflußreichen Grafen ein großes Maß an Zivilcourage erforderte, das vermutlich nur von sozial Gleichrangigen aufgebracht werden konnte, standen den Klagen und Beschwerden beim König oft auch technische Schwierigkeiten entgegen. Das Königsgericht, das mit dem Hof des Herrschers durch das riesige Reich zog, war bei den schlechten Verkehrsverhältnissen jener Zeit nur mit großer Mühe zu erreichen. Blieb der König einmal längere Zeit auf einer seiner Pfalzen, dann war diese Pfalz so von Schaulustigen, Bittstellern, Querulanten, Interessenten und Würdenträgern umlagert, daß wiederum großer Einfluß vonnöten war, wenn man tatsächlich bis zum König oder auch nur bis zum Pfalzgrafen vordringen wollte. Vielen mag es daher so ergangen sein, wie es eine zeitgenössische Quelle schildert: . . . sed in tanta principum multitudine . . . non pervenit clamor eorum ad regem. Et cum male illuc venierunt, peius inde redierunt[1014]).

Viele Reklamanten mögen daher lieber die Ankunft der Königsboten abgewartet haben, um diesen ihr Leid zu klagen. Daß sie aber auch bei diesen ihr Recht nur mit gewissen Schwierigkeiten erlangen konnten, zeigen Theodulfs „Versus contra iudices"[1015]).

b) Die Urteilsschelte

Ebensowenig geklärt wie das Verfahren bei Justizverweigerung ist die prozessuale Form, in der Amtswalter, die ein falsches Urteil gesprochen, oder Schöffen und Rechtsprecher, die einen Urteilsvorschlag „contra legem" ge-

---

1010) Vgl. auch *Kaufmann,* Aequitatis iudicium, S. 39.

1011) Vgl. II As 3: . . . gelte er dasselbe Gewette, das der andere schuldig war, wenn er ihm sein Recht verweigerte.

1012) *Kaufmann,* a. a. O., S. 40.

1013) Vgl. *Brunner-v. Schwerin,* S. 186 f.

1014) Zitat bei *Wetzell,* System, S. 344, Anm. 11.

1015) Siehe hinten S. 156 f.

macht hatten, zur Rechenschaft gezogen und mit den in den Leges angedrohten Strafen belegt wurden. Zentrale Bedeutung hat in der wissenschaftlichen Diskussion über dieses Problem das Institut der Urteilsschelte.

Nach herrschender Ansicht hat es im frühen Mittelalter — mit Sicherheit jedenfalls im germanischen Recht — einen Rechtszug im heutigen Sinne nicht gegeben. Eine Partei und jeder Dinggenosse, die mit einem Urteilsvorschlag nicht zufrieden waren, konnten ihn schelten[1016]). Die Schelte eines Urteilsvorschlages, die vermutlich durch förmliche Worte und Handlungen zum Ausdruck gebracht werden mußte[1017]), war Vorwurf absichtlichen Falschurteilens, verhinderte das Zustandekommen eines Urteils und führte zu einem „deliktischen"[1018]) Streit zwischen Schelter und Urteilsfindern über die Frage der Rechtmäßigkeit des Urteilsvorschlages[1019]). Dieser Streit wurde mit Hilfe der üblichen formalen Beweismittel — Eid oder Zweikampf — an Ort und Stelle entschieden[1020]). Für den Ausgang dieses Streites war es also unerheblich, ob der Urteilsvorschlag tatsächlich unrichtig war oder nicht; es entschied allein der Ausgang des formalen Beweisverfahrens. Siegte der Schelter, „so stand fest, daß der Urteilsvorschlag unrichtig war"[1021]); es mußte ein neuer gefunden werden, und die Urteilsfinder waren bußfällig.

Dieses Schelteverfahren, das — wohlgemerkt — in keiner zeitgenössischen Quelle eindeutig überliefert ist[1022]), scheint zur Zeit der Entstehung der Lex Salica bei den Franken noch üblich gewesen zu sein. Die fränkischen Quellen äußern sich allerdings nicht zu der Frage, wie über die Schelte entschieden wurde[1023]), sondern setzen offenbar in Pactus legis Salicae 57, 3 und Lex Ribvaria 56 den Fall voraus, daß der Beweis der Berechtigung der Schelte gelang oder fehlschlug[1024]). Immerhin ergibt sich aus diesen Bestimmungen

---

[1016]) Vgl. für viele: E. *Schmidt*, Einführung, S. 40; *Conrad*, Rechtsgeschichte, S. 44.

[1017]) *Gebauer*, Studien, S. 38.

[1018]) Vornehmlich *Kaufmann* (z. B. Aequitatis iudicium, S. 44, 130) gebraucht diesen Ausdruck, um anzudeuten, daß das Schelteverfahren „strafrechtlichen" Charakter hatte und für eine der an ihm beteiligten Parteien mit einer Bestrafung enden mußte. Da der Ausdruck in die wissenschaftliche Diskussion über das Problem der Schelte und der Reklamation nun einmal eingeführt ist, soll er beibehalten werden. Allerdings ist zu beachten, daß im frühen Mittelalter *jedes* Verfahren als Strafverfahren aufzufassen ist und daß im modernen Recht „deliktisches" Handeln im Bereich des Strafrechts *und* des Zivilrechts möglich ist.

[1019]) Vgl. *v. Schwerin-Thieme*, Grundzüge, S. 34; *Fehr*, Rechtsgeschichte, S. 51; *Planitz*, Rechtsgeschichte, S. 28; a. A. wohl *Mayer-Homberg*, Volksrechte, S. 158.

[1020]) Vgl. *v. Amira*, Grundriß, S. 256; *Brunner-Heimann*, S. 22; *Conrad*, Rechtsgeschichte, S. 44.

[1021]) *Conrad*, a. a. O., S. 44.

[1022]) *Ringel*, Strafrecht, S. 73, glaubte es allerdings bei Gregor von Tours nachweisen zu können.

[1023]) Vgl. *Gál*, Zweikampf, S. 276.

[1024]) *Gebauer*, Studien, S. 43 f.; *Brunner-v. Schwerin*, S. 477; siehe auch vorn S. 13 f.

deutlich die Beweisverteilung im Schelteverfahren[1025]): Der Kläger (Schelter) muß die Rechtsbeugung der Urteilsfinder beweisen[1026]). Ob das Verfahren an Ort und Stelle stattfand oder im Königsgericht, wie einige Autoren annehmen[1027]), ergibt sich aus dem salischen Recht oder einer anderen Quelle nicht.

Die „deliktische" Natur des ganzen Schelteverfahrens zeigt sich darin, daß der Verlierer dem Gewinner Buße zu zahlen hat. Verlieren die Urteilsfinder, zahlen sie dem Schelter die Falschurteilsbuße; verliert der Schelter, dann zahlt er den Urteilsfindern gleichfalls eine Buße, weil er sie durch den unberechtigten Vorwurf, ein falsches Urteil gefunden zu haben, beleidigt hat[1028]). Dieser beleidigende Charakter blieb der Schelte während des ganzen Mittelalters verhaftet[1029]).

Unsicher ist schließlich auch, wieweit der Gerichtshalter berechtigt oder verpflichtet war, bei einem als unrichtig erkannten Urteilsspruch der Schöffen das Rechtsgebot zu verweigern, um auf diese Weise den falschen Spruch nicht wirksam werden zu lassen[1030]).

c) Die Weiterentwicklung der Schelte bei den Franken

Die starke Zentralisierung von Verwaltung und Gerichtswesen unter den Karolingern, der zunehmende Übergang aller wichtigen Posten auf Amtswalter des Herrschers, die Stärkung der richterlichen Autorität und die Ab-

---

[1025]) Französische Forscher des vorigen Jahrhunderts sprachen mißverständlich von einem „appel pour mal jugé", vgl. *Beauchet*, Histoire, S. 65; *Fournier*, Essai, S. 101; a. A. dagegen *Olivier-Martin*, Histoire du droit, S. 55, der betont, daß das frühe System der Volksjustiz jeden Gedanken an Appellation ausschließe; vgl. dazu auch *Glasson*, Histoire du droit, Bd. 3, S. 426.

[1026]) Zum Ausdruck „adprobare" und „convincere" in diesen Stellen vgl. *Gál*, a. a. O., S. 277; F. *Beyerle*, Entwicklungsproblem, S. 399.

[1027]) Vgl. *Thonissen*, L'organisation judiciaire, S. 496; *Regnault*, Manuel, S. 49; *Esmein*, Cours élémentaire, S. 74; *v. Schulte*, Reichs- und Rechtsgeschichte, S. 422; zweifelnd *Gál*, Zweikampf, S. 277. *Ringel*, Strafrecht, S. 73, nimmt schon für die Zeit Gregors von Tours einen geregelten Rechtszug vom Grafen- an das Königsgericht an, ohne allerdings stichhaltige Quellenbelege bieten zu können.

[1028]) *Mayer-Homberg*, Beweis, S. 100, glaubte dagegen, die Buße des unterliegenden Schelters habe auf dem Umstand beruht, „daß die besondere Würdigkeit des Forums oder die Glaubwürdigkeit des Gegners dem Kläger die Selbstprüfung zur erhöhten Pflicht" gemacht habe. Im späteren Ausdruck „blasphematio" klingt jedoch noch das Schimpfliche des Scheltevorwurfs an, vgl. *Glasson*, a. a. O., S. 427. Die Appellation römischer Herkunft beruht dagegen nach *Olivier-Martin*, Précis, S. 40, auf dem Grundsatz: „L'intégrité personelle du juge inférieur n'est pas mise en cause, mais son supérieur doit avoir plus de lumières que lui."

[1029]) Vgl. *Planck*, Gerichtsverfahren, 1. Bd., S. 268; *Hillmann*, Kulturentwicklung, S. 116. Später hat man im beleidigenden Charakter der Schelte geradezu den entscheidenden Unterschied gegenüber der römischen Appellation gesehen, vgl. die Bemerkungen J. F. Eisenharts zum Rechtssprichwort „Suppliciren und appeliren ist niemand verboten" (Deutsches Recht, S. 220).

[1030]) Für eine solche Verpflichtung: *Sickel*, Entstehung, S. 72.

schwächung des Formalismus konnten nicht ohne Einfluß auf die weitere Entwicklung der Urteilsschelte bleiben. Nach der herrschenden Lehre, die die meisten ihrer Annahmen über die Schelte allerdings hauptsächlich auf Rückschlüsse aus jüngeren, vornehmlich altfranzösischen und niederländischen Quellen stützen muß[1031]), trat in der Karolingerzeit neben die Schelte mit folgendem Zweikampf eine Art Zugverfahren an ein höheres Gericht (Königs- oder Herzogsgericht)[1032]), dem eine freie Untersuchung der Voraussetzungen des gescholtenen Urteils möglich war[1033]). Unzutreffend erscheint es dagegen, mit *Beauchet* auch noch einen Rechtszug zwischen Zentenar und Graf und zwischen Graf und Königsboten anzunehmen[1034]), da in diesem Fall offenbar moderne Vorstellungen vom Instanzenzug der Gerichte in die frühe Zeit zurückverlegt werden[1035]).

Im Zusammenhang mit dieser Entwicklung war es vermutlich nicht mehr notwendig, bereits den Urteilsvorschlag anzugreifen, sondern gerügt wurde nunmehr das vom königlichen Amtswalter ausgegebene Urteil[1036]); denn das „Beamtenurteil ist verbesserlich" — im Gegensatz zum „Volksurteil"[1037]) — und vom König als dem Vorgesetzten des Amtswalters auf seine Rechtmäßigkeit zu überprüfen[1038]). Deutliches Anzeichen für diese Entwicklung ist, daß sich nach Kapitel 7 eines Kapitulars Pippins des Kurzen die Klage des Beschwerdeführers nicht mehr nur gegen die Urteilsfinder, sondern auch gegen den Grafen richtet[1039]).

Jedoch kann dieses jüngere „Zugverfahren" der karolingischen Zeit nur deswegen mit den modernen Ausdrücken „Zugverfahren" oder auch „Rechtszug" bezeichnet werden, weil nunmehr die Sache vor das Königsgericht gezogen wurde[1040]). Im übrigen hat das Vorgehen gegen ein Urteil auch unter

---

[1031]) Vgl. *Seelmann*, Rechtszug, S. 102; *Brunner-v. Schwerin*, S. 474 ff. Zum Schelteverfahren des Sachsenspiegels vgl. *Planck*, Gerichtsverfahren, 1. Bd., S. 268 ff.; *Friese*, Strafrecht, S. 278.

[1032]) Vgl. im einzelnen dazu *Esmein*, Cours élémentaire, S. 74; *Hillmann*, a. a. O., S. 118 f.; *v. Schwerin-Thieme*, Grundzüge, S. 100; E. *Schmidt*, Einführung, S. 40; *Conrad*, Rechtsgeschichte, S. 200.

[1033]) Vgl. *Brunner-Heimann*, S. 82; *Planitz*, Rechtsgeschichte, S. 69.

[1034]) Histoire, S. 318 ff.

[1035]) Gegen *Beauchet* auch *Fournier*, Essai, S. 115.

[1036]) Das spricht gegen die h. M. (vgl. *Brunner-v. Schwerin*, S. 485 f.), daß die fränkischen Urteile eine Art „Rechtskraft" hätten erlangen können. Weiter sprechen zahlreiche Bußandrohungen gegen die Wiederholung vorentschiedener Prozesse gegen diese Ansicht, vgl. *Beyerle*, Entwicklungsproblem, S. 361; wie hier auch *Seelmann*, Rechtszug, S. 195 ff.; *Gál*, Prozeßbeilegung, S. 4.

[1037]) *v. Amira*, Grundriß, S. 259.

[1038]) *v. Amira*, a. a. O., S. 260; *Kaufmann*, Aequitatis iudicium, S. 40, Anm. 83.

[1039]) Pipp. Regis capit., ca. 755, c. 7 (Cap. I, 32).

[1040]) Neuere Darstellungen zur Deutschen Rechtsgeschichte vermeiden auffälligerweise nähere Stellungnahmen zum Charakter dieses „Rechtszuges", vgl. *Conrad*, Rechtsgeschichte, S. 200, der ihn einfach aus Cap. Baiwar., ca. 810, c. 7 (Cap. I, 159) ableitet.

den Karolingern nicht seinen „deliktischen" Charakter verloren; immer noch ist der Zug vor das Königsgericht gefährlich, weil er zur Bußfälligkeit führen kann. Demgegenüber hat zwar Walther *Seelmann* behauptet, es habe bereits ein modernes Rechtsmittelverfahren gegeben, weil die Verhandlung im Königsgericht zunächst eine Verhandlung der Streitsache unter den Parteien der ersten Instanz ohne Beteiligung des ersten Richters gewesen sei und erst das Ergebnis dieser Verhandlung die Strafbarkeit des Amtswalters erwiesen habe[1041]); aber seine Ansicht hat keine Anhänger gefunden und steht auch im Widerspruch zu einer sehr wichtigen Quellenstelle[1042]): In dem bereits erwähnten Kapitular Pippins des Kurzen, das um das Jahr 755 das Verfahren bei Urteilsschelte offenbar grundsätzlich regeln sollte[1043]), ist nämlich eine Trennung von Zugverfahren und Strafverfahren nicht zu erkennen[1044]); es ergibt sich vielmehr aus diesem Kapitular mit einiger Sicherheit, daß der Schelter durch eine Klage gegen die Urteilsfinder und den Grafen, „quod legem ei non iudicassent", ein Urteil angehen konnte[1045]). Die Vorstellung, daß auf die Beschwerde über ein Urteil hin zunächst ein Zugverfahren zwischen den Parteien und dann — je nach dem Ausgang dieses Streites — ein Strafverfahren des Schelters gegen die Amtswalter oder der Amtswalter gegen den Schelter eingeleitet wurde[1046]), ist außerdem zu gekünstelt und zu modern[1047]), als daß sie für diese Zeit des Übergangs und der Neubildung vieler Formen des Rechtslebens zutreffen könnte.

Im übrigen muß auch das deliktische Grundprinzip jeglichen frühmittelalterlichen gerichtlichen Verfahrens, die „Gefahr vor Gericht", berücksichtigt werden. Wie jede Handlung vor Gericht war auch das Anrufen des Königsgerichts grundsätzlich ein zweischneidiges Schwert und daher gefährlich; unterlag der Beschwerdeführer, mußte er den Amtswaltern Buße zahlen. Es überrascht zu sehen, wie deutlich dieses Prinzip auch im „Rechtsmittelverfahren" der Stämme hervortritt, die eine von der fränkischen abweichende Gerichtsverfassung hatten.

d) Zugverfahren und „Deliktsprinzip" bei anderen Stämmen

So wenig uns auch im Grunde über die Art und Weise überliefert ist, in der man eine gerichtliche Entscheidung in der fränkischen Zeit mit dem Ziel

---

1041) Einzelheiten bei *Seelmann,* a. a. O., S. 99 ff., 114 ff., 164 ff.

1042) Gegen *Seelmann* wenden sich auch *Brunner-v. Schwerin,* S. 473, Anm. 6.

1043) *Waitz,* Verfassungsgeschichte, Bd. 4, S. 475; *Planitz,* a. a. O., S. 62.

1044) Ein Teil des Kapitulars ist vorn S. 33, Anm. 234 wiedergegeben.

1045) Vgl. *v. Schwerin,* Germanische Rechtsgeschichte, S. 218; *v. Amira,* a. a. O., S. 256.

1046) In den einschlägigen Quellen geht immer die Partei gegen den (oder die) Amtswalter vor; nie erscheint umgekehrt eine Klage der Amtswalter gegen die beschwerdeführende Partei, was nach *Seelmann,* a. a. O., S. 164 f., möglich gewesen ist.

1047) Auffällig oft zieht *Seelmann* Parallelen zu den Verhältnissen seiner Zeit, vgl. Rechtszug, S. 149, 167.

ihrer Aufhebung bekämpfen konnte, in der deliktischen Natur eines solchen Schrittes herrscht in den meisten Stammesrechten Übereinstimmung.

Das Rechtsmittelverfahren der Westgoten ist uns wegen der unübersichtlichen Gerichtsverfassung weitgehend unbekannt; es war vermutlich der römischen Appellation nachgebildet. Aber selbst bei der unter römischem Einfluß geschaffenen „denuntiatio iudicis suspecti" war die Klage gegen den Richter und Bischof beim König immer gefährlich. Bestätigte nämlich der König das Urteil, so mußte der Beschwerdeführer einen Betrag in Höhe des Streitwertes an Richter und Bischof zahlen. War der Verlierer mittellos, erhielt er 100 Hiebe. Daß das Angehen des Königs auf jeden Fall einen Angriff gegen den Richter darstellte, ergibt sich zweifelsfrei daraus, daß die 100 Hiebe dem Beschwerdeführer in Gegenwart des Richters verabreicht werden mußten[1048]). Auf diese Weise sollte dem Richter gewissermaßen unmittelbar Genugtuung verschafft werden.

Aus der Lex Burgundionum erfahren wir ebenfalls nichts über die Art und Weise, in der gegen ein Urteil angegangen werden konnte; auch dort scheint dies aber in Form einer Klage gegen die Amtswalter erfolgt zu sein, doch ist in der Lex nur der offenbar wichtigste Fall einer Klage wegen Bestechlichkeit erwähnt. Kann der beschuldigte Richter nicht überführt werden, dann soll der Kläger die gleiche Strafe erleiden, die dem käuflichen Richter angedroht ist; er soll also hingerichtet werden[1049]). Jedoch dürfte diese harte Folge nicht allein aus der „deliktischen" Natur einer Beschwerde gegen die Amtswalter zu erklären, sondern es wirkt vermutlich auch römischer Einfluß nach. Nach spätrömischem Recht wurde nämlich die falsche Anschuldigung (Kalumnie) mit der gleichen Strafe geahndet, die auf die dem anderen vorgehaltene Tat gesetzt war[1050]). Nicht gänzlich auszuschließen ist auch, daß hier das biblische Talionsprinzip, ein im Grunde dem germanischen Recht fremder Grundsatz[1051]), das burgundische Recht beeinflußt hat[1052]).

Aus der Lex Baiuwariorum und den angelsächsischen Rechtsquellen ergibt sich wiederum nicht, wie diese Stämme das Angehen gegen ein nach Ansicht einer Partei falsches Urteil behandelt haben. Jedenfalls hat aber — nach einem Bericht eines Zeitgenossen und Hoffreundes des Königs Alfred[1053]) — auch bei den Angelsachsen der König Beschwerden über ungerechte Urteile entgegengenommen und geprüft[1054]).

Dagegen sind die Stammesrechte der Alamannen und Langobarden für unser Problem ergiebiger. In der Lex Alamannorum ist zum erstenmal mit

---

[1048]) L. Vis II, 1, 24.

[1049]) L. Burg. Pr. Const. 9.

[1050]) *Brunner-v. Schwerin*, S. 871.

[1051]) *Brunner*, Antwort, S. 61.

[1052]) Vgl. dazu *Mensching*, Strafrecht, S. 59; *Rüegger*, Einflüsse, S. 157; a. A. *Brunner-v. Schwerin*, S. 872.

[1053]) Asser: De rebus gestis Alfredi, c. 106 (Stevenson, S. 96); siehe auch hinten S. 158 ff.

[1054]) Zur Frage der Urteilsschelte bei den Angelsachsen siehe vorn S. 65.

einiger Genauigkeit erwähnt, wie die Beschwerde über ein falsches Urteil angebracht wurde und wer über sie entschied[1055]). Wenn im alamannischen Gericht eine Partei dem „iudex" entgegenhält: „Non rectum iudicas", dann sollen andere Richter den Fall untersuchen[1056]). Man hat darin eine jüngere Form des Scheltеverfahrens[1057]), ja schon eine Art „Rechtszug" an das Herzogsgericht gesehen[1058]), zumal nach Titel 41, 2 der Lex Alamannorum offenbar immer gegen ein endgültig gesprochenes Urteil, nicht gegen einen Urteilsvorschlag opponiert wurde und die Beschwerde oder Klage durch andere Richter — vermutlich das Herzogsgericht — untersucht und entschieden wurde[1059]). Dieser alamannische Rechtszug hat wahrscheinlich dem bereits geschilderten Zugverfahren bei den Franken weitgehend entsprochen. Es kommt weiter in keiner anderen Quelle so deutlich wie in ihr zum Ausdruck, daß auch noch in diesem jüngeren Stadium der Entwicklung das Angehen gegen ein Urteil deliktischen Charakter hat, weil es mit einer Kränkung des Amtswalters verbunden ist[1060]). Die mit ihrer Beschwerde erfolglose Partei wird in Titel 41, 2 der Lex Alamannorum als Verächter (contemptor) des Richters bezeichnet, "qui iudici iniuriam fecit", und muß ihm 12 sol. zahlen, die gleiche Summe, die der „iudex" hätte erlegen müssen, wenn er unterlegen wäre.

Im langobardischen Recht findet sich gleichfalls nicht die alte Form der Urteilsschelte[1061]); es ist aber auch weiter unzutreffend[1062]), das Angehen gegen ein Urteil bei den Langobarden als „Appellation" zu bezeichnen, wie es Forscher des vorigen Jahrhunderts gern taten[1063]). Obwohl wir für die Klärung des Problems auch im Bereich des langobardischen Rechts allein auf die Aussagen der Lex und allgemeine Rückschlüsse angewiesen sind und nicht auf Urkunden zurückgreifen können[1064]), ergibt sich immerhin schon aus der langobardischen Gerichtsverfassung, daß eine Urteilsschelte alter Form, ja überhaupt ein der Urteilsschelte nachgebildetes Verfahren nicht bestanden haben kann[1065]). Da die langobardischen „iudices", die entweder mächtige

---

1055) Vgl. *Waitz,* Verfassungsgeschichte, Bd. 2, 2. Abt., S. 173 ff.

1056) L. Alam. 41, 2. Siehe den Wortlaut vorn S. 84, Anm. 611.

1057) *Brunner,* Alter, S. 593.

1058) *Schröder-v. Künßberg,* S. 400.

1059) L. Alam. 41, 2: „ab aliis iudicibus inquisitum fuerit".

1060) Vgl. auch *Siegel,* Geschichte, S. 149.

1061) *Sohm,* Reichs- und Gerichtsverfassung, S. 137.

1062) So auch *Brunner,* Zeugen- und Inquisitionsbeweis, S. 58.

1063) Vgl. *v. Bethmann-Hollweg,* Civilprozeß, Bd. 1, S. 391; *Ficker,* Forschungen, Bd. 1, S. 277. *Mayer,* Italienische Verfassungsgeschichte, S. 221, spricht von einem Rekursprozeß zwischen dem urteilenden Beamten und der unterlegenen Partei.

1064) Wie bei allen Stämmen finden wir in den überkommenen Urkunden fast nur Angelegenheiten geregelt, die vom Königsgericht in 1. Instanz zu entscheiden waren; zumindest lassen sie nicht erkennen, ob es sich um ein Rechtsmittelverfahren handelt, vgl. *Skedl,* Nichtigkeitsbeschwerde, S. 28, 33.

1065) *Skedl,* a. a. O., S. 9; *Beyerle,* Entwicklungsproblem, S. 337, Anm. 25.

Duces oder einflußreiche Gastalden des Königs waren[1066]), alle übrigen Rechtsgenossen an Macht und Ansehen übertrafen, ist es, wie *Skedl* mit Recht ausführt[1067]), „absurd anzunehmen, daß Duces, die sogar ohne König (574 bis 584) über die Langobarden herrschten, ... der Schelte hätten preisgegeben sein sollen". Urteilsschelte setzte eine gewisse Gleichrangigkeit unter Amtswaltern und Parteien voraus und wendet sich nicht gegen einen „Akt der Obrigkeit"[1068]).

Entsprechend finden wir im Edikt keinen Hinweis darauf, daß eine unzufriedene Partei sich unmittelbar mit dem „iudex" auseinandersetzen und ihm falsches Urteilen vorwerfen kann, sondern immer heißt es, daß derjenige, der ein ungerechtes Urteil erhält, zur Pfalz kommen und beim König Beschwerde führen soll[1069]). Im Königsgericht wird also der Rechtsstreit endgültig entschieden[1070]), wenn auch nicht eindeutig ersichtlich ist, ob sich nur die Parteien der ersten Instanz oder Beschwerdeführer und Amtswalter gegenüberstehen. Ganz unbeteiligt scheint der Amtswalter nicht gewesen zu sein; denn nach Kapitel 28 der Gesetze Liutprands hat er ja, falls eine Ermessensentscheidung angefochten ist, dem König einen Eid zu leisten. Daß der Eid dem König und nicht der Partei geleistet wird, zeugt ebenfalls von einer gewissen Weiterentwicklung. Offenbar mußte sich der Amtswalter gegenüber dem König als seinem „Dienstvorgesetzten" wegen unrichtiger Amtsführung und weniger gegenüber der Partei verantworten[1071]). Der König erhält daher auch die Hälfte der Falschurteilsbuße (20 sol.). Trotzdem ist die deliktische Natur der Urteilsbeschwerde auch hier nicht ganz verschwunden. Gibt sich eine Partei mit einer gerechten Entscheidung nicht zufrieden, so muß sie dem Amtswalter 20 sol. zahlen, ebensoviel wie sie gegebenenfalls als Anteil an der Falschurteilsbuße erhält[1072]).

Abschließend muß auch für den Bereich der Urteilsschelte und des Zugverfahrens darauf hingewiesen werden, daß die Praxis des frühen Mittelalters in vielen Punkten anders ausgesehen haben wird, als es uns die Zeugnisse der Quellen anzudeuten vermögen, und daß der Kampf ums Recht für den weniger Mächtigen vermutlich sehr mühselig und oft erfolglos gewesen ist. Obwohl z. B. der König das Recht zur allgemeinen Reklamation ausdrücklich zusicherte[1073]), haben wahrscheinlich viele „pauperes" aus Angst

---

[1066]) Siehe vorn S. 39 ff.

[1067]) *Skedl*, a. a. O., S. 19.

[1068]) *Schultze*, Privatrecht und Prozeß, S. 149; vgl. auch *Skedl*, a. a. O., S. 18, 20 und die dort erörterte Glosse des Liber Papiensis zu Loth. 66, die die Existenz eines Instituts der Urteilsschelte für das Langobardenreich bestreitet.

[1069]) Liutpr. 28; Ratchis 10. 14.

[1070]) Vgl. *Skedl*, a. a. O., S. 21; *Pertile-del Giudice*, Storia, Bd. 6, Teil 2, S. 266.

[1071]) *Skedl*, a. a. O., S. 27; *v. Halban*, Das römische Recht, 2. Teil, S. 176.

[1072]) Vgl. *Hartmann*, Geschichte Italiens, Bd. 2, 2. Teil, S. 41, der mehr dieses privatrechtliche („persönliche") Verhältnis des „Iudex" zur Partei betonte.

[1073]) Pipp. capit. Aquitan., 768, c. 8 (Cap. I, 43): Si aliquis homo ante nos se reclamaverit, licenciam habeat ad nos venire, et nullus eum per fortia deteneat.

vor ihrem Zentenar oder Grafen nicht zu reklamieren gewagt und lieber eine ungerechte Entscheidung hingenommen.

e) Die Anfänge eines echten Rechtszuges

Obgleich in der fränkischen Zeit die verschiedenen rechtlichen Wege, gegen ein falsches Urteil anzugehen, fast ausnahmslos „deliktischen" Charakter haben, sind im frühen Mittelalter für den deutschen Rechtsbereich auch schon die ersten Ansätze einer echten, „modernen" Berufung entwickelt worden. Der Weg zur „echten, aus der Deliktsphäre gelösten Berufung"[1074]) ist nach neueren Forschungen erstmalig mit der speziellen, privilegierten Reklamation[1075]) beschritten worden. Eine Partei, die ein besonderes Reklamationsprivileg des Königs hatte, das üblicherweise in einem Schutzbrief (litterae oder indiculus) festgelegt war[1076]), brauchte einen ihr nicht genehmen Urteilsvorschlag nicht zu schelten und sich der Gefahr des „deliktischen" Verfahrens auszusetzen, sondern konnte unter Hinweis auf ihren „indiculus" ohne Risiko das Königsgericht angehen[1077]).

Sinn des speziellen Reklamationsrechts ist es nach Ansicht von Ekkehard *Kaufmann* nicht gewesen, dem Begünstigten „den Weg zur königlichen Billigkeitsjustiz" zu eröffnen[1078]), die überhaupt nur bei der Ausfüllung von Gesetzeslücken eine Rolle gespielt habe[1079]); das Reklamationsprivileg habe vielmehr einen echten, weil gefahrlosen Rechtszug — später auch nach gefundenem Urteil — an das Königsgericht begründet[1080]): „Aus der Urteilsschelte, dem deliktischen Vorwurf rechtswidriger Urteilsfindung, wird die Appellation an das bessere Wissen durch die Rechtsfigur des Reklamationsrechts entwickelt."[1081])

Dieses Rechtsinstitut muß angesichts der großen Zahl von Personen und Anstalten (Kirchen und Klöster), die unter besonderem Königsschutz standen und ein spezielles Reklamationsrecht hatten[1082]), im frühen Mittelalter bereits erhebliche Bedeutung besessen haben. — Unsicher ist, ob der für den Begünstigten erfolgreiche Abschluß eines Reklamationsverfahrens noch ein „deliktisches" Verfahren gegen den Amtswalter der ersten Instanz ausgelöst hat.

1074) *Kaufmann*, Aequitatis iudicium, S. 44.

1075) Das „reclamare" ist in den Quellen der technische Ausdruck für die Möglichkeit eines jeden, sich an den König zu wenden, wenn er sich durch eine Entscheidung beschwert fühlt (vgl. das in Anm. 1073 erwähnte Kapitular Pippins). Das spezielle Reklamationsrecht hatten nur die Inhaber eines Reklamationsprivilegs; vgl. auch *Kirn*, Reklamationsbriefe, S. 202.

1076) Vgl. *Kirn*, a. a. O., S. 195 ff.

1077) *Kaufmann*, a. a. O., S. 44 f.

1078) So die bisher h. L., vgl. *Brunner-v. Schwerin*, S. 65.

1079) *Kaufmann*, a. a. O., S. 129.

1080) *Kaufmann*, a. a. O., S. 45.

1081) *Kaufmann*, a. a. O., S. 130.

1082) *Brunner-v. Schwerin*, S. 64 ff., 188; *Kaufmann*, a. a. O., S. 45.

III. Erfolgshaftung oder Schuldhaftung bei Rechtspflegedelikten?

Über die Beurteilung der strafrechtlichen Zurechnung im frühen Mittelalter herrscht im rechtshistorischen Schrifttum keine Übereinstimmung[1083]).

Nach der klassischen Lehre Heinrich *Brunners* besteht für das ältere deutsche Strafrecht kein Unterschied zwischen absichtloser und absichtlicher Missetat[1084]). Nach ihm hat zwar auch das frühe Recht die „Schuld", den bösen Willen, bestrafen wollen; aber es hat den sinnlichen Ausdruck des verbrecherichen Willens im zugefügten Übel, im Erfolg, begriffen[1085]). In dem Bemühen, das Willensmoment bei der Bestrafung stärker zu berücksichtigen, seien allerdings verschiedene Tatbestände ausgebildet worden, in denen „die Äußerung der bösen Absicht ein wesentliches Merkmal des Tatbestandes bildete"[1086]). Bei anderen Deliktstatbeständen wiederum sei böse Absicht von vornherein ausgeschlossen worden, und diese Fälle habe man als „Ungefährwerke" behandelt[1087]). In der fränkischen Zeit habe sich die Fortentwicklung des Strafrechts „in der gesteigerten Geltendmachung des subjektiven Tatbestandes" durch Erhöhung der Zahl der typischen Ungefährwerke und durch Erweiterung des Kreises jener Delikte gezeigt, für die böse Absicht Tatbestandsmerkmal gewesen sei[1088]).

Abweichend von dieser herrschenden Ansicht betonen andere Rechtshistoriker noch stärker das Prinzip der reinen Erfolgshaftung im frühen Recht[1089]), während Karl *Binding* von Anfang an den Grundsatz der Schuldhaftung für das ältere deutsche Strafrecht vertrat[1090]), eine Ansicht, der sich nun auch Ekkehard *Kaufmann* auf Grund einer neueren Untersuchung über das Problem der strafrechtlichen Zurechnung im frühen Mittelalter im Ergebnis angeschlossen hat[1091]).

Auf den ersten Blick scheint die Behandlung der Rechtspflegedelikte in den Rechtsquellen der fränkischen Zeit das Bild der wissenschaftlichen Meinungen widerzuspiegeln und Belege für sämtliche vertretenen Ansichten zu liefern. Zunächst finden sich Deliktstatbestände, die überhaupt keinen Hin-

---

1083) Vgl. *Kaufmann*, Erfolgshaftung, S. 11.

1084) *Brunner*, Absichtslose Missetat, S. 487 ff.; *Brunner-v. Schwerin*, S. 714 ff.

1085) *Brunner-v. Schwerin*, S. 715.

1086) *Brunner-v. Schwerin*, S. 716.

1087) *Brunner-v. Schwerin*, S. 716 f.

1088) *Brunner-v. Schwerin*, S. 719. Weitere Anhänger dieser „objektiven Erfolgshaftungstheorie" (*Kaufmann*, a. a. O., S. 15) sind *Schröder-v. Künßberg* (S. 377 f.), *Planitz* (Rechtsgeschichte, S. 67 f.), *v. Schwerin-Thieme* (Grundzüge, S. 95 f.) und *Conrad* (Rechtsgeschichte, S. 232).

1089) Vgl. *Mitteis-Lieberich*, S. 25 f.; E. *Schmidt*, Einführung, S. 30 f. *Kaufmann*, a. a. O., S. 16, spricht hier von einer „subjektiven Erfolgshaftungstheorie" und zählt zu ihren Anhängern noch Hans *Fehr*, Edwin *Mayer-Homberg* und Viktor *Achter*. Für die fränkische Zeit stimmen *Mitteis-Lieberich*, S. 67 f., mit der h. L. überein.

1090) Vgl. *Binding*, Normen, S. 8 ff., und zu dessen Lehre auch *Wegner*, Einführung, S. 229.

1091) *Kaufmann*, Erfolgshaftung (1958), S. 108.

weis auf die subjektive Seite der Tat enthalten und denen ein strenges Erfolgshaftungsprinzip zugrunde zu liegen scheint[1092]). Bei einer anderen Gruppe von Tatbeständen finden wir bestimmte Formulierungen und Ausdrücke, die auf eine Berücksichtigung des Gedankens des Verschuldens hindeuten[1093]). Das gilt insbesondere für solche Bestimmungen, die sich gegen Amtswalter wenden, welche sich bei der Rechtsfindung irgendwie von subjektiven Empfindungen gegenüber einer Partei leiten lassen oder sonst aus schlechter Gesinnung oder Böswilligkeit eine Partei benachteiligen[1094]). Wo immer Wendungen wie amicitia, timor, invidia, odium, gratia, cupiditas und ähnliche Ausdrücke im Tatbestand eines Rechtspflegedelikts erscheinen, wird nicht auf einen bloßen Erfolg abgestellt, sondern gerade die Willensrichtung des Täters (Amtswalters) entscheidend berücksichtigt. Diese Fälle setzen ein schuldhaftes, und zwar regelmäßig ein vorsätzliches Handeln voraus. Dasselbe gilt für die zahlreichen Bestimmungen gegen die passive Bestechung richterlicher Amtswalter, die ebenfalls nicht unverschuldet übertreten werden konnten. Es ist bemerkenswert, wie sehr das frühe Recht gerade in den Tatbeständen der Rechtspflegedelikte auf den Täter und nicht mehr allein auf die Tat abstellt. Nicht nur die böse Absicht im allgemeinen, auch die näheren Beweggründe des deliktischen Handelns beginnen — besonders bei den Langobarden[1095]) — eine Rolle zu spielen. — Bei einer dritten Gruppe von Bestimmungen schließlich sind die objektiven Tatbestände in einer Weise umschrieben, daß eine unverschuldete Begehung der entsprechenden Delikte praktisch kaum möglich ist[1096]). In diese Gruppe gehören vornehmlich die Justizverweigerungsdelikte, die zumeist ein derart hartnäckiges Verweigern richterlicher Tätigkeit voraussetzen, daß die entsprechenden Tatbestände praktisch nur schuldhaft verwirklicht werden konnten[1097]).

Zeigt schon diese grobe Einteilung, daß einem großen Teil der Tatbestände der Rechtspflegedelikte nichts weniger als ein starres Erfolgshaftungsprinzip zugrunde liegt, daß vielmehr die Schuld „in die Tatbestandsmäßigkeit hineingelegt" ist[1098]), so führen weitere Überlegungen zu dem Schluß, daß auch diejenigen Bestimmungen, die in ihrem Tatbestand keinerlei Hinweis auf die subjektive Seite enthalten, die Erfolgshaftungstheorie nicht bestätigen können. Die Starrheit des Rechts und die formalistische Natur der Urteilsfindung mit der engen Bindung des Richters an die Lex ließen in der

---

1092) Pact. leg. Sal. 57, 1. 3; L. Ribv. 52, 2; 56; Roth. 25; II Ew 8; III Eg 3 u. a.

1093) Vgl. z. B. L. Ribv. 91, 1 (ad iudicio pervertendo); Ine 36, 1; L. Vis. II, 1, 21; VI, 1, 2.

1094) Vgl. Capit. Aquisgran., 829, c. 7 (Cap. I, 149).

1095) Vgl. auch *Löning*, Vertragsbruch, S. 160; *Fehr*, Geist, S. 45.

1096) Vgl. Pact. leg. Sal. 50, 4; 51, 3; Roth. 251. Vgl. auch *Kaufmann*, Erfolgshaftung, S. 68.

1097) Liutpr. 25—27 (Fristen bis zu 8 Tagen); Capit. Mantuanum, c. 2 (Cap. I, 190): dreimaliges Angehen des Grafen; L. Burg. Pr. Const. 12 (dreimal den Richter anrufen); L. Burg. 81, 2 (3 Monate Zeit zu entscheiden).

1098) *Kaufmann*, a. a. O., S. 108.

Praxis keinen Raum für unverschuldete Falschurteile, um nur das wichtigste und häufigste Delikt herauszugreifen. Zumindest konnte einem Richter, der ein Urteil „contra legem" erlassen hatte, der Vorwurf gemacht werden, die Lex nicht genügend gekannt zu haben. Die Kenntnis der Stammesrechte mußte jedenfalls bei richterlichen Amtswaltern, Vorsitzenden oder Urteilsfindern, vorausgesetzt werden, so daß nach modernen Vorstellungen gegebenenfalls ein Schuldvorwurf wegen fahrlässigen Handelns erhoben werden konnte.

Bei den Westgoten, Burgundern und Bayern ist diese vermutlich alte Vorstellung vom unbedingten Rechtswissen des Richters bereits durchbrochen und Unkenntnis des Richters strafrechtlich zu dessen Gunsten berücksichtigt. Bei den Westgoten kann ein Richter, der aus Gesetzesunkenntnis falsch urteilt, einen entsprechenden Eid leisten und dann straflos ausgehen[1099]), und auch bei den Bayern trifft den „iudex" im Falle des „per errorem iniuste iudicare" keine Strafe[1100]). Bei den Burgundern zahlt ein Richter bei Falschurteilen aus Einfältigkeit oder Nachlässigkeit nur 30 sol. gegen 36 sol. bei absichtlichem Falschurteilen[1101]). Diese Regelung entspricht bei den Westgoten und Burgundern durchaus dem „modernen" Gesamtcharakter dieser Leges, die in der Zurechnungsfrage den Einfluß römisch-christlicher Anschauungen nicht verleugnen können[1102]). Im übrigen sind die Schuldformen im frühen Recht allerdings noch sehr unvollkommen unterschieden[1103]); Fahrlässigkeit und Vorsatz werden kaum getrennt, und eine selbständige Behandlung der Fahrlässigkeit ergibt sich erst allmählich aus „typisierten Gefährdungshaftungsdelikten"[1104]). In manchen einschlägigen Tatbeständen gilt böse Absicht auch einfach als ausgeschlossen, wenn der Amtswalter einen Reinigungseid leistet, und es tritt dann Straflosigkeit oder eine Strafmilderung ein[1105]); aus dem Mißlingen der Eidesleistung wird dagegen auf vorsätzliche Begehung des in Frage stehenden Delikts geschlossen[1106]).

Insgesamt können wir somit für den Bereich der Rechtspflegedelikte feststellen, daß auch hier das frühe Recht grundsätzlich nur den verbrecherischen Willen im schuldhaften Verhalten des Täters strafen will[1107]) und daß die Bedenken Arthur *Wegners* gegenüber der Erfolgshaftungstheorie auch

---

1099) L. Vis. II, 1, 21; vgl. auch *Dahn*, Studien, S. 240.

1100) L. Bai. II, 17.

1101) L. Burg. Pr. Const. 11.

1102) Vgl. *Löffler*, Schuldformen, S. 43. Für die Lex Burgundionum betont *Mensching*, Strafrecht, S. 31, ebenfalls die Bedeutung des widerrechtlichen Willens als Grundlage strafbaren Unrechts.

1103) Gute Ansätze für eine Unterscheidung z. B. in L. Vis. VI, 1, 2.

1104) *Kaufmann*, a. a. O., S. 69.

1105) Vgl. Liutpr. 28. 81; III Eg 3; Dunsaete 3,3; L. Vis. II, 1, 20; VI, 1, 5; VI, 1, 20.

1106) Vgl. *Kaufmann*, a. a. O., S. 61.

1107) Wir stimmen insoweit mit den Ergebnissen von Ekkehard *Kaufmann* (Erfolgshaftung, S. 108) überein.

für diesen Deliktsbereich berechtigt sind[1108]). Am eindrucksvollsten im Bereich der Rechtspflegedelikte kommt der Schuldhaftungsgedanke im Wortlaut der fränkischen Richter- und Schöffeneide zum Ausdruck[1109]). Das frühe Recht sucht auch in unserem Untersuchungsbereich jenes Ziel einerseits durch eine besondere Heraushebung und Betonung der bösen Absicht in den Deliktstatbeständen, andererseits aber auch dadurch zu erreichen, daß es die Tatbestände so formuliert, daß praktisch nur ihre absichtliche Verwirklichung möglich ist. Die Wirksamkeit dieser Methode ist unter anderem aus der besonderen Bedeutung der Tatbestandsmäßigkeit in jener Zeit zu erklären, die wiederum wesentlicher Bestandteil des formalistischen Aufbaus des frühen Rechts und Rechtsganges ist.

IV. Der Strafzweck

Weniger Aufschluß als über das Problem der Zurechnung gewähren uns die einschlägigen Tatbestände über den Zweck, der mit ihren Strafandrohungen erreicht werden soll, obwohl die konkreten und in der Beschreibung von Tatbestand und Rechtsfolge sehr ausführlichen Bestimmungen des frühmittelalterlichen Rechts zunächst auch in diesem Punkt Einzelheiten erwarten lassen. Offenbar ist jedoch die Verlautbarung des Gesetzeszweckes dem Gesetzgeber der fränkischen Zeit unwichtig erschienen; denn wir finden nur vereinzelt Hinweise auf den Zweck einer angedrohten Rechtsfolge.

Im allgemeinen erwähnen die Quellen der Zeit vornehmlich die Wahrung des Friedens im Gemeinwesen als Zweck der Strafe[1110]). Zuweilen soll die Strafe auch den göttlichen Zorn über das Verbrechen abwenden, damit nicht das ganze Volk darunter leiden müsse[1111]). Außerdem finden wir in den Quellen den Gedanken der Abschreckung[1112]), Besserung[1113]) und Vergeltung[1114]), ohne daß eine dieser Vorstellungen vom Zweck der Strafe die Vorherrschaft erlangt hat[1115]).

In den Bestimmungen, die Rechtspflegedelikte zum Gegenstand haben, ist in zwei Fällen die Abschreckung als Zweck einer Strafdrohung ausdrücklich erwähnt, während die große Mehrzahl der Tatbestände nichts über den Strafzweck verlauten läßt. Am deutlichsten ist der Abschreckungsgedanke

1108) *Wegner*, Strafrecht, S. 35.

1109) Siehe vorn S. 99.

1110) Vgl. *Waitz*, Verfassungsgeschichte, Bd. 4, S. 524 f.; *Conrad*, Rechtsgeschichte, S. 231.

1111) Vgl. Capit. Papiense, 850, c. 1 (Cap. II, 86) sowie *Glasson*, Histoire du droit, Bd. 3, S. 583; *Brunner-v. Schwerin*, S. 765 f.

1112) Vgl. die bei *Brunner-v. Schwerin*, S. 766, Anm. 11, angeführten Stellen.

1113) Capit. miss., 802, c. 25 (Cap. I, 96); L. Burg. 52, 5.

1114) Decret. Childeb. II, 596, c. 5 (Cap. I, 16).

1115) Oft nennt eine Bestimmung mehrere Zwecke, die mit der Strafe verfolgt werden, vgl. auch *Dahn*, Studien, S. 302 f.; *Mensching*, Strafrecht, S. 56 f.

im burgundischen Recht enthalten, das bestimmt, daß ein bestechlicher Richter „ad exemplum omnium" hingerichtet werden soll[1116]), und das auch sonst mehrfach die Abschreckung als Strafzweck angibt[1117]). Schließlich wird auch in einem frühen fränkischen Gesetz, nach dem ein Richter, der einen Dieb freiläßt, sein Leben verlieren soll, die Abschreckungswirkung der Strafe betont[1118]).

[1116]) L. Burg. Pr. Const. 6.

[1117]) *Fehr*, Gesetze, S. 16.

[1118]) Decr. Childeb. II., 571—596, c. 7 (Cap. I, 17): et (ut?, d. Verf.) disciplina in populum modis omnibus observetur.

Dritter Teil

RICHTER, RECHTSPFLEGE UND RECHTSPFLEGEDELIKTE IN LITERARISCHEN QUELLEN DER FRÄNKISCHEN ZEIT

I. Das Bild der Richter in der nichtjuristischen Literatur der Merowingerzeit

Zum Abschluß dieser Untersuchung ist es notwendig, das bisher gewonnene Bild von den Rechtspflegedelikten und ihrer Behandlung im frühen Mittelalter durch die Aussagen einiger nichtjuristischer, vornehmlich literarischer Quellen der fränkischen Zeit zu ergänzen. Diese Quellen verdeutlichen die soziologische und kriminologische Seite unseres Untersuchungsgegenstandes; vor allem aber erhalten wir durch sie, da uns Prozeßberichte und Gerichtsakten für diese frühe Zeit fehlen, den einzigen möglichen Einblick in die Praxis der Rechtspflege und Rechtspflegeverstöße.

Für die frühe fränkische Zeit fließen leider auch in diesem Bereich die Quellen spärlich. Gregor von Tours und Fredegar sind unsere einzigen bedeutenden Gewährsmänner. Leider geht jedoch Gregor von Tours in seinen berühmten „Zehn Bücher Geschichten", die in bunter Reihenfolge die bedeutendsten Staatsbegebenheiten und die unbedeutendsten Vorkommnisse des täglichen Lebens schildern und ein so getreuer Spiegel seiner Zeit sind[1119]), verhältnismäßig selten auf das Justizwesen ein. Hin und wieder bringt er zwar Schilderungen von Prozessen und gerichtlichen Vorgängen, erwähnt er Gerichtsurteile, aber ohne doch die Rechtspflege genauer zu charakterisieren. Vermutlich sind dem Chronisten neben den unzähligen Greueltaten, die er uns überliefert, neben dem furchtbaren Durcheinander von Mord, Gewalttätigkeit und sittlicher Verworfenheit die wahrscheinlich nicht weniger häufigen Fälle von Prozeßverschleppung, Bestechlichkeit und Rechtsbeugung verhältnismäßig unbedeutend erschienen.

Immerhin können wir schon daraus, daß die abscheulichsten Greueltaten damals an der Tagesordnung waren und meist ungestraft begangen werden konnten, schließen, daß die Justiz nur kläglich funktionierte. Wie sollten sich auch in der Rechtspflege des niedergehenden Merowingerkönigtums Zucht und Ordnung, Gerechtigkeit und Rechtssicherheit durchsetzen, wo es doch nach den Schilderungen Gregors in erster Linie die Amtswalter der Rechts-

---

[1119]) Vgl. *Wattenbach-Levison*, Geschichtsquellen, Bd. 1, S. 105.

pflege und der öffentlichen Verwaltung, die Herzöge, Grafen und Bischöfe und deren untergebene Amtswalter, waren, die diese Verrohung der politischen und sittlichen Verhältnisse mitverschuldet hatten und ausnutzten[1120])! Die vereinzelten Hinweise auf die richterliche Tätigkeit solcher Amtswalter bei Gregor von Tours zeugen von unglaublichen Zuständen in der Justiz[1121]). So schreibt er von dem Treiben des berüchtigten Grafen Leudast[1122]):

> „Es würde zu weit führen, wenn ich der Reihe nach alle seine Meineide und seine anderen Schandtaten durchgehen wollte."

Und an einer anderen Stelle[1123]):

> „Wenn er im Gericht saß im Kreise angesehener Männer, Laien oder Geistlichen, und einen fand, der einen Rechtsfall betreiben wollte, so wurde er ganz wütend und brach in Schmähungen gegen die Bürger aus. Priester ließ er in Fesseln legen, Krieger mit Knütteln schlagen, und er trieb es mit solcher Grausamkeit, daß es sich kaum sagen läßt."

Von König Chilperich, den er den Nero und Herodes seiner Zeit nennt, berichtet er nach Aufzählung anderer Schändlichkeiten, daß er sehr häufig Menschen ungerecht verurteilt habe, um ihr Vermögen einzuziehen, während er in den Erlassen an seine Amtswalter gedroht habe, jedem Mißachter königlicher Befehle zur Strafe die Augen ausreißen zu lassen[1124]).

Nicht besser dürfte es ein großer Teil der übrigen Amtswalter in jener Zeit getrieben haben[1125]). Von einem Gunthram Boso, Rauching, Dynamius, Eulalius, Beppolen, Badegysilus — sie alle Herzöge, Grafen oder Bischöfe, die sich schlimmster Verbrechen schuldig gemacht hatten — konnte man schwerlich eine saubere Rechtspflege erwarten, zumal sie bei ihren vielen Händeln vermutlich kaum Zeit gefunden haben, ihr Richteramt wahrzunehmen[1126]).

Weniger plastisch als Gregor von Tours die Zustände des ausgehenden 6. Jahrhunderts schildert, berichtet uns der sog. Fredegar in seiner Chronik, dem einzigen Geschichtswerk des 7. Jahrhunderts[1127]), von den ersten Jahrzehnten dieses Zeitraums, insbesondere der Regierungszeit König Dagoberts I. (623—639). Die Chronik handelt ebenfalls vornehmlich von den Bruderkämpfen der Merowinger und den Händeln der Großen der fränkischen Teilreiche, und auch sie läßt die große sittliche Verwilderung jener

---

[1120]) Vgl. auch *Radbruch-Gwinner*, Geschichte, S. 17 ff.

[1121]) Vgl. auch *Scheyhing*, Eide, S. 14.

[1122]) Buch V, 49 (Bei der Übersetzung folgen wir der zweisprachigen Ausgabe von Rudolf Buchner).

[1123]) Buch V, 48.

[1124]) Buch VI, 46.

[1125]) Zum Verhalten der Amtswalter unter den Merowingern vgl. auch *Lot*, La civilisation mérovingienne, S. 385.

[1126]) Vgl. zu den Genannten in der Reihenfolge der Nennung: Buch VIII, 21 und öfter; IX, 9; VI, 11. 33; X, 8 u. ö.; VIII, 42; VIII, 39 u. ö.; VIII, 7 u. ö.

[1127]) Vgl. zu dieser Quelle *Wattenbach-Levison*, a. a. O., S. 109 f.

Zeit deutlich werden. Leider erlaubt uns auch Fredegars Chronik nur allgemeine Rückschlüsse auf den Zustand der Rechtspflege, ohne daß unser Bild durch vereinzelte kleine Begebenheiten aus dem Bereich der Justiz ergänzt wird. Lediglich im 4. Buch der Chronik können wir aus zwei Hinweisen ersehen, daß auch im 7. Jahrhundert noch schlimme Zustände geherrscht haben müssen. Die Chronik berichtet, daß Dagobert im 7. Jahre seiner Regierung (629/630) Burgund besuchte. Seine Reise habe die Geistlichkeit und die Großen der Burgunder in großen Schrecken versetzt, während die Armen erleichtert aufgeatmet und sich gefreut hätten. Dagobert habe überall über Reiche und „pauperes" mit Gerechtigkeit gerichtet, und da habe keine Bestechung und kein Ansehen der Person gegolten, sondern die Gerechtigkeit allein regiert[1128]). Schon vorher berichtet der Geschichtsschreiber, König Chlothar habe im Elsaß zahlreiche ungerechte Amtswalter hinrichten lassen[1129]).

Ob man solcher Schilderung der Gerechtigkeitsliebe gerade des Königs Dagobert Glaubwürdigkeit zusprechen kann, ist allerdings zweifelhaft, wenn man bedenkt, welche Schandtaten Fredegar von diesem Herrscher berichtet[1130]). Ähnlich wie bei Gregor von Tours drängt sich auch bei Fredegar dem Leser die Überzeugung auf, daß die Mehrzahl der Großen in der Zeit Chlothars II. und Dagoberts I. kaum sauber, unbestechlich und gerecht ihres Richteramtes gewaltet haben kann.

Mit der Festigung der Zentralgewalt in der späteren Zeit haben sich vermutlich die Verhältnisse im Justizwesen gebessert, aber erst in der 2. Hälfte des 8. Jahrhunderts unternahmen die Karolinger energische Versuche, die Zustände im Gerichtswesen grundlegend zu ändern.

II. Richter und Rechtspflege in den literarischen Quellen der Karolingerzeit

1. Einleitung

Entsprechend der größeren Zahl von Annalen, Briefen, Gedichten und anderen literarischen Werken, in denen uns das geistige Leben der karolingischen Zeit überliefert worden ist, sind auch die Zeugnisse zahlreicher, die uns von dieser Seite einen Einblick in die Rechtspflege jener Zeit gewähren.

Vornehmlich im Zeitalter Karls des Großen erreichte das geistige Leben unter dem Einfluß dieses Herrschers einen einzigartigen Höhepunkt[1131]). An Karls Hof trafen sich die berühmtesten Gelehrten und Dichter des Abend-

---

[1128]) Fredegar IV, 58.

[1129]) Fredegar IV, 43; vgl. auch *Fustel de Coulanges*, L'organisation judiciaire, S. 510 ff.

[1130]) Vgl. Fredegar IV, 58.

[1131]) Zur „karolingischen Renaissance" vgl. besonders *Daniel-Rops*, Kirche, S. 532 ff.

landes. Ein reger kultureller und geistiger Austausch mit anderen Ländern, weitgehende geistige Freiheit und Unabhängigkeit der Dichter und Schriftsteller und großzügige Förderung aller wertvollen Talente bereiteten den Boden für ein fortschrittliches und weltoffenes literarisch-geistiges Leben und für eine kritische Auseinandersetzung mit den politischen und sozialen Verhältnissen im eigenen Reich. Unter Ludwig dem Frommen wurden diese fruchtbaren Ansätze zu einer umfassenden Kritik und Analyse des eigenen Daseins weitergeführt[1132]).

Bedeutsam für diese Entwicklung war, daß die Schrift — ob Prosa, Gedicht oder Brief — nicht allein zur spekulativen Betrachtung und zur theoretischen Erörterung theologischer und schöngeistiger Fragen benutzt wurde. „In der Karolingerzeit war die Schrift eine Waffe geworden, deren man sich mit Geschick bediente, um auf die Gegenwart einzuwirken."[1133]) Dichter und Gelehrte, Theologen und Laienpublizisten scheuten sich nicht, die Zustände der Zeit in ihren literarischen Arbeiten zu charakterisieren, ja selbst in den politischen Tageskampf einzugreifen. Die Zustände in der Justiz blieben von der Kritik nicht verschont, zumal ja nach einer Wendung von *Stintzing* „kaum eine andere Berufsarbeit so der Kritik ausgesetzt ist wie die Rechtspflege"[1134]).

2. *Alcuin und Agobard von Lyon*

Einer der bedeutendsten Kritiker und Förderer der Rechtspflege im literarischen Kreis am Hofe Karls des Großen war der hochberühmte Gelehrte Alcuin, der langjährige Leiter der Hofschule, der besonders in seinen Briefen zahlreiche kluge und aufschlußreiche Bemerkungen zur Rechtspflege machte[1135]). Typisch ist ein Brief Alcuins an Arno, den Erzbischof von Salzburg, in dem Alcuin treffend den Niedergang der Rechtspflege kennzeichnet, welcher trotz der Bemühungen Karls nach 800 einsetzte[1136]). In diesem Brief bemerkt Alcuin:

> „De bona siquidem voluntate domni imperatoris valde certus sum, quod omnia ad rectitudinis normam in regno sibi a Deo dato disponi desiderat, sed tantos non habet iustitiae adiutores, quantos etiam subversores, nec tantos praedicatores, quantos praedatores."[1137])

Am eindringlichsten behandelt Alcuin das Problem sauberer Rechtspflege und die Richtertugenden in einem für den Grafen Wido geschriebenen

1132) Vgl. *Liebeschütz*, Rationalismus, S. 33.

1133) *Levison*, Jenseitsvisionen, S. 89.

1134) *Stintzing*, Rechtswissenschaft, S. 71.

1135) Über Alcuin und seine große Bedeutung für die karolingische Bildungsbewegung vgl. *Mühlbacher*, Deutsche Geschichte, S. 241; *Wattenbach-Levison*, Geschichtsquellen, Bd. 2, S. 225 ff.

1136) Vgl. *Ganshof*, La fin du règne, S. 448.

1137) MGH, Epp., Bd. 4, Nr. 254; vgl. weiter a. a. O., Nr. 188 (Brief an König Karl) und das Gedicht „Versus ad Carolum Imperatorem" (MGH, Poetae, Bd. 1, Nr. 45, S. 258).

Traktat. Der Adressat dieser Arbeit war ein Angehöriger jener Richterschicht, die nach dem König den größten Einfluß auf die Rechtspflege hatte und deren Verhalten maßgebend für das Bild des Gerichtswesens jener Zeit war. Das Werk war eine Art Laienbrevier[1138]) — De virtutibus et vitiis liber ad Widonem comitem[1139]) —, das besonders die Pflichten und Aufgaben des Grafenamtes behandelte und Grundsätze einer christlichen Standesethik der Grafen aufstellte[1140]). Im Kapitel 20, „De iudicibus", befaßt sich Alcuin ausführlich mit den richterlichen Pflichten der Grafen. Er bezeichnet Gerechtigkeit und Barmherzigkeit als die wichtigsten Tugenden eines Richters. Die Herrscher sollen auch keine dummen und schlechten Menschen als Richter einsetzen[1141]). Zum damaligen Zustand der Rechtspflege bemerkt Alcuin: „Oft verzögern oder verfälschen schlechte Richter aus Begehrlichkeit die Entscheidungen. Sie schließen die Prozesse nicht eher ab, als bis ihre Taschen gefüllt sind; denn wenn sie richten, schauen sie nicht auf die Sache, sondern auf die Geschenke"[1142]). — Noch zahlreiche andere Bemerkungen im Abschnitt „De iudicibus" verdeutlichen uns, wie weit die wirklichen Zustände in der Justiz von der idealen Vorstellung Alcuins entfernt waren.

Während Alcuin in echter Gelehrtenart das Problem der Sauberkeit der Rechtspflege überwiegend theoretisch und im engen Kreis der Briefpartner behandelte, standen andere Angehörige des fränkischen Gelehrtenkreises stärker im politischen Kampf der Zeit; ihre Schriften waren daher weit kämpferischer und ihre Forderungen weit energischer. Zu ihnen gehörte als einer der fruchtbarsten und kampfesfreudigsten Schriftsteller der Zeit Ludwigs des Frommen Agobard von Lyon (769—840)[1143]). Seine Bemerkungen zur Rechtspflege sind für uns aus zwei Gründen besonders wichtig, erstens weil er, sehr aufgeklärt und fortschrittlich denkend, die Zustände seiner Zeit kritischer und nüchterner als andere untersuchte, und zweitens weil er mit den Problemen der Gesetzgebung und Rechtspflege weit besser vertraut war als andere Schriftsteller. Als „folgerichtigster Vertreter des Reichseinheitsgedankens"[1144]) forderte er die Aufhebung des Personalitätsprinzips im Rechtsleben dadurch, daß das Recht der Franken für das ganze Reich gelten

---

[1138]) Vgl. *Wattenbach-Levison,* a. a. O., S. 233.

[1139]) Migne, PL. Bd. 101, Sp. 613 ff.

[1140]) Ähnlich wie das spätere „Carmen de Timone Comite", MGH, Poetae, Bd. 2, S. 120 ff., das von der richterlichen Tätigkeit des Pfalzgrafen Timo handelt und uns ebenfalls einen Einblick in die Vorstellungen jener Zeit von den Eigenschaften und Aufgaben des Grafen gibt. Der Autor der vermutlich 835 in Bayern entstandenen Arbeit ist unbekannt, vgl. *Manitius,* Geschichte, 1. Teil, S. 598.

[1141]) Migne, PL. Bd. 101, Sp. 628.

[1142]) Ebenda, Sp. 629.

[1143]) 769 in Spanien geboren, kam Agobard 782 in den Süden des Frankenreiches und wurde später Erzbischof von Lyon. Er war einer der maßgebenden Vertreter des karolingischen Rationalismus, vgl. *Wattenbach-Levison,* Geschichtsquellen, Bd. 3, S. 312 ff.

[1144]) *Zöllner,* Stellung, S. 121.

sollte[1145]), und wandte sich in mehreren Kampfschriften gegen die Anerkennung des Zweikampfes als gerichtliches Beweismittel[1146]), sowie gegen das Gesetzbuch des burgundischen Königs Gundobad, von dessen Werk er schlagwortartig behauptete, es sei kein Gesetzbuch, sondern Mord (non est lex sed nex[1147]). Bei dieser Gelegenheit beleuchtete er durch treffende Bemerkungen die Justizverhältnisse seiner Zeit[1148]). Im 10. Kapitel seines „Liber adversus legem Gundobadi" schreibt er unter Hinweis auf zwei Urteile von Salomon und Daniel:

> „Nam si haec duo iudicia temporibus nostris pervenirent, quid iudices dicerent, facile est advertere, ante quos maxime periuria aut munera finem rebus imponunt."[1149])

Und an anderer Stelle vertritt er die Ansicht, daß die weltlichen Richter aus Bestechlichkeit viele Unschuldige verurteilen und Schuldige freisprechen. Dasselbe könnte man auch von den Kirchenfürsten sagen, die um der Geschenke willen oft das Gesetz „zerrissen" und den Prozeß nicht beendeten, so daß der Schurke über den Gerechten triumphiere und im Gericht mehr die Schuld der Reichen als die Wahrheit der Armen verteidigt werde[1150]).

3. Die Grafen in den Jenseitsvisionen

In einer ganz eigenartigen literarisch-publizistischen Gattung, der poetischen Vision[1151]), wurde in den Jahren nach 826 ein andere, nicht minder deutliche Polemik gegen die Bestechlichkeit und Habsucht der Amtswalter gerichtet.

Der Mönch und spätere Abt des berühmten Klosters Reichenau Walahfrid Strabo (808—849), der in den Schulen von Fulda und Reichenau ausgebildet worden war[1152]), überarbeitete poetisch eine Vision des Reichenauer Lehrers Wetti, die bereits von einem anderen Kleriker in Prosa niedergeschrieben worden war[1153]). Walahfrid setzte sie in Verse, erweiterte sie in vielen Punkten und flocht eine zeitgemäße und scharfe Kritik am pflichtvergessenen und bestechlichen Grafen ein. Seine Vision war die erste Darstellung einer Vision in Versen und mit ihr wurde diese besondere literarische Form in

---

1145) Vgl. *Wattenbach-Levison,* a. a. O., S. 13; Leonardi, Agobard von Lyon, S. 8 f.

1146) Besonders in seiner Schrift „Liber de divinis sententiis (Liber contra iudicium Dei). — Ähnlich aufgeklärt war Agobard auch auf anderen Gebieten, vgl. *Manitius,* Geschichte, Bd. 1, S. 381.

1147) Vgl. dazu auch *Liebeschütz,* Rationalismus, S. 35.

1148) Vgl. auch als letzte Darstellung *Cabaniss,* Agobard of Lyons, S. 50 ff.

1149) Migne, PL. Bd. 104, Sp. 120.

1150) Liber contra iudicium Dei, Migne, PL. Bd. 104, Sp. 267.

1151) Vgl. dazu *v. Bezold,* Walahfrid Strabo, S. 380.

1152) Vgl.über Walahfrid *Wattenbach-Levison,* Geschichtsquellen, Bd. 3, S. 321; *Manitius,* Geschichte, 1. Teil, S. 304.

1153) Vgl. Heitonis Visio Wettini, MGH, Poetae, Bd. 2, S. 267—275.

das geistige Leben eingeführt. Die poetische Vision wurde später weiter ausgebildet und noch oft im politischen Kampf zur Brandmarkung von Mißständen eingesetzt[1154]); ihre höchste Vollendung hat sie in Dantes „Göttlicher Komödie" gefunden[1155]).

Walahfrid schildert, wie der Mönch und Lehrer Wetti während einer schweren Krankheit eine Vision hat[1156]): Ein Engel führt Wetti in eine Landschaft mit hohen Bergen und einem feurigen Fluß, in dem die Verdammten gemartert werden, unter denen sich besonders auch Priester mit ihren Weibern befinden. Dann lernt der Mönch das Purgatorium kennen, in dem sich berühmte Äbte und auch Karl der Große befinden, der hier für seine sexuellen Ausschweifungen büßen muß[1157]). Dort erblickt Wetti auch prachtvolle, „vom Teufel zugerüstete" Geschenke, u. a. kostbare Gewänder, Schätze in goldenen und silbernen Gefäßen und reich geschmückte Rosse. Auf die erstaunte Frage, was diese Gegenstände hier bedeuten und von wem sie stammen, antwortet der begleitende Engel, das seien die von Grafen angenommenen Bestechungsgaben, die die ins Fegfeuer kommenden Sünder vorfinden[1158]). Zwei offenbar in jener Zeit als besonders habgierig bekannte Grafen, die am Ort ihrer Pein immerfort Geschenke ansehen müssen, ohne sie berühren zu dürfen, nennt Walahfrid mit Hilfe von Akrosticha[1159]). An die visionären Berichte des Wetti schließt Walahfrid einen heftigen Angriff gegen die schlechten Grafen an, die nicht Rächer der Verbrechen, sondern Freunde des Satans seien, die Gerechten verurteilten und die Schuldigen freisprächen[1160]). — Walahfrid Strabo geißelt also ebenfalls vornehmlich die Bestechlichkeit der Grafen. Seine Darstellung bestätigt das Bild, das wir bereits aus den Werken Alcuins und Agobards gewonnen haben.

Auch im Denken des niederen Volkes, das unter den Unterdrückungen und der Ausbeutung durch die Amtswalter am meisten zu leiden hatte, muß die Habsucht der Grafen starke Spuren hinterlassen haben. Nach dem Tode Begos, des Schwiegersohns Karls des Großen und mächtigsten Mannes in Aquitanien, kam eine „Visio pauperculae mulieris" auf, in der eine arme alte Frau erlebt, wie höllische Geister dem verstorbenen Bego flüssiges Gold in die Kehle gießen mit den Worten: „Nach solchem Gold hast Du zu Lebzeiten gedürstet und Deinen Durst nie stillen können; jetzt trinke Dich satt!"[1161])

1154) Vgl. *Levison,* Jenseitsvisionen, S. 81 ff.

1155) Vgl. *Ebert,* Literatur des Mittelalters, Bd. 2, S. 149.

1156) MGH, Poetae, Bd. 2, S. 301—333: Visio Wettini Walafridi.

1157) Karls Name wird im Text zwar nicht genannt, ergibt sich aber aus einem kunstvollen Akrostichon (S. 318, Vers 446—461); vgl. auch *Ebert,* a. a. O., S. 151.

1158) S. 319, Vers 475—489.

1159) S. 317 f.: Odalrich (Vers 414—420) und Ruadrich (Vers 421—428); vgl. auch K. *Beyerle,* Einführung, S. 88.

1160) S. 320, Vers 490—502.

1161) Hrsg. von Wattenbach, Deutschlands Geschichtsquellen im Mittelalter, Bd. 1 (6. Aufl.), S. 227 f. (nach *Fichtenau,* Imperium, S. 125).

4. Theodulf von Orleans: Versus contra iudices

Die drastischste und ausführlichste Schilderung der Zustände in der Rechtspflege verdanken wir Theodulf[1162]), einem „Praktiker", der ausgezeichnete Kenntnisse von Rechtspflege und Verwaltung hatte[1163]). Besonders aufschlußreich im Hinblick auf die Zustände in der Justiz ist sein Gedicht „Versus contra iudices", das bereits im Titel seine Einstellung gegenüber den Amtswaltern der Rechtspflege verrät[1164]). Dieses Gedicht hat für uns besonderen Wert dadurch, daß es auf eigenen Erfahrungen Theodulfs beruht, der durch seine missatische Tätigkeit die Verhältnisse in der Rechtspflege genau kennen gelernt hatte. Im Jahre 798 war er nämlich zusammen mit einem hohen Kleriker als Königsbote in das südliche Burgund, in die Provence und nach Septimanien geschickt worden[1165]). Diese Reise nahm er zum Anlass, nach seiner Rückkehr die Bestechlichkeit und Ungerechtigkeit in der Rechtspflege darzustellen.

Theodulf geht auch in der dichterischen Darstellung von seinem missatischen Auftrag aus. Er schildert, wie die beiden Königsboten die Rhone abwärts ziehen und die einzelnen Städte besuchen, um ihres Amtes zu walten[1166]). Sie erleben, daß sie überall, wohin sie auch kommen und Gericht halten, gedrängt werden, Geschenke anzunehmen. „Jeder glaubt, wenn er nur gibt, zu erreichen, was er begehrt; alle wetteifern, mit diesem Geschoß die Mauer des Herzens zu durchbrechen"[1167]). Einer verspricht Kristalle und Edelsteine, wenn er die Äcker eines anderen erhält; ein zweiter bringt Silbergeld und arabische Goldmünzen, um bestimmte Grundstücke und Anwesen zu erhalten. Dann macht sich einer an den Diener der Königsboten heran und bietet über ihn den beiden Richtern eine kostbare antike Vase an. Wieder ein anderer offeriert goldene, herrlich verzierte Becher, wenn nur seiner Forderung entsprochen werde. Schließlich will einer durch Bestechung die Ausschließung seiner Miterben erreichen[1168]).

So werden den beiden Königsboten in bunter Reihenfolge die reichhaltigsten Angebote gemacht: Pferde und Esel, rötliche und schneeweiße Felle

---

[1162]) Er wurde wahrscheinlich um 760 in Spanien geboren, floh von dort zu Karl dem Großen, von dessen Hof er uns durch geistreiche und formgewandte Dichtungen ein anschauliches Bild überliefert hat. Später wurde er Bischof von Orleans. Einzelheiten bei *Mühlbacher*, Deutsche Geschichte, S. 339; *Wattenbach-Levison*, Geschichtsquellen, Bd. 2, S. 195.

[1163]) In seinem Gedicht „Comparatio legis antiquae et modernae", MGH, Poetae, Bd. 1, S. 517 ff., tadelt er das germanische Recht als unvernünftig hart; vgl. auch *Hauck*, Kirchengeschichte, S. 173; *Arcari*, Un goto critico, S. 3 ff.

[1164]) Über diese einzigartige Quelle für die Zustände in der Justiz um 800 vgl. *Monod*, Moeurs judiciaires, S. 1 ff.

[1165]) Vgl. die Einleitung zu „Theodulfi Carmina", MGH, Poetae, Bd. 1, S. 439; *Mühlbacher*, a. a. O., S. 300.

[1166]) MGH, Poetae, Bd. 1, S. 496 f.

[1167]) S. 498, Vers 167—169.

[1168]) S. 498 f., Vers 171—232.

aus Cordoba, Leinen und Wollstoffe, Kleidungsstücke der verschiedensten Art und viele andere wertvolle Gegenstände. „Was soll ich das im einzelnen aufzählen", schreibt Theodulf, „alle vertrauten jedenfalls den Geschenken und glaubten, ohne Gegengabe nichts erlangen zu können"[1169]). Es kommt schließlich so weit, daß die Königsboten sich bereit erklären, kleine Gaben — Früchte und Nahrungsmittel — anzunehmen[1170]), um nicht bei den Leuten, denen eine so abweisende Haltung bei Richtern offenbar völlig unverständlich war, den Anschein zu erwecken, die Unzugänglichkeit der Missi sei nur Heuchelei (sic!)[1171]).

Nichts könnte eigentlich drastischer als diese Bemerkung Theodulfs aufzeigen, wie es damals in vielen Landesteilen um die Rechtspflege stand. Nun wird es auch verständlich, daß ein über diese Zustände erschütterter Schriftsteller, der selbst Richter war, mehr als 800 „Verse gegen die Richter" schreiben konnte.

Die Schilderungen Theodulfs, an deren Wahrheit angesichts der lebensnahen und an Beispielen reichen Darstellung nicht gezweifelt werden kann, werden im entscheidenden Punkt — Bestechlichkeit der Amtswalter — durch eine Bemerkung in der Annalenliteratur ergänzt. In den Annales Laureshamenses[1172]) für das Jahr 802 — also nur 4 Jahre nach Theodulfs denkwürdiger Reise als Königsbote — finden wir die aufschlußreiche Bemerkung, daß sich Kaiser Karl wieder einmal der „pauperes" erinnert habe, die nicht zu ihrem Recht kommen könnten. Er habe jedoch keine armen Vasallen aus seiner Umgebung als Königsboten entsenden wollen, weil sie zu leicht der Bestechung zugänglich seien. Daher habe er hohe Geistliche, Herzöge und Grafen ausgewählt, die es nicht nötig hatten, Geschenke anzunehmen, und sie in sein Reich hinausgeschickt[1173]).

5. Der Prozeß einer Witwe, erzählt in der „Vita Walae"

Wie gering der Rechtsschutz gegenüber den Übergriffen hoher Richter, deren Wohlwollen sich die Parteien so häufig mit Geschenken erkaufen wollten, gewesen ist und wie einträchtig die Amtswalter geistlichen und weltlichen Standes zusammenhielten, wenn jemand es wagte, wegen unsauberer Amtsführung gegen sie vorzugehen, zeigt eine Geschichte, die uns in der „Vita Walae" überliefert ist[1174]). In dieser Lebensbeschreibung schildert

---

1169) S. 500, Vers 245—254.

1170) Die Annahme „essender Ware" war während des Mittelalters sogar noch den Mitgliedern des Reichskammergerichtes gestattet, vgl. *Döhring*, Rechtspflege, S. 98.

1171) S. 501, Vers 275—286.

1172) Vgl. zu dieser Quelle, *Wattenbach-Levison*, Geschichtsquellen, Bd. 2, S. 187 f.

1173) MGH, SS, Bd. 1, S. 38 f. Vgl. dazu *Krause*, Missi dominici, S. 218; *Ganshof*, La fin du règne, S. 448, Anm. 49. Wegen der Kehrseite dieser Maßnahme Karls des Großen vgl. *Mitteis-Lieberich*, S. 74.

1174) MGH, SS, Bd. 2, S. 533 ff.

Radbert, ein Mönch und späterer Abt des Klosters Corbie, mit apologetischer Tendenz das Leben Walas, eines Vetters Karls des Großen[1175]). Wala hatte unter Karl dem Großen eine bedeutende politische Rolle gespielt, mußte aber nach dessen Tod Mönch werden. In der Lebensbeschreibung wird auch die Tätigkeit Walas als Untersuchungsführer, der die Amtsführung hoher Amtswalter nachzuprüfen hatte, erwähnt und in diesem Zusammenhang von einem Prozeß berichtet, der die Korruption in den Kreisen der hohen Amtswalter deutlich werden läßt.

Eine vornehme Witwe hatte einen Richter beauftragt, ihren Besitz zu verwalten; jedoch eignete sich der Richter durch dunkle Machenschaften das gesamte Vermögen der Witwe an, die sich daraufhin beim Kaiser beschwerte[1176]). Dieser ordnete eine Untersuchung an, die aber infolge geschickten Zusammenwirkens geistlicher und weltlicher Amtswalter in Italien, wo die Geschichte spielt, im Sande verlief. Schließlich machte sich die Witwe auf den Weg, um ihre Klage dem Kaiser, dem Wahrer des Rechts und dem Beschützer der Witwen und Waisen, vorzutragen. Sie überschritt die Alpen und erreichte nach mehreren Monaten den Kaiser, der sie anhörte und seinen Vetter Wala beauftragte, den Fall zu untersuchen und zu entscheiden. Als der beschuldigte Richter nun merkte, daß Wala mit Geschenken nicht zu beeinflussen war, suchte er, die Klägerin zu beseitigen. Durch drei gedungene Mörder ließ er sie hinterhältig ermorden und, um ganz sicher zu gehen, auch noch zwei der Mörder durch den Dritten umbringen.

Wala ging darauf den Spuren des Verbrechens nach, aber: „... contra quem tota Auxonia una cum suis senatoribus corrupta muneribus decertans agebat, ne inveniretur reus ab uno, qui omnibus notissimus erat raptor et homicida“[1177]). Sogar die Vornehmen der Königspfalz bemühten sich, erst durch Gesetzesstellen, dann durch Zeugen und verschiedene Ränke, Wala dazu zu bringen, den Verbrecher laufen zu lassen.

Vielleicht wäre auch Wala schließlich den Verlockungen von allen Seiten erlegen; aber offenbar hatte die ganze Angelegenheit mittlerweile sehr viel Staub aufgewirbelt und sich zu einem richtigen Skandal ausgeweitet, so daß eine Vertuschung nicht mehr möglich war[1178]). Daher wurde die Untersuchung Walas schließlich doch noch mit einer gerechten Entscheidung abgeschlossen.

6. *Asserius de rebus gestis Alfredi*

Etwa 80 Jahre nach dem Zeitalter Karls des Großen, das für den europäischen Kontinent einen so bedeutsamen geistigen und kulturellen Höhepunkt darstellte, erlebte auch England unter König Alfred dem Großen

---

1175) Vgl. dazu *Ebert*, Literatur des Mittelalters, Bd. 2, S. 231, 239 ff.; *Manitius*, Geschichte, 1. Teil, S. 401 ff. An der geschichtlichen Wahrheit der Darstellung Radberts braucht nach *Manitius*, a. a. O., S. 405, nicht gezweifelt zu werden.

1176) MGH, SS, Bd. 2, S. 543 f.

1177) MGH, SS, Bd. 2, S. 544.

1178) Vgl. zu dieser Geschichte auch *Fichtenau*, Imperium, S. 126.

(871—900) eine Zeit kultureller und geistiger Blüte. Alfred bemühte sich, bedeutende Schriftsteller und Gelehrte an seinen Hof zu ziehen, und gründete eine Hofschule, um Englands frühere Stellung als Zentrum kirchlicher und weltlicher Kultur zurückzugewinnen[1179]).

Einer jener Gelehrten, die an Alfreds Hof kamen, war der westwallisische Presbyter Asser, der spätere Bischof von Sherborne (gest. 910), der noch vor dem Tode Alfreds „eine Art Biographie seines königlichen Freundes"[1180]) mit stark annalistischen Zügen fertigstellte[1181]): „Asserius de rebus gestis Alfredi". Für unsere Untersuchung ist Assers Werk deshalb besonders wertvoll, weil es ein Problem im Bereich der Rechtspflege beleuchtet, das zwar auch im Rechtspflegewesen auf dem Kontinent in Erscheinung trat, aber in den juristischen und literarischen Quellen der kontinentalen Stämme nicht oder nur wenig pointiert begegnet. Es handelt sich um das Verhältnis der Bildung und der geistigen Fähigkeiten derjenigen Amtswalter, denen die Rechtspflege anvertraut war, zu den geistigen Anforderungen ihres Amtes. Viele dieser Amtswalter — vielleicht die meisten — waren nicht in der Lage, das geschriebene Recht zu lesen, weil sie Analphabeten waren, während die meisten Stammesrechte ausdrücklich eine freie Rechtsfindung untersagten und verlangten, daß genau nach dem Wortlaut einer Lex geurteilt werde. Assers Bericht bestätigt uns, daß dieser Zwiespalt zwischen den Anforderungen des Gesetzes und des Amtes und dem Können der Amtswalter nicht selten Anlaß für juristischen und persönlichen Streit und für Rechtspflegeverstöße gewesen ist.

Asser erwähnt zunächst Alfreds Bemühungen, die Rechtspflege durch Gesetze zu verbessern[1182]). Diese Bemühungen lassen erkennen, daß auch in England im Gerichtswesen schlimme Zustände geherrscht haben müssen, die zum Teil durch die zunehmende Ungleichheit der Verteilung des Besitzes verursacht wurden[1183]). Er sagt von Alfred, die Schwachen hätten außer dem König nur sehr wenige im ganzen Königreich auf ihrer Seite gehabt, weil die Großen und Mächtigen immer nur ihren Vorteil im Auge gehabt hätten. Wie auch die „ealdormen" und Vögte entschieden hätten, keiner der Mächtigen habe mehr den Spruch der Richter annehmen wollen[1184]).

Nach Asser hat König Alfred die Urteile, über die bei ihm Beschwerde

---

[1179]) Vgl. *Ebert*, Literatur des Mittelalters, Bd. 2, S. 242 ff.; *Manitius*, Geschichte, 2. Teil, S. 646 ff.

[1180]) *Manitius*, a. a. O., S. 651.

[1181]) Das Werk ist zwar nach Form und Inhalt keineswegs von hohem Rang und nicht mit Einharts „Vita Caroli" zu vergleichen, aber dennoch eine wertvolle Quelle für die Zustände der Zeit im allgemeinen und die Verhältnisse an Alfreds Hof im besonderen. Was Asser berichtet, hat er meist selbst miterlebt, und Gespräche mit dem König gibt er sehr genau, ja beinahe wörtlich wieder, vgl. *Manitius*, a. a. O., S. 652; *Ebert*, a. a. O., S. 250.

[1182]) Asser, c. 106 (Stevenson, S. 96).

[1183]) Vgl. auch *Winkelmann*, Angelsachsen, S. 164.

[1184]) Asser, c. 105 (Stevenson, S. 95).

geführt wurde, genau nachgeprüft oder nachprüfen lassen. Stellte er fest, daß sie ungerecht waren, so ließ er untersuchen, ob die Richter aus Unwissenheit oder aus Parteilichkeit, Haß oder Bestechlichkeit falsch entschieden hatten. Bei absichtlichem Falschurteil wurden die Richter aus dem Amt entfernt. Zu denen, die aus Unwissenheit ein falsches Urteil gesprochen hatten, habe der König, so berichtet Asser, gesagt: „Ich bewundere Eure Selbstgefälligkeit, daß Ihr zwar aus Gottes und meiner Hand Amt und Würde der Wissenden angenommen, Euch aber um das Wissen nicht bekümmert habt. Entweder gebt Ihr sogleich Eure Ämter auf oder Ihr bemüht Euch um gründlicheres Wissen."[1185])

Da sei es nun erstaunlich gewesen, wie sich mit einem Male sogar „ealdormen" mit allen Kräften mit dem Rechtsstudium befaßt hätten und, weil sie in der Jugend nicht lesen gelernt hätten, auch noch die Kunst des Lesens hätten erlernen wollen, nur um nicht das Amt zu verlieren. Mancher sei freilich schon zu alt und schwerfällig gewesen, um noch das Lesen zu erlernen, und habe sich dann von einem Sohn oder einem anderen Verwandten oder von einem Hörigen oder Knecht Tag und Nacht unter manch schwerem Seufzer die Rechtsbücher vorlesen lassen[1186]).

Besonders erstaunlich an dieser Schilderung ist, daß offenbar sogar unter den höchsten Amtswaltern des Reiches, den „ealdormen", viele Analphabeten waren. Unter solchen Umständen war eine ordnungsmäßige Rechtspflege kaum möglich. Assers Bericht ist ein guter Beweis dafür, daß im frühen Mittelalter die geistigen Fähigkeiten und die Bildung der Amtswalter sehr oft nicht ihrem sozialen und politischen Rang und den Anforderungen ihres Amtes entsprachen.

III. Ergebnis

Insgesamt haben die untersuchten literarischen Quellen der Zeit Karls des Großen und seiner Nachfolger gezeigt, daß von einer prompten und sauberen Rechtspflege in den auf die Kaiserkrönung folgenden Jahrzehnten nicht gesprochen werden kann; vorher mögen die Aktivität und die Autorität des Herrschers, die sich besonders über das Institut der Königsboten auswirkten, noch erträgliche Verhältnisse in der Justiz gewährleistet haben[1187]). Jenes unschöne Bild bleibt auch dann, wenn wir unterstellen, daß die Dichter bei ihren Schilderungen der Zustände im Justizwesen zuweilen übertrieben haben, um größere Wirkung bei ihren Zeitgenossen zu erzielen.

Die Hauptübel waren die Herrschsucht und die Habgier der Grafen und der ihnen unterstellten Amtswalter; sie äußerten sich in einer hemmungslosen Bestechlichkeit und schamlosen Ausbeutung der wirtschaftlich und politisch einflußlosen Bevölkerungsschichten[1188]). Die Grafen waren auf diese

---

1185) Asser, c. 106.
1186) Asser, ebenda.
1187) Vgl. *Ganshof*, La fin du règne, S. 447 ff.
1188) Vgl. auch *Radbruch-Gwinner*, Geschichte, S. 21.

unerlaubten Einkünfte keineswegs angewiesen. Sie bezogen als Einkünfte den dritten Teil der Friedensgelder und Bannbußen sowie Nutzungen von königlichen Gütern innerhalb der Grafschaft. Hinzu kamen die beträchtlichen Einkünfte aus Eigengütern der Amtswalter, die überdies bei Reisen in ihrem Sprengel von den Einwohnern unentgeltliche Beförderung, Beköstigung und Beherbergung verlangen konnten[1189]).

Dennoch waren die Hingabe und Annahme von Geschenken — Sporteln, wie man in rücksichtsvoller Umschreibung oft die „munera" nannte — in der Justiz so allgemein üblich geworden, daß man sie ohne Scheu sogar den Königsboten, den Vertrauensmännern des Königs, anbot, die gerade deswegen ausgesandt waren, um dieses Übel zu bekämpfen. Nichts zeigt deutlicher den Tiefstand der Rechtspflege als die Selbstverständlichkeit, mit der bestochen wurde und mit der man sich bestechen ließ. Habsucht dürfte allerdings nicht der einzige Grund für die Unsitte des Geschenkemachens in der Justiz gewesen sein. Auch dem König wurden ja nach altgermanischer Sitte alljährlich und auch sonst Geschenke dargebracht (dona annualia)[1190]), die einen Teil seiner Einkünfte ausmachten und den Schenkern seine besondere Huld sicherten. Dieses nur dem König zustehende Recht auf „dona annualia" scheinen viele Menschen damals auch den Amtswaltern des Königs zugebilligt zu haben, um sich deren Huld zu sichern[1191]).

Weiter lassen die Quellen erkennen, daß offenbar kaum die Möglichkeit bestand, die vielen Rechtspflegedelikte und sonstigen Pflichtverletzungen der Amtswalter in der Praxis tatsächlich zu ahnden. Eine durch verwandtschaftliche und wirtschaftliche Beziehungen eng verbundene Gruppe von höchsten Amtswaltern am Hofe und in den Provinzen scheint erfolgreich zusammengearbeitet zu haben, um alle ernsthaften Maßnahmen gegen die Amtsverfehlungen hoher Amtswalter wirkungslos bleiben zu lassen. Gelangten aber wirklich einmal Beschwerden über einen allzu bestechlichen und ungerechten Grafen an den König, dann dürfte jener vermutlich infolge seiner Beziehungen zu Königshaus, Hochadel und anderen einflußreichen Personen der Strafverfolgung doch entgangen sein. Scheute sich doch einer dieser Großen im Vollgefühl seiner Sicherheit und Unangreifbarkeit nicht, einem Briefpartner anzuvertrauen: „Wenn in der Pfalz eine Klage gegen mich erhoben wird, habe ich dort meine Anwälte. Ich werde dort eine ganze Anzahl von Verwandten und Freunden finden, die es ohne Zweifel so einrichten werden, daß ich nicht dem Zorn des Königs verfalle."[1192])

Die literarische Kritik der Rechtspflege ist während des ganzen Mittelalters nicht verstummt. Sie erreichte einen neuen Höhepunkt zu Beginn des 16. Jahrhunderts, als die Rezeption des römischen Rechts einsetzte und allenthalben gegen die gelehrten, aber der breiten Masse der Bevölkerung unver-

---

[1189]) Vgl. *Brunner-v. Schwerin,* S. 227.

[1190]) Vgl. *Brunner-v. Schwerin,* S. 91.

[1191]) Vgl. *Mühlbacher,* Deutsche Geschichte, S. 301.

[1192]) Zitiert nach *Fichtenau,* Imperium, S. 123.

ständlichen Richter, denen man ebenfalls Bestechlichkeit und Habsucht vorwarf, polemisiert wurde[1193]). Der berühmte Humanist Sebastian Brant hatte an Bord seines „Narrenschiffes" auch eine Schar ungerechter Richter[1194]). Seine Kritik ergänzte der nicht weniger berühmte Straßburger Prediger Geiler von Kaisersberg mit seiner Geschichte von den Narrenschellen, welche „die bösen und unbilligen Richter haben anhangen"[1195]).

Diese spätere literarische Kritik an der Rechtspflege und ihren Amtswaltern hatte allerdings weit größere Wirkung in der Bevölkerung als die Kritik in der Zeit nach 800, da sie auch mit Karikatur und Spottvers geführt und mit den inzwischen ausgebildeten publizistischen Medien (Flugblätter, Broschüren) in allen Schichten der Bevölkerung verbreitet wurde[1196]).

[1193]) Vgl. *Heinemann*, Rechtspflege, S. 74; *Hillmann*, Kulturentwicklung, S. 130. Seit dieser Zeit ist die Polemik gegen die bestechlichen und habgierigen Richter auch in die Volksmärchen eingedrungen, vgl. *Ludwig*, Richter und Gericht, S. 24, 41.

[1194]) Vgl. auch Stintzing, Rechtswissenschaft, S. 73.

[1195]) Vgl. *Heinemann*, a. a. O., S. 75 ff.; andere Kritiker waren Hutten, Melanchthon und Zasius, vgl. *Stintzing*, a. a. O., S. 69 ff.

[1196]) Vgl. auch *Hillmann*, a. a. O., S. 129.

Kolibri 360 GmbH
Ferdinand-Jühlke-Straße 7
99095 Erfurt, Deutschland
produktsicherheit@kolibri360.de